O CÓDIGO BÁSICO DO UNIVERSO

Dr. Massimo Citro
Prefácio de Ervin Laszlo

O CÓDIGO BÁSICO DO UNIVERSO

A Ciência dos Mundos Invisíveis na Física, na Medicina e na Espiritualidade

Tradução:
HUMBERTO MOURA NETO
MARTHA ARGEL

Título original: *The Basic Code of the Universe.*

Copyright © 2011 Massimo Citro.

Copyright da edição brasileira © 2014 Editora Pensamento-Cultrix Ltda.

Texto de acordo com as novas regras ortográficas da língua portuguesa.

1ª edição 2014.

5ª reimpressão 2024.

Todos os direitos reservados. Nenhuma parte desta obra pode ser reproduzida ou usada de qualquer forma ou por qualquer meio, eletrônico ou mecânico, inclusive fotocópias, gravações ou sistema de armazenamento em banco de dados, sem permissão por escrito, exceto nos casos de trechos curtos citados em resenhas críticas ou artigos de revistas.

A Editora Cultrix não se responsabiliza por eventuais mudanças ocorridas nos endereços convencionais ou eletrônicos citados neste livro.

Editor: Adilson Silva Ramachandra
Editora de texto: Denise de C. Rocha Delela
Coordenação editorial: Roseli de S. Ferraz
Preparação de originais: Marta Almeida de Sá
Produção editorial: Indiara Faria Kayo
Assistente de produção editorial: Estela A. Minas
Editoração eletrônica: Fama Editora
Revisão: Wagner Giannella Filho e Vivian Miwa Matsushita

CIP-BRASIL. CATALOGAÇÃO NA PUBLICAÇÃO
SINDICATO NACIONAL DOS EDITORES DE LIVROS, RJ

C518c
Citro, Massimo
O código básico do universo: a ciência dos mundos invisíveis na física, na medicina e na espiritualidade / Massimo Citro ; tradução Humberto Moura Neto, Martha Argel ; prefácio de Ervin Laszlo. — 1. ed. — São Paulo : Cultrix, 2014.

Tradução de: The basic code of the universe
Inclui bibliografia
Epílogo
ISBN 978-85-316-1254-1
1. Ciência - Filosofia. 2. Natureza. I. Laszlo, Ervin. II. Título.

13-07210

CDD: 121
CDU: 165

Direitos de tradução para o Brasil adquiridos com exclusividade pela
EDITORA PENSAMENTO-CULTRIX LTDA., que se reserva a
propriedade literária desta tradução.
Rua Dr. Mário Vicente, 368 — 04270-000 — São Paulo, SP
Fone: (11) 2066-9000
E-mail: atendimento@editoracultrix.com.br
http://www.editoracultrix.com.br
Foi feito o depósito legal.

Este livro é dedicado a meus professores:

Giovanni Lever

Bruno Bruni

Siro Rosseti

Alberto Sorti

Adele Rosso

Pepe Alborghetti

Hans Christian Seemann

Remo Bessero Belti

Dino Sartori

Paulo Parra

Lino Graziano Grandi

Alessandra Zerbinati

Francesco Aramu

Anna Valente

Claudio Cardella

Gabriele Mandel

Nirmala Lall

Fausto Lanfranco

Angelo Pippo

Agnese Cremaschi

Adele Molitierno

Emilio Citro

E a todas as pessoas que me ensinaram algo.

Sumário

Prefácio de Ervin Laszlo 9

Prólogo: O outro lado das coisas 13

Introdução 17

1. Prelúdio à matéria 23

2. O vácuo vivo 40

3. Interlúdio aquático 50

4. Nas redes da natureza 64

5. Escutando o canto das moléculas 75

6. O poder da TFF 90

7. Por uma ciência do invisível 109

8. Luz e música na água 125

9. Comunicação entre células 142

10. Comunicação vegetal e animal 164

11. Campos emocionais 182

12. O manto de obscuridade da Grande Mãe 198

13. O mundo dos diretores de palco 224

14. Um mundo virtual 235

15. Conclusão, ou talvez o começo 251

Epílogo 259

Agradecimentos 261

Notas 265

Bibliografia 279

Prefácio

Ervin Laszlo

O presente livro de Massimo Citro é, na verdade, dois livros em um. É a apresentação de um trabalho original de pesquisa de grande interesse prático e, ao mesmo tempo, o esboço de um novo paradigma científico. Em ambos os aspectos, é um livro detalhado e notavelmente completo; pouca coisa fica ainda por ser dita. Assim, posso restringir-me a algumas breves observações e, sobretudo, a uma recomendação: leia este livro, e leia com atenção, sobretudo, as afirmações-chave. Elas são os pontos básicos de referência para quem quer que esteja interessado em um modo revolucionário de obter os benefícios de substâncias e medicamentos na forma "pura", na qual a informação que define suas propriedades é transmitida sem a transferência de qualquer molécula — nesse sentido, esta é uma variação da homeopatia, mas obtida com uma técnica diferente. Elas também são, e para mim isso é mais importante, os pontos básicos de referência no panorama global que emerge nas fronteiras das ciências naturais na atualidade.

A premissa fundamental de ambas as apresentações é a mesma, e é isso que permite a Citro apresentá-las como partes orgânicas de um mesmo livro: é a informação. É a informação não apenas na mente, mas também na natureza, a informação onipresente e sempre determinante, e ainda assim invisível aos sentidos do corpo. Essa informação é, não obstante, encarada pelo atual paradigma científico dominante como sendo de relevância e realidade questionáveis. Nesse aspecto, o paradigma científico dominante necessita de uma atualização urgente.

De acordo com Citro, a informação é o "outro lado" das coisas. Eu concordo com ele, porém iria mais além. A informação não é apenas o outro lado das coisas, mas o elemento fundamental do cosmos: é o elemento que constitui sua realidade básica. A realidade manifesta, que pode ser sentida, é o resultado da ação da informação que existe no que Citro, seguindo Newton, denomina *materia pura* (matéria pura). O universo como um campo de informação é o novo conceito de realidade, ou, para ser mais exato, o recentemente redescoberto conceito perene, que tem sido ignorado e mesmo negado pelo *mainstream* da ciência moderna.

Na concepção que venho elaborando nas duas últimas décadas — apresentada mais claramente em dois livros recentes, *A Ciência e o Campo Akáshico*[1] e *Um Salto Quântico no Cérebro Global*[*2] —, os componentes básicos do universo são antes a informação e a energia do que a matéria no tempo e espaço. A informação é o *"software"* que governa o *"hardware"* da massa/energia. O que diferencia este universo de qualquer outro, real ou potencial, é a informação que ele contém. As leis da natureza são, no fim das contas, algoritmos baseados em informação, que governam o modo como as entidades manifestas no tempo e no espaço agem, reagem e coevoluem. Como Citro também ressalta, a razão pela qual as coisas conservam suas características e sua identidade no espaço e no tempo deve-se, em última análise, à consistência e persistência da informação que define como elas agem, interagem e evoluem — e, portanto, num contexto realista (mesmo que ingênuo do ponto de vista epistemológico), o que elas são.

A informação, evidentemente, não existe sem uma base física: é essa base que dota a informação de uma realidade eminente. Na natureza, a informação está presente na forma de um código básico e um campo fisicamente real: são o "campo informado", de Citro, e meu "campo akáshico". Este não é um postulado *ad hoc*, um campo suspenso no limbo de fenômenos misteriosos, mas um elemento fundamental do universo. Não é o campo de ponto zero do

---

* Ambos publicados, respectivamente, em 2008 e 2012 pela Editora Cultrix, São Paulo. [N. T.]

vácuo quântico, mas um *plenum* cósmico. Em vista de sua realidade incontestável, tanto como origem das energias contidas nos pacotes que conhecemos como matéria (nos presumidos primórdios deste universo) quanto como seu destino final (a "evaporação" final dos buracos negros), e em vista de sua capacidade de conservar e transmitir informação, o *plenum* cósmico faz recordar o antigo conceito de Akasha. Um nome apropriado para ele é campo akáshico (ou, para abreviar, campo A).

As teorias sobre o modo como esse campo se relaciona com o domínio das entidades manifestas ainda são hipotéticas: aqui devemos pedir um pouco de paciência — os trabalhos estão em andamento. O mais provável é que a dinâmica da interação do campo A do *plenum* com as entidades do domínio manifesto de espaço e tempo envolva ondas escalares em vez de ondas eletromagnéticas, e interferências holográficas por frentes de ondas em vez de interações lineares. Em um holograma, a informação está em uma forma distribuída (isto é, está presente em todos os pontos); como resultado, a interação do campo A (ou campo informado) com as entidades do domínio manifesto se dá não apenas por meio da clássica causação "ascendente", em que as partes influenciam os todos formados por elas, mas também por meio da causalidade inversa, "descendente", na qual o sistema exerce uma influência em suas partes. Por meio da causação descendente holográfica, todo o universo, um sistema integral conectado pelo campo, age sobre todas as suas partes: cada partícula, átomo, molécula, cristal, célula, organismo e sociedade, ou a ecologia de organismos. Essa influência é sutil, mas real, e precisa ser reconhecida por cientistas, do mesmo modo que videntes, artistas, líderes espirituais e filósofos visionários a reconheceram ao longo dos tempos.

Permitam-me concluir repetindo a recomendação com a qual comecei: estes "dois livros em um" contêm um conhecimento importante e, em alguns aspectos, essencial. Por um lado, esta obra demonstra que o aspecto "oculto" e negligenciado das coisas pode ser verificado experimentalmente, de maneiras que podem proporcionar uma contribuição significativa a nossa saúde e nosso bem-estar. E, por outro, ela fornece uma explanação sólida do novo paradigma científico que pode explicar os fatos observados, um paradigma que modifica nosso entendimento mais básico da natureza fundamental do universo e de todas as coisas nele contidas.

Ervin Laszlo, duas vezes indicado para o Prêmio Nobel da Paz, é editor do periódico internacional *World Futures: The Journal of General Evolution* e chanceler nomeado da recém-criada GlobalShift University. É fundador e presidente dos *think tanks* internacionais Clube de Budapeste e Grupo de Pesquisas de Evolução Geral, e autor de 83 livros, traduzidos para 21 idiomas. Ele mora na Itália.

Prólogo
O outro lado das coisas

Foi somente alguns minutos antes de morrer que Jeremiah Johansohn finalmente compreendeu o que havia acontecido com os humanos depois que Deus os expulsou do Jardim do Éden. Seu *insight* foi resultado do método de indagação a que ele obedecera, como uma lei, durante toda a vida. Ele o chamou de "o jogo da margem do rio". Ele havia pressentido esse jogo pela primeira vez muito tempo antes, quando o propósito da vida parecia claro, mesmo que apenas como um reflexo. Foi durante a tarde de um dia de usar roupas novas — talvez para a comunhão, que, delirante de felicidade por ter marcado um gol num treino do time infantil, ele abraçou a castanheira do jardim de seus avós. Enquanto a envolvia com os braços, sentiu uma vibração transmitida através do tronco e, olhando para cima, viu as extremidades finas dos galhos movendo-se, como se fossem sopradas pelo vento, mas não havia vento. Ele não fugiu correndo, mas este primeiro encontro deixou uma marca em sua memória e em sua alma.

Nos anos que se seguiram, ele focou seu interesse dentro dos campos da ciência e da biologia e, à época de sua graduação, já estava bem familiarizado com o mundo da farmacologia. Para ele, a questão que o intrigava não era tanto o que são os seres humanos, ou qual poderia ser nosso destino, mas sim por quê? Por que as coisas são naturais e os humanos não? Por que os animais são naturais e os humanos não? Por que a criação é tão perfeita e os humanos não? Foi em resposta a essa última questão que Jeremiah escreveu em seu livro de laboratório de uma forma clara e decidida: "Por que a humanidade perdeu algo, algo que o Criador vê, mas nós não vemos? Será que a expulsão do paraíso foi a perda da percepção da parte mais importante das coisas? Cada elemento da criação vive em um estado de consciência eterno e está intrinsecamente acabado e completo. Naquele reino das coisas desconhecidas, a morte não existe. Com essa percepção, não há necessidade de indagação, como acontece com um filme visto muitas vezes. Somente os humanos são cegos dentre a criação, humanos que de todo e qualquer ângulo clamam por uma explicação para o filme."

Ao longo dos anos, documentados em suas notas, Jeremiah veio a compreender mais e mais sobre o que os humanos estão perdendo. Os cães pressentem a aproximação de seus donos; as baleias passam exatamente pelos mesmos pontos de longitude e latitude no planeta, ano após ano, atrasando-se apenas alguns dias para seus compromissos; plantas e árvores têm emoções semelhantes às nossas.

"Veja", disse ele um dia a um de seus jovens assistentes, "nós também temos de obedecer a regras e devemos usar um código exato para conseguir expressar a visão do universo. Esse código é constituído de muitos códigos minúsculos, que são fórmulas de comportamento. A criação nasce, cresce e então morre seguindo fórmulas precisas. Ela continua a recriar porque os códigos, as fórmulas, não estão nas criações em si, mas fora delas. Lembre-se: fora delas. Ainda não temos provas, na forma de deduções exatas, mas, há muitos anos, uma árvore me devolveu a mesma felicidade que dei a ela, e eu não era mais louco ou mais visionário naquela época do que sou agora. Se uma árvore pode ser estimulada por uma forma de vida diferente, então todo o universo está falando a mesma linguagem. Pegue como exemplo uma droga. Existirá um modo pelo qual as ações dos medicamentos possam ser obtidas sem que de fato eles sejam ministrados?"

Ele olhou para a expressão no rosto do jovem assistente e riu. "Sei que agora você está preocupado com minha segurança: se isso se tornasse conhecido, saiba que as companhias farmacêuticas multinacionais viriam atrás de mim. Eu correria um risco enorme de ser fragmentado em cem mil pastilhas ou engarrafado como um xarope."

Ele riu de novo antes de franzir o cenho e prosseguir. "Cada droga, quando atua de forma correta, é como uma chave em uma fechadura. Ela se introduz em um receptor e desencadeia um mecanismo dentro da célula. Porém ela faz mais do que isso. Você pode imaginá-la como um som, se quiser, e imaginar a ação dela soando como música. Na realidade, é uma frequência codificada que atinge os 'ouvidos' de todo o organismo. A beleza da coisa é que o organismo reconhece a música e age de acordo com ela, mais ou menos do mesmo modo como a música pode afetar sua vida. Descobri, porém, que não é necessário colocar a orquestra inteira dentro do corpo humano. Se você puder colocar nele a melodia específica que cura uma dor de cabeça, uma úlcera ou uma colite, então não vai mais precisar engolir saxofones, pianos, oboés, tambores, cravos, trompetes e violinos, que são em sua maioria indigeríveis. Cada medicamento emite vibrações específicas e efeitos codificados como ondas eletromagnéticas, com frequências de onda definidas. Se eu comer um pedaço de pera com a mesma 'música' de um antineurálgico, o corpo ouvirá o eco da droga original e as células serão estimuladas a comportar-se e reagir como fariam diante da ação do próprio medicamento. É como gravar um concerto ao vivo e então ouvi-lo baixinho no conforto do próprio lar."

O assistente olhou atônito o rosto barbado do doutor Johansohn antes de fingir um sorriso, enquanto o doutor explicava: "Garoto, isso é tudo verdade, mas não quer dizer que podemos evitar a morte. A morte não pode vitimar uma farmácia ambulante, mas pode levar uma pessoa que atingiu o limite do que é possível em termos de manutenção. As drogas são como pequenas estações de rádio emitindo sua própria informação, que resume sua identidade; é uma espécie de assinatura, uma impressão digital eletrônica, como um código de barras". Ele se interrompeu por um instante, como se lembrasse de um compromisso. Afastou-se uns passos e então se virou para o assistente, como se pedisse uma confirmação: "Se isso é válido para medicamentos, não seria importante se toda matéria liberasse sua própria assinatura, como uma rede invisível de comunicação abrangendo todo o universo?"

O assistente arrumou seu jaleco branco, num sinal tanto de surpresa quanto de entusiasmo. Ele havia acompanhado perfeitamente a explanação, e não foi apenas por respeito que, em vez de responder, lançou outra questão.

"E se fosse esse o caso...?"

Jeremiah Johansohn fixou o olhar na parede atrás do jovem auxiliar, como se lesse a resposta nos azulejos brancos do laboratório. Então ajustou seu foco, voltando o olhar para seu interlocutor: "Se for assim, e não tenho dúvida de que é, então, caro George, bem-vindo ao outro lado das coisas".

Nos anos que se seguiram, depois da morte do doutor Johansohn, George reuniu os muitos papéis que se espalhavam pelo piso do laboratório. Mas não parou por aí. Ele prosseguiu, decifrou os experimentos, escreveu artigos e finalizou o livro que seu professor queria publicar, mas não publicou para não terminar seus dias dentro de um frasco de xarope em alguma multinacional. Imprimiu milhares de cópias e, sub-repticiamente, foi deixando exemplares por vários lugares, da Filadélfia até Boston, de Roma até Paris.

"O quê?", perguntou a garçonete de uma lanchonete em Rochester, Vermont.

"Um tratado de física. Ou melhor, uma viagem filosófica, talvez uma viagem difícil, mas também fácil, tão fácil como virar do avesso uma meia enorme."

"Uma meia enorme... Enorme quanto?", perguntou ela; sua expressão deixava transparecer um interesse maior por outras coisas.

"Tão grande quanto o universo", respondeu George, antes de afundar os dentes no código básico de um *cheeseburger*...

Introdução

Se você sonha em compreender as razões pelas quais as coisas acontecem e como o mundo é feito, se você é fascinado pelas estrelas e pelas partículas elementares, se a curiosidade profunda pela pesquisa e a vontade de fazer progressos dirigem sua vida, então este livro é para você, e eu vou lhe contar uma história. É a história de uma viagem ao outro lado das coisas.

Você se lembra de suas primeiras perguntas: quem somos, de onde viemos, para onde vamos, o universo é finito ou infinito, o que é a eternidade, existe vida em outros planetas, do que é feito o átomo, e assim por diante? Quantas dessas perguntas foram respondidas de fato? Este livro não propõe soluções, mas em vez disso sugere linhas de pesquisa e pontos de vista que você pode utilizar para perseguir o conhecimento por um caminho antigo que é sempre novo.

Em meus dias de estudante, eu ficava imaginando o que caracterizava um corpo como sendo diferente de outros corpos, uma vez que eles eram feitos basicamente a partir dos mesmos elementos. Se toda a matéria é formada a partir de apenas 92 elementos (e mais uns poucos que àquela época ainda estavam para ser descobertos), como pode haver tamanha variedade? Além do mais, esses 92 elementos, por sua vez, são compostos de partículas que são sempre as mesmas. Pense nisto: as partículas elementares são as mesmas por todo o universo. Nosso cérebro tem a mesma nuvem de elétrons que uma pedra, uma folha e uma baleia. Quanto mais estudamos a matéria pelo microscópio, mais ela parece amorfa, disforme, sem quaisquer das diferenças que distinguem corpos e substâncias. Se oceanos, montanhas, plantas e todas as outras coisas são agregados de partículas elementares, o que lhes dá sua forma material? Coisas diversas são diferenciadas por sua forma, não pelas partículas que constituem a matéria da qual são feitas. O que, então, determina a identidade? Será que a forma dá significado à matéria?

Aristóteles fala de uma "matéria básica" ou "matéria prima" (ὕλη ἀμορφή, matéria sem forma), a origem ou matriz básica da qual todos os corpos surgem. Que relação pode haver entre o modelo aristotélico e o material amorfo decomposto em partículas elementares? A chave para o conhecimento não está limitada à física de partículas: a pesquisa continua encontrando partículas novas e até menores, mas não revela os segredos da existência nem nos diz do que, em última análise, são feitas as coisas. A razão é simples: a pesquisa insiste em investigar "do lado de cá".

O primeiro requisito para que tenhamos acesso ao "outro lado" é nos libertarmos do conceito de necessidade, no qual até agora estiveram baseados nossos mecanismos investigativos. Desde a expulsão do Jardim do Éden, a evolução sempre foi movida pela necessidade, da qual nenhum ser vivo pode escapar! A necessidade era, então, representada por Ananke, a divindade mítica grega. Os eventos eram vistos como se não tivessem causalidade; como se, em vez disso, acontecessem por serem necessários. Mesmo o significado das coisas era considerado como originário da deusa Ananke, por necessidade. Se a matéria fosse invisível, ela não teria importância! Ela se torna relevante apenas quando registrada por nossos sentidos, e isso por sua vez ocorre apenas quando julgamos ser necessário. Ninguém se interessa pelo que acontece em uma das luas de Saturno! Os corpos físicos não têm significado para nós sem nosso interesse por eles; para despertar nosso sentimento, devem ser considerados relevantes em algum nível. Um item exposto numa loja de móveis não tem significado até que começamos a pensar em comprá-lo e como ficaria em nossa casa.

O ato de saber vem da necessidade de sobreviver e da curiosidade. Por trás de ambos jaz o medo. Cada forma é determinada pela função, a função da necessidade e a necessidade do medo, sem as quais não haveria evolução. O conhecimento é também um remédio para o medo e, no passado, surgia do ato de ver, ver com os olhos e com a mente. No grego antigo, os verbos ver e saber têm uma raiz comum, *vid*: "ver com os olhos", "ver com a mente". Hoje, o medo ainda nos permite saber, mas não ver. Os humanos tentaram remover o máximo possível de medo das 24 horas, reduzindo-o a poucos minutos por dia. Porém a natureza inventa necessidades para organizar seus programas.

Hoje, a pesquisa científica continua a investigar a parte do mundo à qual atribuímos significado. Se nós queremos ter acesso a partir do outro lado, devemos fazer a distinção entre o significado das coisas e o significado que atribuímos a elas. De um lado está o significado que o universo dá a si mesmo, e de outro, o significado que alocamos a ele, e nenhum dos dois dá a mínima atenção ao outro. Imagine se, de repente, o universo decidisse desobedecer a suas próprias leis, seu próprio significado, interrompendo suas atividades por apenas um minuto: tudo entraria em colapso, incluindo nós! Por sorte, o universo não é membro de nenhum sindicato e não entra em greve. Não podemos sequer imaginar qual sua escala, nem temos a menor ideia do tamanho ou da forma que ele possa ter. Se ele é amorfo para nós e está além de nossa compreensão, então perde significado e deixa de ser interessante. De todos os 7 bilhões de humanos, quantos são de fato pesquisadores científicos dedicados ao estudo do universo? Provavelmente menos que o número de moscas que se chocam contra o para-brisa de um carro em alta velocidade.

É a forma que dá significância à matéria. A areia em um balde não significa nada para o garotinho que brinca com ela, pois carece de significado. A mulher que está separada de seu marido por toda a extensão do deserto da Namíbia pode ver o deserto, a areia, como a pura expressão da tão almejada liberdade. No entanto o mesmo marido, perdido nesse deserto, pode dar-lhe um significado muito diferente, e pode até mesmo morrer de sede por causa dele. E ainda assim é a mesma areia com a qual o garotinho brinca em seu balde.

O *Big Bang* — se é que de fato ocorreu — foi uma explosão da qual brotaram todos os nossos corpos celestes e as leis que ainda parecem estar governando a expansão do universo. De toda essa gama infinita de possibilidades, parecemos capazes apenas de atribuir significado às coisas de que necessitamos. A pesquisa com essa base será sempre enganosa e incompleta.

É preciso explorar o outro lado para não ficar imóvel no mesmo lugar, apenas contando partículas e falando sobre elas. Essa exploração é o que grandes pessoas da história fizeram — Pitágoras, Platão, Leonardo da Vinci, Giordano Bruno, Newton, Leibniz, Mozart, Einstein, David Böhm, alguns outros físicos quânticos, os místicos orientais, poetas ocidentais, professores, santos, sábios e filósofos — quando a física ainda não estava divorciada da filosofia! Eles deixaram por toda parte vestígios do grande segredo que tem sido passado ao longo dos séculos, tanto oculto quanto revelado. Cada um, de sua maneira, adequado ao seu tempo e à sua cultura, contou-nos uma história, uma história muitas vezes fragmentada em meio a florestas de símbolos e enigmas. Mas se olharmos de novo com atenção, usando as chaves apresentadas neste livro, ainda poderemos ver um fio mágico que nos conduz à própria origem do maior segredo da história do mundo: *a prova de que o mundo em que estamos é uma realidade virtual perfeita, imensa e ilusória, feita de matéria não existente.*

Você já se perguntou como a natureza criou a si mesma? Concorda que, antes de criar algo, você deve elaborar um plano que inclua a informação necessária para construir formas e arquitetura, parâmetros e relações, materiais e instalações? Qualquer construção, desde um brinquedo até um arranha-céu, deve ter um *design*, um projeto anterior. O mesmo acontece com a Mãe Natureza.

O universo é um *design* que evolui por meio do tornar-se. A palavra *natureza* deriva do particípio futuro do verbo latino *nascor*, "nascer" ou "ser posto no mundo"; ela indica que a essência de algo não é o que parece, mas *o que ele ainda não é*: o *design* de sua projeção futura. Consequentemente, a física (de φύσις, "natureza") deve investigar não apenas o que é manifesto (quantificável e mensurável), mas também, e especialmente, o que *ainda não é*: o *design* que mantém íntegro o mundo.

Comecei a deduzir o segredo da matéria durante os anos que passei em laboratório. Descobri que o universo é cheio de códigos que definem e informam a natureza das coisas. *Informar* significa, antes de tudo, "proporcionar forma", e esses códigos parecem desempenhar papéis importantes na arquitetura dos corpos: estrutura, características, qualidade e funções. Eles também regulam o crescimento e o desenvolvimento. Você pode pensar nesses códigos como algo parecido com códigos de barra ou impressões digitais.

Quero compartilhar com você as coisas fascinantes que aprendi sobre esses códigos — que denomino *códigos básicos* —, que operam em todos os níveis da realidade, funcionando como uma matriz, um sistema regulatório e um meio de comunicação em toda parte do universo. Alguns fundamentos que explorarei em detalhes são:

- O código básico é um conjunto de dados essenciais que definem o campo de uma substância e, a seguir, sua forma. Graças a essa informação, o código age como um primeiro esboço, o mapa a partir do qual o corpo deriva suas referências estruturais. O código rege características como extensão espacial e limites físicos.
- O código básico regula a homeostase do corpo, preservando sua forma, sua unidade, suas características e suas funções. Em organismos celulares, ele desempenha o papel de um sistema intrínseco de controle.
- O código básico confere um ritmo à matéria, fazendo vibrar o espaço a seu redor; a informação, na forma de sequências rítmicas, irradia-se para o campo, que assim permanece informado.
- O campo de informação permite ao corpo comunicar seu ser e suas características a outros, por meio de interações de campos.

Para compartilhar com você minhas descobertas, convido-o a fazer comigo uma viagem, uma viagem à essência da matéria e, mais além, aos mistérios do campo de informação que a permeia e conecta tudo. Nossa pesquisa acerca do *design* do universo exige um novo método, uma física recém-nascida que ainda não conta sequer com meios adequados de confirmar hipóteses, pois somente indícios da existência dos códigos (cuja natureza não é molecular) estão disponíveis para ajudar a direcionar essa busca. Exploraremos onde não existe percepção, o vazio que não está vazio. O outro lado das coisas.

1
Prelúdio à matéria

Vivemos por meio de percepções

Percebemos o ambiente por meio de nossos sentidos. O corpo relaciona-se com o mundo externo por meio de vários tipos de estímulos que excitam a retina, a cóclea, o nervo acústico e a miríade de terminações nervosas para tato, paladar e olfato. Esses receptores transmitem sinais a certas áreas do córtex cerebral, onde são decodificados e traduzidos para imagens visuais e outras sensações sensoriais. Se consideramos a natureza dos estímulos, existem três sentidos: visão, audição e contato (paladar, olfato e tato); a visão é ativada por ondas eletromagnéticas, a audição, por ondas elásticas,* e os outros três, por contato direto. Nossas *sensações*, como a palavra implica, não são certezas, mas o "senso" de alguma coisa.

E mais, nossas sensações são subjetivas por natureza; o mesmo estímulo pode produzir sensações diferentes em diferentes cérebros: é, portanto, o cérebro que transforma. Vejamos como. Os humanos geralmente acreditam que tudo que acontece é detectado pelos sentidos, mas não é assim. Nossos

---

* *Ondas elásticas* são ondas mecânicas que se propagam na superfície de um meio sem causar a esse meio uma deformação permanente. A *Encyclopedia Britannica* acrescenta: "Se um material apresenta a propriedade da elasticidade e as partículas em certa região assumem um movimento vibratório, uma onda elástica será propagada. Por exemplo, um gás é um meio elástico (se for comprimido e em seguida a pressão desaparecer, ele retornará ao volume inicial), e o som é transmitido através de gases como uma onda elástica." [N. A.]

neurônios podem processar apenas uma fração dos sinais que recebemos do ambiente, como se houvesse um filtro entre nós e a natureza, permitindo apenas a passagem de algumas frequências luminosas, sonoras e táteis, que são então traduzidas em *imagens mentais*. O que nós vemos torna-se imagem; a audição produz imagens, assim como tudo que tocamos, inalamos e saboreamos. O que pensamos: imagens. O que sonhamos: imagens.

Para nós, o universo é apenas o que o cérebro pode obter e compreender por meio da tradução de sensações em imagens mentais, as quais formam o arcabouço do qual derivamos a aprendizagem e o conhecimento. Realidade e imaginação são traduzidas de imagens mentais que se formam em nosso cérebro a partir de ondas informacionais provenientes de nossos sentidos externos. O que absorvemos do exterior ou o que produzimos dentro de nós é sempre *vid* — visto com olhos e mente. Vivemos por meio de sensações e, portanto, de imagens, num jogo triangular praticado entre racionalidade, imaginação e necessidade, em que a dose do que necessitamos determina a quantidade mais apropriada de intercâmbio entre racionalidade e imaginação.

À incompletude de nossos sentidos devemos adicionar a subjetividade de nosso processamento. Nossas imagens mentais são essencialmente específicas de cada espécie, no sentido de que o mundo que vemos não é o mesmo que um cão vê, ou um lagarto, ou um inseto, pois diferentes configurações neurais são responsáveis, em cada espécie, pelas representações mentais. Pode haver diversidade mesmo dentro de uma mesma espécie: apenas considere as mudanças produzidas pelo cérebro de uma pessoa daltônica. A maçã que é vermelha para mim e verde para um daltônico, na verdade, não tem cor. Até mesmo as cores pertencem ao nosso "sistema cinematográfico interno" e são formadas de um dado modo pelo fato de que os neurônios estão *naquela disposição em particular*. De acordo com o mesmo princípio, é possível que sequer a forma de uma maçã seja como nós a percebemos. Sim, podemos tocá-la; ela tem textura, cheiro e sabor! Porém esses atributos são apenas o resultado de respostas neuronais subjetivas. É desse modo que nossos sentidos limitados e subjetivos pintam o mundo para nós.

A realidade permanece velada; ninguém a conhece, e tudo é interpretação. Estamos "cegos para o mundo"; não estamos olhando para fora, mas *para dentro* de nossa própria cabeça. Estamos lendo o cérebro, assistindo a um filme projetado em nosso córtex. Somos prisioneiros de um mundo interior, de uma máquina que produz uma realidade virtual. No final das contas, os sentidos — nossos únicos meios de contato com o mundo externo — nos mantêm separados desse mundo externo por meio de representações que não são reais. Os dados sensoriais são enganosos, como na parábola indiana sobre as crianças cegas que pela primeira vez se defrontam com um elefante. À medida que as crianças tocam partes diferentes do elefante, cada uma cria uma imagem mental diferente, cada uma chega a uma interpretação diferente. Embora a maior parte do mundo material não seja visível para os sentidos, cheios de presunção, pensamos em confinar o universo inteiro a nossas percepções — "Se não percebo, não existe" —, como se o mundo fosse modelado por nós e para nós!

O fato é que nós percebemos somente uma porção ínfima do oceano de vibrações em que estamos imersos. Somos incapazes de detectar o infravermelho e o ultravioleta, o infrassom e o ultrassom, e em geral as frequências muito altas e as muito baixas; não podemos sequer detectar os raios X, os raios gama, a radioatividade e os raios cósmicos, todos os quais, no entanto, afetam nosso corpo. E tantas frequências ainda são para nós desconhecidas. Os sentidos são, assim, incompletos; nossos circuitos neurais não podem processar a maioria das informações recebidas para traduzi-las em imagens. De acordo com alguns autores,[1] nossos sentidos apreendem apenas 5% dos sinais que o mundo emite, o que significa que perdemos 95% de nosso ambiente. Na física moderna, infere-se que a matéria escura (imperceptível) responde por 23% da densidade de massa-energia, enquanto a matéria comum responde por apenas 4,6%, e o restante é atribuído à energia escura. Esses números indicam que a matéria escura constitui 80% da matéria no universo, enquanto a matéria comum perfaz apenas 20%.

Mesmo que os sentidos não sejam capazes de detectar a maior parte do universo, não obstante o invisível existe. Como aponta o doutor junguiano James Hillman, vivemos rodeados por hordas de invisíveis, como tempo, ideais, valores, abstrações e todas as "pessoas" que foram deificadas num passado distante. Com "invisível" quero dizer "não visível", aquilo que não pode ser visto, ou tocado, ou detectado por qualquer dos sentidos. Os humanos já conversaram com os espíritos das coisas e foram visitados pelos deuses; o invisível tinha, outrora, um lugar no dia a dia, como os anjos sobre Berlim no filme *Asas do Desejo*, de Wim Wenders. Com o passar do tempo, o invisível ficou confinado às categorias do fantástico e do mítico, enquanto a ciência se tornou, cada vez mais, a "lógica dos sólidos", para citar Bergson. A lógica deixou de fazer distinção entre magia, misticismo e a assustadora fantasia dos monstros. Hoje, o pensamento mítico é esmagado pela aridez do raciocínio, e os invisíveis são rejeitados, causando uma perda de idealismo, sentimento, inspiração, intuição e criatividade. À exceção dos poetas, a humanidade tornou-se cega e incapaz de compreender a essência invisível da natureza.

Para o invisível, pouco importa se é percebido ou não: como uma estrela fixa, ele segue seu próprio caminho. Não somos capazes de ver o ar, por exemplo. E ainda assim ele existe e permeia todos os cantos do mundo. Proibindo-nos de ver certas coisas, a Mãe Natureza nos permite ver outras, sem o que seria impossível existir — os ditames da necessidade, uma vez mais. O problema é que nos esforçamos para alcançar uma ciência absurda, baseada puramente em métodos objetivos, reproduzíveis e absolutos, quando na verdade a pesquisa científica é baseada em percepções sensoriais, e nossos sentidos são eminentemente limitados e subjetivos. Os parâmetros usados para o visível são incapazes de provar o invisível: podemos pressentir a presença do invisível sem sermos capazes de confirmá-lo. Devemos, então, aceitar a ideia de que a pesquisa do *design* tem lugar sobretudo no invisível, distante da lógica dos sólidos. Comecemos com a própria matéria.

Ao encontro da matéria pura

Quantitas materiae est mensura eiusdem orta ex voluminae ac densitate conjunctim: "A quantidade de matéria (de um corpo) pode ser determinada e medida a partir de seu volume junto com sua densidade". Assim tem início o mais importante trabalho de Isaac Newton, *Philosophiae Naturalis Principia Mathematica*, seu tratado sobre gravitação.[2] Nossa viagem começa com ele, na Inglaterra, em 1687, quando publicou o trabalho que o tornou famoso, o pai da ciência moderna, uma autoridade acima de qualquer suspeita. Porém Newton era também um alquimista e sabia muitas coisas.

Já em suas primeiras palavras, ele indica a diferença entre matéria e massa. Por quê? Matéria e massa não são sinônimos? Ele acrescenta: "E, daqui em diante, desejo referir-me à quantidade quando uso os termos *corpo* ou *massa*. A mesma (quantidade de matéria) é conhecida pelo peso de um corpo, que é proporcional a sua massa". Em outras palavras, a massa de alguma coisa é matéria combinada para formar um corpo, ganhando densidade e volume. Mas pense nisto: se a *matéria combinada* assume peso e extensão no espaço, então a matéria que não se combina carece dessas propriedades? Eis o princípio de um problema: não é fácil pensar na matéria que não tem volume nem densidade, que é "desprovida de forma", por assim dizer. Não há lugar em nossas categorias de pensamento para algo sem limites físicos: pensamentos são feitos de imagens, e imagens são formas com limites definidos, como massas que expressam a "quantidade de matéria" em um corpo agregado.

Porém, de fato, a matéria carece de forma; "ela é amorfa", como Aristóteles descreveu a *matéria prima*. Newton sabia dessa matéria, que escapa aos sentidos. Ele sabia porque havia referência a ela na tradição alquímica. Ele compreendia que temos de lidar com duas dimensões paralelas: uma da matéria (que não podemos perceber) e outra da massa (que podemos perceber). A matéria não é visível nem pode ser representada, mas é possível concebê-la em nossa imaginação e intuição. Grandes cientistas sempre usam a imaginação. A intuição é como um cão trufeiro que o filósofo científico liberta na noite para localizar seu tesouro, mas depois que o local é encontrado ainda haverá anos de escavação pela frente.

Três séculos depois de Newton, a ideia da matéria prima foi revivida pelo conhecido matemático italiano Francesco Severi, de Arezzo. Em 1947, ele chamou a *materia pura* de "não diferenciada" (desprovida de forma, sem qualidade), não sujeita ao tempo (isto é, sem movimento e em perfeita imobilidade em relação a qualquer observador). É a matéria sem massa (tendo massa de repouso zero).[3] A matéria livre do tempo é eterna. Invisível, intangível, atemporal, eterna: como pode a mente imaginar algo assim? O que significa dizer que a matéria é *pura*? Não estamos falando de pureza moral; *pura* significa que ainda não está combinada em um corpo nem determinada por qualquer forma corpórea, não tendo uma identidade específica, mas abrigando o potencial de tudo. Agora você entende por que a matéria pura escapa a nossos sentidos?

Ela não se torna e não pode tornar-se porque tornar-se é transformação, e a matéria pura não pode ser transformada. Não é exatamente o nada, mas é *prope nihil*, "quase nada", para citar Santo Agostinho.

As ideias de Severi foram adotadas por Francesco Pannaria e a seguir por Claudio Cardella (formando a Física de Severi-Pannaria-Cardella). Pannaria foi um dos maiores químicos e físicos da Itália do século XX, a última testemunha dos assim chamados rapazes da Via Panisperna.* Inspirado na física de Severi, Pannaria sustenta que o universo é formado por um "palco de mundo", que inclui tudo que é percebido pelos sentidos, e pelos "bastidores", constituídos pela matéria pura que não podemos perceber. Os bastidores do teatro são a matriz a partir da qual se desprendem as formas que aparecem no palco. Pannaria escreve: "Os bastidores do mundo físico, o antimundo de nosso mundo, são o vasto mar (*mare magnum*) da matéria pura, a tela na qual está bordada a história do universo".[4]

Os corpos são formados quando a matéria pura se combina e, dessa forma, perde sua pureza. Antes ininterrupta e contínua, ela se fragmenta em corpos, em alternâncias e em eventos. Torna-se um ritmo. Tempo e espaço, que antes estavam ausentes, aparecem em cena, e, a partir desse momento, a matéria tem massa. Uma olhada na natureza talvez nos ajude a entender como a matéria pode mudar de sem forma para dotada de forma, como quando a lava dos vulcões atemorizava nossos ancestrais, mas perdia seu mistério ao esfriar e tornar-se rocha. O mesmo se aplica a metais e à água. O calor que identificamos com o fogo é um dos meios pelos quais a matéria pode ser combinada para manifestar-se como massa com forma. A matéria não tem forma, mas a massa tem: podemos percebê-la e reagir a ela. Nossa mente pode entendê-la e lembrar-se dela. Não nos lembramos das pedras encontradas em uma caminhada, nem o mineiro se recorda das pedras que extraiu, pois suas formas não representam nada significativo.

---

* Segundo a Wikipédia, os rapazes da Via Panisperna (*I ragazzi di Via Panisperna*) formavam um grupo de jovens cientistas liderados por Enrico Fermi. Em Roma, em 1934, fizeram a famosa descoberta dos nêutrons lentos, que mais tarde tornou possível o reator nuclear e, a seguir, a construção da primeira bomba atômica. O apelido do grupo vem do endereço do Instituto de Física da Universidade de Roma La Sapienza, na rua denominada Via Panisperna. [N. A.]

De acordo com Aristóteles, todos os elementos não expressados estão na matéria pura, principalmente os quatro primais, que, segundo Empédocles, formavam o universo físico: terra, água, ar e fogo. Pannaria também fala dos quatro elementos, que na modernidade são chamados de matéria, massa, energia e campo. Já vimos a diferença entre matéria e massa; agora vamos ver como ambas se relacionam com energia e campo.

Energia iluminada

A equação de massa-energia de Einstein diz que $E = mc^2$, o que significa que, ao quadrado da velocidade da luz, a massa tende a transformar-se em energia. A consequência disso é a dualidade onda-partícula. Isso é corroborado pela mecânica quântica, que postula que partículas, átomos e moléculas obedecem a leis mecânicas diferentes daquelas que regulam corpos de dimensões maiores. Ela se baseia na teoria formulada em 1900 por Max Planck, indicando que a energia tem uma estrutura descontínua, consistindo de pacotes bem definidos (quanta), e que a luz consiste, assim, de fótons em sua dualidade de ondas e partículas. Desde então, a mecânica quântica demonstrou que ondas e partículas são aspectos diferentes de uma mesma coisa: massa e energia são intercambiáveis. Numa velocidade muito elevada, a massa converte-se em energia, e a energia também pode tornar-se massa. Esse efeito foi observado em câmaras de bolhas usadas para experimentos nucleares, quando a passagem de ondas eletromagnéticas de alta energia através de núcleos atômicos pesados resulta na transformação em partículas e antipartículas. Fotografias mostram que a energia converte-se em massa, e a onda torna-se um corpo.

Veremos que essa perspectiva relacionada a massas que se convertem em energia e vice-versa não é rigorosamente correta, porque na realidade a massa não é massa, mas energia distorcida pelos sentidos, pela percepção, uma interpretação *ad usum sensorum* de eventos que ocorrem de um modo diferente daquele como os registramos. No entanto, para manter a simplicidade por ora, continuaremos a falar de massa e energia. O importante é perceber que este mundo é uma imensa realidade virtual — uma peça, uma ilusão — onde tudo e até o oposto de tudo é possível. Mas continuemos, passo a passo.

Na física quântica, onda e partícula coexistem alternativamente, no sentido de que, quando não é observada, a energia aparece na forma de onda, mas, quando a observamos do modo que for, a energia "torna-se" partículas. De acordo com o princípio da incerteza enunciado por Heisenberg, não podemos apreender a realidade em sua plenitude, mas podemos testemunhar apenas um de seus aspectos possíveis de cada vez. Esse princípio indica que, no mundo subatômico, não é possível determinar com certeza a posição de uma partícula e ao mesmo tempo sua velocidade. Quanto mais precisamente conseguimos determinar a posição de uma partícula em um dado momento, mais incerta é a determinação de sua velocidade, e vice-versa. Assim, estamos limitados à determinação de uma função única, enquanto ficamos no escuro quanto à outra. O princípio da indeterminação também se expressa nas relações entre outras dimensões, como o intervalo de uma reação e a energia envolvida: eventos que ocorrem em um breve instante envolvem uma incerteza sobre a energia, e vice-versa. Nenhuma transformação está ocorrendo. Em vez disso, estamos interpretando a manifestação de entidades microscópicas de duas formas diferentes: às vezes, como energia e, às vezes, como formas corpusculares. Compreendida dessa maneira, massa é energia que os sentidos interpretam como massa. Portanto, as partículas sequer existiriam se não fossem os hábeis ilusionistas denominados sentidos. Tudo é ilusão. Os sentidos descrevem o mundo não como ele é, mas como eles o entendem. Partículas e ondas são a mesma coisa, tendo em vista que massa e energia se alternam. O que as diferencia? A massa é bem definida e pode ser medida e pesada. A energia não.

A massa tem extensão, peso e velocidade; é feita de moléculas e átomos. Mas o que exatamente são os átomos? Devemos a ideia do átomo a Demócrito de Abdera (ca. 460 a.C. — ca. 370 a.C.), o expoente máximo da escola filosófica grega chamada atomismo. Ele afirmava que o mundo é formado por uma miríade de partículas invisíveis, átomos (*átomo* significa literalmente "indivisível"). Se fossem infinitamente divisíveis, então eles se dissolveriam no vazio. Demócrito concordava com Parmênides e os eleatas que afirmavam que "só o ser é".* De acordo com Parmênides, "o ser nunca foi, e nunca será, porque

---

* Parmênides nasceu na Eleia, uma colônia itálica na Grécia antiga, no século VI a.C. Considerado como um aluno de Xenófanes de Cólofon, fundou a escola filosófica eleata. Ele

ele é agora um todo, uno e contínuo. [...] Tampouco é divisível, pois é todo idêntico; e nem existe mais ou menos dele em um lugar que possa impedir que se mantenha coeso, mas tudo está repleto do que é".* Demócrito também identificou o ser com o *repleto* e o não ser com o *vazio*. Repleto de quê? Incontáveis elementos invisíveis diminutos que não podem ser divididos. Os atomistas os consideram sólidos, a fronteira extrema do cenário do mundo. Um átomo é a menor "coisa" concebível: pode ser pesado, medido e, acima de tudo, percebido.

Anos atrás, quando minha geração foi à escola, o átomo era ensinado de acordo com o modelo do físico Nils Bohr: partículas com a forma de bolas, desenhadas como planetas de um pequenino sistema solar orbitando ao redor do núcleo. Era um modelo incompleto e discutível, mas era claro e tangível. Ao mesmo tempo, ensinavam-nos que as "bolas" não eram de fato sólidas, mas feitas de cargas elétricas. E, aqui, esforços sobre-humanos eram necessários para aceitar, ou mesmo imaginar, que eram exatamente essas "cargas" elétricas (e só Deus sabe como a mente humana pode imaginá-las!), de natureza impalpável, os tijolos que constituíam os corpos sólidos e pesados de um universo físico.**

Então tudo mudou. Algumas pessoas começaram a falar de "energia dos quanta", de "nuvens eletrônicas", descrevendo os elétrons como "ondas de probabilidade" ou "esferas em que os elétrons são prováveis". Nesse ponto, a mente se perdeu, pois essas coisas não podem ser imaginadas. Uma "onda de probabilidade" não é uma imagem prontamente disponível. Não podemos

---

exortava o homem a ir além do conhecimento adquirido pelos sentidos e a usar o raciocínio para explorar o mundo que não é influenciado pelos sentidos. [N. A.]

* Este é um conceito complexo e profundo de ser; ser é necessário e real, enquanto não ser é possível, mas ilusório. De acordo com Parmênides, "É necessário falar e pensar o que é; pois ser é, mas nada não é". Ser é semelhante à matéria pura de Pannaria, pois não pode tornar-se, de outra forma estaria determinado e assim tornar-se-ia não ser. O pensamento platônico baseia-se, em boa parte, no pensamento de Parmênides. No pensamento platônico, o não ser torna-se o mundo de *doxa*, "opinião ou ilusão", enquanto ser é *alètheia*, "a verdade, o mundo real, o outro lado das coisas". [N. A.]

** Por exemplo, quando penso em sal, posso imaginar uma molécula de cloreto de sódio, a qual eu posso associar a um aroma, um sabor, uma cor e uma sensação ao tato bem definidos; posso imaginar o sódio e o cloreto, se conhecer suas propriedades. Mas, além disso, é difícil conjurar uma imagem de um próton ou um elétron! [N. A.]

apresentar uma imagem da ἀρχή (*archè*), "o princípio do qual tudo se origina". Como no caso do *àpeiron aòriston* (infinito indeterminado) de Anaximandro, ela não é compreensível porque nosso cérebro necessita de referências específicas.*

Em 1984, os físicos norte-americanos Michael Green e John Schwarz sugeriram que a *teoria das supercordas* poderia explicar a natureza da matéria. Mas acautele-se quanto à explicação, pois pode muito bem ser "música para nossos ouvidos". A formulação da teoria das cordas, na qual vários físicos estiveram envolvidos, teve início no final dos anos 1960, quando um jovem físico teórico, Gabriele Veneziano, deduziu (usando uma fórmula do grande matemático Euler, do século XVIII) que as partículas na verdade não eram formadas como pontos e de fato não eram sequer partículas, mas filamentos muito finos (como elásticos microscópicos) — de fato cordas — que vibravam constantemente. Essas cordas seriam tão minúsculas que apareceriam como pontos. Sua dimensão estaria ao redor do comprimento de Planck, em outras palavras, cem bilhões de bilhões (10^{20}) de vezes menor que um núcleo atômico. De acordo com a teoria, essas cordas seriam os menores constituintes da matéria, formando partículas e átomos. Essa teoria tenta ser compatível com a teoria geral da relatividade, de Einstein (de acordo com a qual a atração gravitacional observada entre massas resulta das distorções que elas causam no espaço e no tempo), e com a mecânica quântica. A teoria das supercordas diz que a variedade de massas e de elementos depende apenas dos diferentes modos como as cordas vibram. Mantenha isso em mente, pois mais tarde retornaremos a esse tema musical da vibração e à matéria como música eterna...

---

* Anaximandro de Mileto, um dos primeiros filósofos pré-socráticos, afirma que a origem e causa do universo como um todo é infinita, indefinida, pura matéria quantitativa e estendida, ilimitada, divina, mas, acima de tudo, indeterminada, porque os elementos ainda não são diferenciados. A partir dessa extensão infinita, diferentes ingredientes se mesclam e se separam para serem identificados como elementos. Este conceito é outro precursor daquele da matéria pura. O infinito indeterminado é uma realidade separada do mundo, transcendente, mas ele também é a lei do mundo. É uma amálgama em eterno movimento, da qual emergem os elementos, os corpos e o universo, necessariamente separados; dessa separação tem início a oposição dos contrários. Existem vários universos, e todos derivam do ilimitado que os abarca e governa, mas sem vontade e personalidade, e ao qual todos, em última instância, retornarão e nele se dissolverão. [N. A.]

Embora existam, estruturas ultramicroscópicas subatômicas de qualquer tipo não podem ser representadas. Heisenberg nos ensina que, no mundo microscópico, temos de mudar nossas categorias de pensamentos. Lá não encontramos dimensão, peso, forma, tamanho, cor, sabor ou qualquer outra coisa de nosso mundo macro. Cada mundo tem suas próprias leis que são invioláveis, e a comunicação só é possível se aprendemos a linguagem, o tempo e o espaço daquele mundo. Quando abrimos mão da ideia de corpos sólidos, emergem novos conceitos que a mente mal consegue imaginar, como energia em forma de luz, campos como contornos que margeiam o espaço vazio, ondas e pulsos com movimentos rítmicos. A física do invisível, que explora o outro lado das coisas, é essencialmente a física dos campos.

O campo, a realidade das coisas

O pensamento mecanicista conceitualizou partículas sólidas movendo-se no vácuo. Então veio a física de campos, e as noções predominantes esfacelaram-se uma vez mais. Em meados do século XIX, Michael Faraday introduziu a ideia de um *campo* como "um espaço ao redor de uma fonte de energia eletromagnética". Opondo-se ao conceito de "pleno e vazio" do atomismo, Faraday sugeriu a ideia de "matéria e força difusas no espaço", de acordo com linhas de força precisas. Era uma visão não material dos fenômenos físicos! É com Faraday que os campos se tornam definidos como dimensões físicas em zonas espaçotemporais. No século seguinte, Einstein ampliou o princípio dos campos com a inclusão da gravidade: considera-se, assim, que o universo está sujeito a um único campo gravitacional que se curva nas proximidades da matéria.

Dos quatro elementos de Pannaria, o campo é o menos estudado, porém o mais interessante. A massa pode ser a matéria combinada com energia, que é uma expressão do campo. Nesse caso, a massa seria a formação por meio da qual os sentidos percebem o campo, a realidade que o "véu de Maya" oculta, como foi colocado por alguns sábios perspicazes da Índia e também por certos filósofos ocidentais. Platão contrastou a verdade (*alètheia*) com ficção, opinião, ilusão (*doxa*). Os sentidos caem na categoria de *doxa*, projeção, a sombra de *alètheia*. Os sentidos nos permitem perceber apenas impressões, enquanto a verdade do universo não pode ser conhecida. "A natureza ama ocultar-se" (Φύσις κρύπτεσθαι φιλεῖ), escreveu Heráclito de Éfeso.* Entretanto um filósofo deve tentar alcançá-la de algum modo, pois a verdade é muito sublime.

Platão usou o "mito da caverna", no qual descreve uma cena de escravos acorrentados em uma caverna, forçados a assistir a um estranho "filme" de sombras falantes em uma parede. Eles creem que aquilo que veem é real, até que um escravo foge e descobre um mundo inesperado: o que os prisioneiros pensam serem pessoas não passam de sombras de estátuas de pessoas e de animais sendo carregados nos ombros de homens e mulheres reais, que passam diante da caverna; os escravos estavam apenas ouvindo suas vozes.[5] O escravo liberto deparou-se com o outro lado das coisas. Séculos mais tarde, o filósofo neoplatônico renascentista Giordano Bruno, escreveu *De Umbris Idearum* (As Sombras das Ideias), e inclusive o pensamento platônico foi também reavaliado por alguns físicos quânticos. Os corpos físicos que podemos tocar, ver e ouvir são apenas sombras na caverna. Seus campos, embora escapem a nossos sentidos, são de fato a verdadeira realidade dos corpos. Um pesquisador tem de sair da caverna para explorar o outro lado das coisas.

Cada corpo físico pode ser visto como um evento que está mudando constantemente no cenário do mundo, e o diretor das mudanças é precisamente o campo, que os sábios do passado identificavam com o fogo, um grande alquimista natural. O campo quântico está por toda parte. As partículas não são corpusculares, mas condensações locais do campo. Sólidas? Não. Elas são quanta, pacotes de energia das vibrações do campo. Os prótons são vibrações no campo dos prótons, elétrons são vibrações no campo dos elétrons, e assim por diante. É revolucionário na história do pensamento humano imaginar que o mundo não é construído com tijolos sólidos, mas com vibração, energia. A

---

* De acordo com Heráclito, um filósofo grego anterior a Sócrates, do século VI a.C., a realidade é um contínuo tornar-se e tudo muda o tempo todo, exceto pela própria lei do fluxo, aquela da tensão dos opostos, pois a mudança é sempre definida por dois polos opostos. Para Heráclito, o símbolo dessa mobilidade constante é o fogo, que é a origem do mundo, a *archè*. O tolo crê na aparência externa da natureza; a pessoa sábia sabe como penetrar através da lei que governa o mundo, para ver que tornar-se é apenas aparência; na realidade, "é sábio dizer que todas as coisas são uma". [N. A.]

matéria é uma determinada vibração de seu próprio campo, o que subverte tudo que é estudado na escola até aqui.

Desde nossa infância, temos desejado humanizar o mundo e imaginamos como objetos sólidos até mesmo as microscópicas energias motoras da vida. No entanto as coisas não são assim. O médico e físico Massimo Corbucci escreveu que o átomo é um abismo preenchido com elétrons e as partículas do núcleo.[6] Quanto mais você vasculha o abismo, mais você se dá conta de que a massa em si não existe. O que existe é um jogo de atração e repulsão (e, portanto, um equilíbrio) entre diferentes polaridades de carga, entre o "vazio que respira".

O campo é uma pulsação no vazio, isto é, um vazio que vibra, um vácuo pulsante. As partículas que formam a massa podem, na verdade, ser perturbações no campo, *ondulações no vácuo*. Não estamos muito longe do discurso da teoria das cordas. Agora considere que a primeira descrição da matéria, como sendo "a crista de uma onda, encrespando-se como o mar", foi escrita à época dos tratados herméticos do século II d.C.! Somente essas perturbações são percebidas pelos sentidos, que então as transformam em percepções — visual, tátil, auditiva —, ou seja, o que sentimos como formas, corpos, calor, som, luz.

O que para nós parecem ser partículas são provavelmente flutuações de campo, nas quais algumas das regiões do campo se opõem umas às outras (por exemplo, os prótons e os elétrons). Na experiência da "dupla fenda", um elétron emitido em direção a uma placa com duas fendas paralelas próximas entre si passa pelas duas simultaneamente, sugerindo que o elétron esteja viajando mais como onda do que como partícula. Na verdade, um elétron pode estar tanto na forma de onda como na de partícula, uma variação da flutuação do campo.

Durante nossa viagem, descobriremos, ainda, que os campos de corpos físicos têm propriedades extraordinárias que são "massas organizadas", e que, até o momento, ninguém conseguiu desvendar o que os organiza e como. De modo geral, as ciências físicas, químicas e biológicas continuam ignorando essas questões. De fato, o campo pode não apenas ser o resultado do que acontece à massa, mas, sobretudo, o regente do que acontece a ela. Para começar a compreender como isso ocorre, temos a ajuda do conceito de *campos morfo-*

genéticos, que nos oferece uma introdução aos campos com disposição para a organização.

Os mapas das coisas

A existência de campos morfogenéticos foi postulada no século passado por um grupo de embriologistas botânicos como uma explicação para os processos de crescimento de plantas e animais e a diferenciação de suas partes individuais. De acordo com seu conceito, o campo morfogenético pode ter características informacionais que contribuem para um planejamento invisível, que dá forma aos organismos enquanto eles se desenvolvem. Essas características também podem ajudar a explicar as funções de organização responsáveis por ações e comportamentos de grupo em muitas espécies animais. O material de construção bruto permanece o mesmo; o que muda é o *design* em si: é isso que "define" forma, proporções e os limites de crescimento. Somente o campo morfogenético pode explicar por que os braços e as pernas de uma pessoa são diferentes, a despeito de conterem as mesmas proteínas codificadas pelos mesmos genes.

Um dos primeiros a descrever os campos de organização foi Harold Saxton Burr, que lecionava anatomia e neuroanatomia na Yale School of Medicine. Por ao menos duas décadas, Burr desenvolveu pesquisas sobre a forma de plantas e de animais, e também sobre campos hipotéticos de vida, que ele denominou *campos vitais* (campos V). Cada organismo segue um padrão de crescimento organizado, conduzido por seu campo eletromagnético. Burr descobriu, por exemplo, que o campo elétrico de um broto tem a forma de uma planta adulta. Em um ovo não fertilizado, ele descobriu um eixo elétrico, correspondente à futura orientação do cérebro adulto, servindo como guia para situar a célula no local correto.[7] De acordo com Richard Gerber, "É altamente provável que a organização espacial das células esteja planejada para ser um mapa tridimensional da versão acabada: esse mapa ou essa matriz é uma função do campo de energia que acompanha o corpo físico".[8]

Burr estava convencido de que os campos podiam dominar e controlar o crescimento e o desenvolvimento de cada forma de vida. Ele escreveu: "As moléculas e células do corpo humano estão constantemente sendo demolidas e reconstruídas com substâncias novas provenientes do alimento que consumimos. Mas graças ao controle do campo V, novas moléculas e células são reconstruídas como antes e estão dispostas do mesmo modo que as antigas. Quando encontramos um amigo que não vemos há seis meses, não existe uma molécula em sua face que esteja lá desde o último encontro. Porém, graças ao campo controlador, as novas moléculas estão colocadas exatamente no velho padrão familiar, e assim podemos reconhecer sua face".[9]

Os biólogos lutam para explicar como nosso corpo mantém sua forma a despeito da contínua substituição de substâncias. A partícula afeta o campo, mas por sua vez está condicionada, observa Burr. "O *design* e a organização de cada sistema biológico são determinados por um complexo campo eletrodinâmico que dita o comportamento e a organização dos componentes. Ele tem correlação com crescimento e desenvolvimento, degeneração e regeneração, e orientação das partes componentes do sistema inteiro. Ele pode controlar o movimento e a posição de todas as partículas dentro de todo o sistema [...] A ciência acredita que as variações elétricas em sistemas vivos são a consequência de sua atividade biológica, mas eu acredito que existe, no sistema vivo, um campo elétrico primário que é o responsável."[10]

Quando Burr fala de forças, ele imagina "sistemas super-regulatórios" que governam a fisiologia. De acordo com ele, a condição da mente influencia o estado do campo. Essas palavras soam como as de Buda: nós nos tornamos o que pensamos. Para Burr, a vida não acontece por acaso, mas é o resultado de uma organização obtida por meio de campos eletrodinâmicos que regulam as posições e movimentos de todas as partículas: "Os campos vitais impõem um plano e a organização dos componentes materiais ao longo da mudança constante de todas as formas de vida, forçando uma bolota de carvalho a crescer até que se torne um carvalho, e apenas um carvalho [...] Os campos vitais são influenciados por campos mais amplos nos quais nosso mundo está incluído (manchas solares, por exemplo), sujeitos a uma autoridade superior que os força de diversos modos a mudar".[11]

Os experimentos conduzidos por nosso grupo de pesquisa (veja os capítulos 5 e 6) também sugerem a existência de estruturas informadas, que são capazes de construir e organizar corpos físicos e colocá-los em comunicação. Porém essas estruturas são invisíveis, não perceptíveis a olho nu ou por equipamentos. E, aqui, nos deparamos com a limitação da ciência atual, que é uma *quase* certeza de conhecimento. *Quase* porque os sentidos são subjetivos e falham em capturar dimensões diferentes da nossa própria: universos paralelos talvez estejam a apenas um passo de nós, mas é como se não existissem. O que existe *para nós* é tudo que existe, ao menos de acordo com a lógica dos sentidos. Realidade, para nós, é tudo que imaginamos.

A imaginação traça os limites de nosso mundo. Os antigos representavam a Terra como se fosse chata, como era sugerido pelos sentidos. Hoje, podemos pensar na Terra com sua esfericidade porque vimos sua curvatura a partir do espaço. No entanto é difícil imaginarmos o sistema solar, em especial os planetas mais distantes. A galáxia é inimaginável, e o universo ainda mais. Galáxias longínquas estão bilhões de anos-luz distantes de nosso entendimento. Como podemos imaginar bilhões e bilhões de quilômetros? Considere a ideia dos antigos de uma Terra fixa no centro das esferas em rotação. Foi necessário o telescópio de Galileu, a revolução copernicana e os nossos satélites artificiais para tomar o lugar dessa imagem da realidade. E ainda não sabemos se nossas novas imagens são as corretas... No entanto esse é outro assunto.

Sob as lentes do microscópio, temos o mesmo dilema. Onde termina o mundo? Nos quarks?* Além? Os limites foram alterados tantas vezes! A pesquisa dos componentes da matéria já envolveu gerações e gerações de físicos que sempre fazem uma revisão das teorias anteriores. No início do século XIX, os experimentos conduzidos por Dalton** sugeriram que tudo era feito de átomos e nada mais. No entanto, antes que o século terminasse, Thomson*** descobriu o elétron; daí em diante, nos princípios do século XX, os físicos descreveram todos os componentes do átomo. As partículas pareciam ser a nova fronteira, mas então apareceu Paul Dirac, que propôs a ideia da antima-

---

* Quarks são os componentes elementares dos prótons, dos nêutrons e de todas as outras partículas sensíveis a interações fortes. No momento, conhecemos seis tipos diferentes, que giram ao redor de seu próprio eixo, em uma ou em outra direção (spin) como qualquer outra partícula. [N. A.]

** John Dalton (1766-1844) foi um químico, meteorologista e físico inglês. [N. A.]

*** Sir Joseph John "J. J." Thomson (1856-1940) foi um físico inglês, laureado com o Prêmio Nobel, a quem se credita a descoberta do elétron e dos isótopos e a invenção do espectrômetro de massa. [N. A.]

téria. Ele foi ridicularizado por trinta anos, até que as antipartículas foram descobertas, e a comunidade científica tentou corrigir seu erro e o insulto, conferindo a Dirac o Prêmio Nobel. Para sua própria sorte, Dirac ainda estava vivo. Então os quarks foram descobertos, e mais uma vez a fronteira foi empurrada para diante. Os físicos mudam o tempo todo a imagem do universo, e, às vezes, eles a descartam por completo para começar tudo de novo.

A progressão dos números é um exemplo de como o mundo tem apenas uma representação limitada na tela mental. Se eu leio 0,1, é fácil imaginar uma décima parte de algo, uma das dez fatias de um bolo. Mas com 0,0000001, o esforço mental é enorme. Imagine se houver dezenas de zeros depois da vírgula decimal! O mais famoso número irracional é π, academicamente aproximado a 3,14: um número compreensível que, na realidade, seria 3,14159265358979323846. Pergunto-me quantas pessoas sequer leem todos os números um a um; isso confirma quão inútil é tentar imaginar algo além de nossos limites.

Estamos lidando com um mundo de representações sugeridas pelos sentidos e a imaginação, não uma base sólida sobre a qual se baseiam dogmas e doutrinas. Nada é uma certeza. A realidade objetiva é inatingível. Que devemos fazer? Interromper a busca e abandonar esta paixão poderosa? Não. Devemos estender o campo de pesquisas até regiões proibidas pelos sentidos, rumo ao vácuo, e redefinir o que nossos sentidos declaram ser "vazio".

2

O vácuo vivo

Sólidos e vazios

Vamos começar com uma simples consideração, mesmo que ela seja trivial: o mundo é um intercâmbio de sólidos e vazios. Sólidos são os corpos, vazios, os espaços, mesmo em células microscópicas, moléculas, átomos, partículas e assim por diante. Entre o elétron e seu núcleo há uma imensa vastidão de espaço: a matéria é quase vazia. Você sabe quanto?

Imagine aumentar o mundo um milhão de vezes, com as bactérias medindo mais de um metro, e um fio de cabelo medindo cem metros de diâmetro. Mesmo com esse aumento, você não seria capaz de ver um átomo de hidrogênio, que é o menor de todos os átomos. Se tudo fosse aumentado ainda mais, o suficiente para deixar uma bola de tênis do tamanho da Terra, o mundo seria cem milhões de vezes maior. Nesse ponto, o átomo seria visível. Se então aumentássemos o átomo até que o próton se tornasse visível, seu elétron (que ainda seria invisível) estaria orbitando a uma distância de cem metros. Essa é a relação entre sólidos e vazio no campo da matéria combinada; a massa é quase completamente vazia.

Pragmaticamente, nossos sentidos decidem o que é vazio e o que é sólido: o que eles são capazes de perceber é sólido, e tudo mais é considerado vazio. Assim, *o vazio é de fato a ausência de percepção, um vácuo de fenômenos*. O problema referente a "o que existe entre as coisas" é uma das mais antigas questões entre filósofos, físicos e cientistas. O vazio é matéria. Se você não compreende isso e confia apenas em seus sentidos, você não pode seguir adiante. Enquanto a ciência não investigar outros aspectos da matéria, conseguirá apenas resultados parciais. Alguns cientistas consideram que o mundo é um holograma gigante,[1] enquanto outros falam a respeito de uma rede universal em que os nós são os corpos (os sólidos) e os fios são as relações entre eles (os vazios).[2] Existem intermináveis interações entre entidades elementares, cuja individualidade está dissolvida na totalidade do processo. A vida desenvolve-se por meio de redes de informação capazes de autorregulação e auto-organização.

Para Ervin Laszlo,* um dos mais importantes teóricos de sistemas do mundo, a vida é uma rede de relações interconectadas: "Existem sinais significativos da existência de um campo sutil, mas eficiente, que conecta tudo e todos os eventos". Ele acrescenta: "Em adição ao campo eletromagnético, o campo gravitacional e os vários campos quânticos e nucleares, existe também um campo que relaciona e conecta todas as coisas que existem e evoluem no espaço e no tempo".[3] Somente um campo unido pode explicar a conexão entre corpos, que — longe de viverem isolados do ambiente — estão envolvidos na produção e na transformação da imensa rede que está sempre reconstruindo a si mesma. Esse conceito ecoa aquele do filósofo, matemático e astrônomo italiano Giordano Bruno (1548-1600), que falava de "incontáveis filamentos invisíveis ligando tudo no universo".

O mesmo também pode ser dito de cada ser individualizado: deve haver um único campo que organiza sua forma e estrutura, regula seu metabolismo e permite-lhe comunicar-se com outros corpos e com o ambiente. Esse campo não pode ser sólido, pois se fosse já o teríamos descoberto. É o que parece "vazio". No entanto, embora seja vazio de fenômenos, não é vazio de essência.

Estamos acostumados ao vácuo como um pano de fundo para os sólidos que percebemos. Como nos pareceria o mundo se invertêssemos a perspectiva, se pudéssemos manter o foco no vácuo de pano de fundo como sólido? Pode ajudar-nos dar uma olhada no que é conhecido como "vaso de Rubin" (fig. 2.1), um exemplo do paradoxo da realidade. Dentro do desenho há

---

* Ervin Laszlo, duas vezes indicado para o Prêmio Nobel da Paz, é também fundador e presidente do prestigioso Clube de Budapeste, uma organização *think tank* internacional que integra ciência e espiritualidade. [N. A.]

Figura 2.1. O "vaso de Rubin" — faces ou um vaso? Talvez ambos, mas nunca juntos, pois o cérebro precisa de referências e só sabe compreender coisas em relação a outras.

duas imagens que emergem de um fundo que pode alternadamente ser preto ou branco. Contra o fundo preto, um vaso branco é visível, enquanto contra o fundo branco duas faces em perfil são vistas, quase se beijando. Qual é a realidade: as faces ou o vaso? Talvez ambos, mas nunca juntos, porque o cérebro precisa de uma estrutura de referência para saber como compreender as coisas em relação a outras. Tudo é relativo, e nossas percepções emergem das diferenças e dos contrastes; neste mundo, tudo que é homogêneo é invisível.

O mundo é baseado no dualismo: se existe o branco, então existe o preto, se existe a noite, então existe o dia, e assim por diante; para tudo há um oposto, e o tornar-se decorre de uma alternância dessas possibilidades. Porém, de um par de opostos, um é escolhido de cada vez para ser, enquanto o outro é suspenso e morre. Somente assim a trama consegue evoluir. É por isso que Caim mata Abel, Rômulo apunhala Remo, e Castor morre, mas Pólux vive. Separação e exclusão permitem a evolução.

O vácuo é responsável pela vida: um mundo sem vácuo seria uma massa incompreensível de matéria densa. Ele dá identidade aos corpos; dentro da matéria ele cria intervalos e espaços que moldam átomos e moléculas. Ele mantém distâncias de tal modo que sempre exista um equilíbrio na forma.

Como no Gênesis, a criação decorre da separação. O vácuo é responsável por ampliar e separar a matéria. A matéria combina-se em massa, e também fragmenta-se e dilata-se para criar espaço.

O poeta latino Tito Lucrécio Caro escreve, no primeiro livro de seu *De rerum natura*, que "o mundo não é todo formado e forçado por matéria compacta: existe um vácuo nas coisas". Ele acrescenta: "Vácuo do qual se origina o movimento de todas as coisas".[4] Ele diz que no início havia matéria, que era desprovida de vácuo, sendo, assim, imóvel e eterna. Então, tornando-se fragmentada, ganhou formas e a possibilidade de movimento. Se a matéria tivesse permanecido compacta, nada poderia ser distinguido, e seria, como escreve Lucrécio, "um deserto escuro de átomos cegos".

Vácuo *non datur*

Um punhado de segundos... tempo para agarrar os manuscritos... derrubando cadeiras e disparando escada abaixo com um rugido súbito, antes de desaparecer na rua escura. Apressado, o senhorio bolonhês vestiu sua capa preparando-se para a perseguição, mas os monges de Roma já haviam desaparecido sem pagar a conta. Foi terrível quando Tommaso Campanella (1568-1639) descobriu que os livros que estava planejando publicar em Pádua haviam sido roubados. Desanimado, ele percebeu que só podia fazer uma coisa: escrevê-los de novo. Em 1595, a corte da Inquisição Romana incriminou-o usando como prova seus manuscritos originais em latim, roubados naquela noite pelos falsos monges. Daqueles originais, *De sensu rerum* nunca mais foi reencontrado, mas existe a versão italiana que Campanella reescreveu durante sua estada de 27 anos nas prisões de Nápoles, publicada em 1604.[5]

Quase em antecipação à física quântica, Campanella escreveu que o vácuo é uma criatura divina, uma continuidade que mantém íntegro o universo. No vazio, há *algo* que dá vida aos corpos antes da criação deles, de tal modo que alguns filósofos árabes pensavam que esse vazio era Deus.* Essas eram ideias

---

* No nono capítulo do primeiro livro, ele escreve: "Todas as entidades abominam o vazio que existe entre elas e assim, num impulso natural, correm para preenchê-lo, para se manterem íntegras e gozar de um contato mútuo. [...] Assim, é necessário afirmar que o mundo é um animal senciente e que desfruta de todas as partes da vida comum [...] e isso acontece quando

que poucos conheciam e que certamente as autoridades eclesiásticas tentaram suprimir, perseguindo qualquer um que tentasse compreendê-las.

Naqueles anos, dez anos antes da pira, Giordano Bruno publicou *De rerum principiis et elementis et causis*, em que ele escreve que o vazio é preenchido com um *spiritus* ou *virtus* que ocupa o espaço da matéria: "O espírito é uma substância móvel da qual é transmitido aos corpos cada tipo de movimento local, que é o pai de cada impulso que Platão chama, diferentemente, de alma. [...] Corpos não têm a capacidade de mover-se, mas a recebem do espírito que têm dentro de si [...] temos de concluir, portanto, que nos espíritos cada força e virtude está implícita".[6]

Virtus não se refere apenas à virtude, mas também à força, ao poder e à energia. Num sentido metafórico, são maravilhas e milagres, como foi descrito nos Evangelhos: a energia que produz milagres. Vamos reler o episódio da cura da mulher que sofria de hemorragia, quando "de imediato a fonte de seu sangue secou, e ela sentiu que estava curada de sua doença. E Jesus, que sabia que aquela virtude emanara dele, indagou: 'Quem tocou minha túnica?'" (Marcos 5: 29-30).

Se nós entendermos o verdadeiro significado do bem conhecido provérbio *in medio stat virtus* (a virtude está no meio), saberemos que ele não apenas significa que a virtude moral está no centro ou no caminho do meio, mas também que nos espaços vazios da matéria há uma virtude miraculosa. Prestemos atenção ao significado mais profundo das palavras de sabedoria, das máximas e dos provérbios. Mesmo Leonardo da Vinci refere-se à existência da virtude *entre* coisas como sendo uma força, ao escrever: "O ser feito de nada é o maior, e o que há *no intervalo entre* as coisas do mundo é supremo".[7]

No vácuo há um princípio que conecta os corpos que parecem emanar dele. Sua natureza é desconhecida, mas é sabido que essa coisa intocável, sa-

---

entre os corpos parcialmente interceptados a vacuidade permanece." No décimo segundo capítulo: "E certamente sou da opinião de que o espaço [...] atrai os corpos para si, não com instrumentos, mas com um sentido de apetite, porque ele ainda tem o poder de ser, e o senso de ser, e o amor por ser, do modo como Deus o fez; alguns árabes acreditavam que o espaço era Deus porque Ele sustenta tudo e Ele não é contra nada, e tudo Ele recebe com benevolência. [...] Eu certamente admiro a nobreza do espaço, mas que seja Deus, não creio. Porém bem sei que ele [o vazio] é a base de toda criação e que precede todo ser criado, se não no tempo, ao menos em natureza e origem, porque se o mundo foi criado, Averróis diz que é necessário confirmar que antes disso havia o vazio. [...] Ou se o espaço é de fato a criatura divina [...]" [N. A.]

grada e indispensável alcança milagres e transformações. Giordano Bruno diz que "aquele composto formado pelo espírito e as poucas substâncias sutis que emanam dos corpos permeia o espaço circundante, e este é o princípio sobre o qual as operações físicas e mágicas estão baseadas".[8] Os neoplatônicos do Renascimento entendiam que para realizar milagres deve-se agir no campo da substância, a parte que parece vazia e contém informação, chamada *virtus*. Os iniciados conheciam esse conceito, como também o conheciam os cientistas fundadores do pensamento mecanístico, como Newton, que concluiu em seu *Principia mathematica*:

> Aqui seria apropriado dizer algo sobre o Espírito, ou éter: muito sutil, permeando todos os corpos sólidos, e oculto na substância desses; pela força e ação de tal Espírito, partículas individuais de diferentes corpos atraem-se mutuamente umas às outras a distâncias mínimas, e aderem-se se contíguas. [...] Em corpos animais, ele ativa todas as sensações e move os membros, vibrando e espalhando-se a partir dos órgãos do sentido externos em direção ao cérebro por meio dos nervos, e, a seguir, do cérebro para os músculos. Mas tudo isso não pode ser expresso com poucas palavras, e nem estamos munidos de experimentos suficientes para determinar e demonstrar com precisão as leis sob as quais esse Espírito elétrico e elástico age.

A primeira página do mesmo livro explica: "Não trato aqui daquele meio — posto que ele existe — que permeia livremente os interstícios das partes dos corpos".[9] Ele insinua, sem dizer diretamente, depois que Giordano Bruno, Campanella e outros tinham sido condenados.

Ocorre-me que o "meio [...] que permeia livremente os interstícios entre as partes dos corpos" e o "[Espírito] muito sutil, permeando todos os corpos sólidos e oculto na substância desses; pela força e ação [do qual], partículas individuais de diferentes corpos atraem-se mutuamente umas às outras a distâncias mínimas e aderem-se se contíguas" é o campo. O vácuo não é vazio; *vacuum non datur*, escreveu Girolamo Cardano (1501-1576) em Pávia, "o vazio não existe".* Ele não é vazio, pois contém "o princípio sobre o qual

---

* Girolamo Cardano foi um grande cientista, médico, alquimista, matemático, físico e engenheiro do Renascimento italiano, que escreveu sobre medicina, filosofia, matemática, ciên-

as operações físicas e mágicas estão baseadas", o que não é outra coisa senão a informação inscrita no campo. Que tipo de informação?

In medio stat virtus

O segredo da "virtualidade" das massas é conhecido desde tempos antigos. Como vimos, entre os primeiros a falar sobre isso estava Parmênides de Eleia, no século VI a.C. Ele se referia à complexidade ininterrupta no vazio entre as coisas como *ser* e aos corpos sólidos como *não ser*. Assim, podemos pensar no que é sólido (massa) como não ser, e o vácuo (a área de um fenômeno particular que estamos a ponto de descobrir) como ser. Parmênides tinha predileção pelo mundo do vácuo porque sabia que era onde as coisas se originavam e a partir do qual eram regidas. Séculos depois de Parmênides, Campanella falou do vácuo "que precede todo ser criado, se não no tempo, ao menos em natureza e origem".[10] Observe este ponto novamente no seguinte excerto do décimo segundo fragmento de Parmênides:

> Os círculos mais estreitos estão preenchidos com fogo sem mistura, e aqueles contíguos, com noite, e entre eles jorra uma porção de fogo. No meio deles está a divindade (*daimon*) que dirige o curso de todas as coisas; pois ela governa a dolorosa criação e a propagação de todas as coisas, levando a fêmea a reunir-se ao macho, e o macho à fêmea.[11]

Isto leva à seguinte leitura: no vazio microscópico (entre átomos, partículas e assim por diante) — ou seja, a matéria intersticial — existe uma energia vital como fogo (o fogo de Heráclito). Esta é a mais antiga intuição de um campo com informação nos espaços entre as coisas, informação (o *virtus* de Giordano Bruno) que controla a matéria constantemente. É um princípio de "criação e propagação" porque é desse campo que as coisas se originam.

O que ainda resta por determinar é o "espaço único e infinito" sobre o qual Giordano Bruno escreveu, ou a "matéria pura" de Severi e Pannaria. Os

---

cias naturais, direito, astronomia, moralidade, artes divinas e alquimia. Também foi encarcerado por heresia. [N. A.]

físicos modernos consideram o vácuo como sendo a fonte de todos os campos e todas as forças, incluindo a gravidade, o eletromagnetismo e as interações nucleares fortes e fracas. O vazio é a matriz.

Parmênides pregava um afastamento do conhecimento baseado nos sentidos, que ele considerava falso. Ele achava que o mundo do vazio é a única realidade, o ser, enquanto o repleto, ou não ser, é ilusório, real apenas para os sentidos. Todos os maiores pensadores perceberam corretamente que os corpos são ilusões, representações de alguma outra coisa, e que o que chamamos de existência é apenas um sonho. Mas esse segredo ficou oculto, transmitido apenas àqueles capazes de aceitar a terrível verdade de que vivemos em uma ficção.

Os budistas chamam de *sunyata* (vacuidade) a realidade definitiva das coisas, o "vazio vivo" que dá origem a todas as formas. De acordo com um sutra budista, "Forma é vazio, e o vazio é de fato forma. O vazio não é diferente da forma; forma não é diferente do vazio. O que é forma é vazio; o que é vazio é forma".[12] Como o *Brahman* hindu e o *Tao* chinês, *sunyata* é o vazio com infinito potencial criativo, similar ao campo quântico da física subatômica, no qual as partículas "são apenas concentrações de energia que vem e vai, perdendo assim seu caráter individual e dissolvendo-se no campo sujeitado".[13] "O campo é a única realidade", disse Einstein, num espírito semelhante ao de boa parte do misticismo oriental.[14] E, à maneira dos antigos filósofos, Giuliano Preparata* escreveu "o vazio é tudo".[15]

Dois mil anos atrás, Lucrécio afirmou que todas as coisas se originavam do vazio. Por que a física ficou outra vez interessada no vazio, depois de séculos? Ela se interessou porque qualquer evento quântico se origina nele e para ele retorna. "Alguns físicos de hoje", escreve Preparata, "de fato começam a crer que as partículas fundamentais surgem do campo".[16] Vamos lembrar este ponto, pois é uma das teses fundamentais do presente livro. O vazio quântico não é tão diferente da matéria pura, a Grande Mãe.

A realidade é transiente e ilusória. O vácuo não está vazio. O campo é o palco das trocas. Existem "virtudes" no campo: a informação, que é "o princí-

---

* Giuliano Preparata, professor de teoria das interações subnucleares na Universidade de Milão, foi um dos maiores expoentes mundiais em QED (eletrodinâmica quântica), junto aos fundadores da mecânica quântica: Werner Heisenberg, Paul Dirac, Ernst Jordan, Wolfgang Pauli, Enrico Fermi e Richard Feynman. [N. A.]

pio no qual se baseiam as operações físicas e mágicas". A informação do campo é essencial para a vida e oculta os segredos da existência. Como podemos acessá-la?

Uma chave no quebra-cabeça

Mesmo que aceitemos que toda a matéria que *não* percebemos de fato existe e está presente, ainda precisamos de um meio de ter acesso, a partir do mundo dos sentidos, aos elementos que podem ajudar a nos dizer o que há por trás das coisas. É como um enigma de palavras cruzadas, como os espaços em branco a serem completados e os espaços negros que não podem ser preenchidos. Os espaços negros são o outro lado das coisas, enquanto os brancos são o pouco que percebemos e entendemos; à medida que o conhecimento aumenta, ele vai preenchendo os espaços brancos, assim como está acontecendo enquanto escrevo.

Deve-se prestar atenção aos espaços negros, embora, do mesmo modo que nas palavras cruzadas, não importe muito o que está dentro deles; a chave é compreender por que eles assumem aquelas posições e por que afinal de contas estão ali. A posição das coisas é importante. Tente deixar uma mala no meio do saguão de qualquer estação de trem. Se estiver apoiada a uma parede, pouca gente irá notá-la. Mas se for deixada no meio, porém, mais cedo ou mais tarde, vai ser vista com suspeita. Se estivesse colocada perto do balcão dos guichês de passagens, onde muita gente fica na fila, ninguém a notaria até o fim do expediente. Mais do que cor ou conteúdo, a localização é o que faz a diferença; ela determina diferentes tramas no filme em que desempenha o papel principal. Somos feitos da mesma matéria que aquela mala e carregamos dentro de nós certas regras, o que significa que temos à mão a evidência de que necessitamos para entender as leis que governam o desconhecido que está por trás das coisas.

A pesquisa que analisa detalhadamente a matéria em seus componentes elementares está limitada a preencher os espaços brancos, a compreender como os quadrados são feitos. Ela só pode se tornar completa estendendo-se aos espaços negros, elaborando desenhos em que os espaços negros são parte integrante da composição. Precisamos dar mais atenção à síntese, tanto quanto à análise, para perceber que um "ruído de fundo" nem sempre carece de significado e que um determinado detalhe, aparentemente inútil, pode ser uma peça de valor inestimável de um mosaico mais amplo, se formos capazes de observar seu significado integral. O que importa é o que mantém coesas as partículas e moléculas, o que as organiza em corpos. As diferentes posições do espaço negro talvez pareçam estar ao acaso, mas, sabendo como olhar, nós podemos descobrir ritmos, linguagens e códigos alternativos. Eles têm um significado. Isto é o que importa: não como os quadrados são feitos, mas a ordem dos quadrados entre eles; existe um código oculto nas alternativas.

Se estiver escrito no DNA de sua filha que ela terá olhos azuis, os genes dela vão literalmente imprimir os pigmentos da íris. Mas ainda não conseguimos compreender de fato como a proporção dos braços longos de seu filho com relação a pernas e tórax é exatamente igual à do avô. Quem e o que diz às células para crescerem apenas até certo ponto e então parar? Como isso é comunicado? Quem põe as moléculas de uma substância de um jeito determinado, e apenas daquele jeito, de modo que elas se tornem um cristal de quartzo em vez de uma concha ou um fóssil? Onde está o padrão que permite à sílica tornar-se um cristal; quem dirige a construção, quem ensina a geometria? Essas são as questões para as quais buscamos respostas.

Primeiro, porém, precisamos de uma pausa, breve, mas intensa, para explorar o mundo da água e seus mistérios, pois as propriedades incomuns atribuídas a essa substância fornecem-nos pistas importantes.

3

Interlúdio aquático

O estranho mundo da água

A força indomável da grande onda da pintura de Hokusai (1760-1849), *O Monte Fuji visto por baixo de uma onda em Kanagawa*, é representada como garras de espuma prontas para atingir marinheiros diminutos, servindo como recordação de que vivemos em um mundo quase completamente aquático. A montanha nevada não é nada comparada ao mar perturbador. Três para um é a proporção de água para terra no planeta: três quartos de água e um quarto de terra. O corpo humano também é composto por três quartos de água: nosso corpo e nosso planeta são regidos pela água. A água está em toda parte, não apenas no mar, nos rios, nos lagos ou nas nuvens, mas também no ar como vapor, em nossa respiração e sobre qualquer superfície física, mesmo que ela pareça seca.

De acordo com Tales de Mileto, um dos primeiros físicos e filósofos gregos, a água é ἀρχή, a causa básica das coisas; tudo nasce e deriva dela. Misteriosa, humilde e poderosa, a água desempenhou papéis fundamentais na história da humanidade. Em 1781, o cientista britânico Henry Cavendish entendeu que a água é feita de hidrogênio e oxigênio. No entanto somente no início do século passado é que se soube que a água é composta de dois átomos de hidrogênio e um de oxigênio. Os dois átomos de hidrogênio estão a 0,95 Å

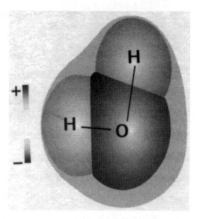

Figura 3.1. Estrutura de uma molécula de água; dipolo magnético.

(angström)* de distância do átomo de oxigênio, e juntos formam um ângulo próximo a 105°, de modo que as moléculas de água têm a forma de uma letra V (fig. 3.1).

A estrutura de uma molécula de água pode ser comparada a um ímã, com os dois átomos de hidrogênio carregados positivamente e o oxigênio negativamente. Isso permite que as moléculas de água interajam entre si, estabelecendo uma atração conhecida como *ligação de hidrogênio* entre os átomos de hidrogênio e oxigênio de diferentes moléculas. Em uma gota de água existem milhões dessas ligações. Tais relações entre moléculas são chamadas "interações de curta distância" e são responsáveis pela estrutura da água, assemelhada a uma rede.

Brian Josephson, ganhador do Prêmio Nobel de Física em 1973 e professor no Laboratório Cavendish da Cambridge University, escreveu:

> Os cientistas têm pouco conhecimento acerca do tópico da água e tendem a ter uma visão ingênua: um líquido composto de moléculas de H_2O mais ou menos isoladas e em movimento. Na realidade, a água como fenômeno é muito mais complexa, com moléculas individuais agrupadas temporariamente para formar

---

* O angström (Å) é uma unidade de comprimento igual a um centésimo de milionésimo de um centímetro, 1^{-10} metro (ou um décimo de milésimo de um mícron), usada principalmente para expressar comprimentos de ondas e distâncias interatômicas. [N. A.]

uma estrutura em treliça. Não é nada surpreendente que essas moléculas possam interagir, dando assim origem a um mecanismo que permite que a água tenha memória, embora a existência de um tal mecanismo apenas soe como verdade a cientistas bem informados que não subestimam a possibilidade de sua existência.[1]

A propriedade mais interessante da água é que ela é capaz de reter as informações que recebe. Tentemos entender como isso é possível. Se o fenômeno de redes é verdadeiro para a água e para o gelo, não está muito distante para o vapor de água, em que cada molécula se move por si mesma: a evaporação dissolve as ligações de hidrogênio entre as moléculas. Enquanto, por um lado, as moléculas de água são atraídas umas pelas outras por apresentarem carga, por outro elas se afastam por si sós; elas não podem ficar paradas. Um corpo de água parada pode parecer imóvel, mas não está. Sua superfície está em constante agitação graças a movimentos microscópicos chamados *movimentos brownianos*, que aumentam com a temperatura. A água se move porque suas moléculas vibram com determinadas frequências.

Se nos imaginarmos como um átomo minúsculo mergulhando em um copo de água, o que veremos? Entre as muitas moléculas (agora imensas ante nossos olhos), gigantescos icebergs feitos de água densa apareceriam. Eles são chamados de *clusters*, massas muito grandes de moléculas de água. Assim, a água pode existir em duas fases, uma com densidade mais elevada e outra com densidade mais reduzida: água "mais sólida" e água "mais líquida".[2] Os *clusters* ligam-se entre si por "nós ou nodos" (junções hidromagnéticas como as de um cristal líquido), o que os torna similares aos cristais, e de fato a água pode comportar-se como um cristal líquido.* Isso ajuda a explicar algumas das propriedades incomuns dela.

A água é um solvente importante porque a estrutura magnética dos átomos dissolve a polaridade negativa e positiva do soluto, por exemplo, um sal que se transforma em *íons*, moléculas em que faltam alguns elétrons. Os íons são "solvatados", isto é, as moléculas de água rodeiam-nos completamente, como um cobertor envolvendo uma criança. Os dois tipos de moléculas, solu-

---

* Um *cristal líquido* é um estado intermediário da matéria entre sólido e líquido, com várias propriedades tanto dos cristais quanto dos líquidos, o que permite, por exemplo, uma variação na orientação molecular sob a aplicação de um campo magnético. [N. A.]

to e solvente, interagem e reorganizam a estrutura da água. Do ponto de vista químico, a água é a mesma — H_2O —, mas de uma perspectiva físico-química ela tem propriedades diferentes: suas moléculas estão dispostas de modo diferente do anterior, graças à informação recebida que foi retida. Quando você dissolve algo na água, as moléculas de água se agrupam (com redes de ligações de hidrogênio), guiadas de uma forma que é imposta pelo soluto. Quando você coloca açúcar em uma xícara de chá, as moléculas de água se organizam de modo a acomodar o açúcar, e essa organização é específica para o açúcar. Outra organização será feita para o sal (desde que você aprecie chá salgado), e assim por diante. Em outras palavras, aquilo que é dissolvido é o que determina a estrutura reorganizada da água.[*] Agora, vamos encarar uma questão que tem sido debatida por muitos anos: existe apenas água nos medicamentos homeopáticos ou há algo mais? Eles têm uma base física, indicando que devemos considerá-los como drogas?

O enigma da água

No final do século XVIII, surgiram os primeiros medicamentos homeopáticos, feitos por Samuel Hahnemann. Ele não tinha ferramentas ou máquinas de qualquer espécie; tinha apenas substâncias de diluição, água e álcool, para misturar em frascos de vidro, como era costumeiro naquela época entre os médicos alemães do interior. Como um alquimista do passado, ele preparava tinturas com material vegetal, organismos animais ou minerais dissolvidos em álcool, e então os dissolvia com água em etapas sucessivas, a cada vez agitando a mistura cem vezes. Essa ação de agitar é denominada *sucussão* ou *dinamização*. Sem ela, o preparado é apenas uma substância diluída, e não um medicamento homeopático. De acordo com Hahnemann, os preparados homeopáticos devem ser dinamizados contra "uma substância rígida, mas elástica, como a capa de couro de um livro".[3]

---

[*] Este modelo é confirmado por dados de difratômetro de raios X (A. H. Narten, "Levy", *in: Water, a Comprehensive Treatise*, F. Franks ed., Nova York: Plenum Press, 1972) e pela espectroscopia Raman (G. E. Wahrafen, "Raman Spectral Studies of the Effects of Urea and Sucrose on Water Structure", *J. Chem. Phys.*, 44 [1996]: 3726). [N. A.]

Na homeopatia, as diluições de uso mais frequente estão numa razão de 1:100 ou 1:10, e depois em sequências centesimais ou decimais. Começando a partir de uma tintura líquida diluída a 1% em peso ou em volume, depois da sucussão ela torna-se a primeira hahnemanniana centesimal (1 CH). Após a adição de 99% de água, seguida de outra sucussão, torna-se a segunda centesimal (2 CH), e o processo continua até se obter a diluição desejada. Na terceira centesimal, a concentração de soluto é de poucas partes por milhão, o que significa que a solução é quase toda de água, e o efeito farmacológico daquelas poucas moléculas de uma substância é zero. Depois da duodécima centesimal, a ausência de soluto é total, e já não resta traço da substância dissolvida. As poucas moléculas presentes nas preparações homeopáticas depois da 3 CH não são suficientes para ter ação farmacológica: da substância introduzida só resta uma "memória". Embora de um ponto de vista químico os medicamentos homeopáticos sejam feitos somente de água, os efeitos terapêuticos parecem se relacionar com configurações específicas das moléculas de água. Para compreender melhor isso, precisamos mudar nosso pensamento e raciocínio de um viés químico para um viés físico; é esta a pedra no caminho para aqueles que negam a eficácia das diluições homeopáticas.

Há dois ângulos diferentes para abordar a questão problemática da homeopatia: clínico e físico. Não me refiro à eficácia clínica, que pode depender de fatores que não são totalmente controláveis (a começar pela experiência do médico). O relevante aqui é o aspecto físico, a compreensão de que depois da diluição homeopática a água realmente é diferente, tendo adquirido informação terapeuticamente poderosa. Examinemos as teorias propostas até o momento e os dados físicos e químicos que as apoiam.

Hipóteses moleculares químicas

O físico grego George Anagnostatos formulou o primeiro modelo em 1988 (teoria dos *clusters*). De acordo com ele, as moléculas de água envolvem como um molde a substância dissolvida. Quando o soluto é progressivamente eliminado (por meio de diluições sucessivas), as moléculas de água eventualmente colapsam, preenchendo o espaço deixado vazio pela molécula de soluto. Isso resulta em um molde feito de água, que é a cópia da molécula perdida da substância inteiramente diluída. É semelhante ao processo de moldar uma estátua de bronze, no qual primeiro se faz um modelo de outro material, como a cera (a molécula dissolvida na água), que depois é envolvido em gesso, que se torna o "negativo" da estátua (o molde de moléculas de água). A cera é então removida para que o bronze derretido possa ser despejado no molde, a fim de se obter a estátua de bronze (o molde colapsa, tornando-se uma cópia da substância que havia sido dissolvida e retirada).

A água com uma estrutura assim modificada atrai outras moléculas para formar novos moldes, os quais, após mais diluições, se tornam nichos vazios e depois imediatamente colapsam de novo. O fenômeno continua a se multiplicar até envolver outras moléculas. Uma vez que a molécula original de soluto foi copiada, o mecanismo se inicia, e a água continua a multiplicar cópias. De acordo com Anagnostatos, a estrutura física da água se modifica gradualmente, até, em última análise, adotar completamente a configuração espacial da substância diluída.[4] A configuração alterada permanece mesmo quando o soluto é totalmente eliminado, e de fato é essa ausência que permite que o processo ocorra.

Em 1996, o médico israelense Dorit Arad observou moléculas complexas dissolvidas na água utilizando a marcação por radioisótopos.* Ele descobriu que os moldes de água em torno das moléculas dissolvidas eram seletivos e específicos para o sítio mais ativo de uma substância (a parte da molécula que tem os maiores efeitos farmacológicos). Isso significa que as moléculas de água podem ser atraídas pelas diferenças de potencial no sítio ativo. A água constrói seus modelos somente nessa parte da molécula, não nas partes de menor importância farmacológica.[5] Isso parece sugerir que, para uma molécula complexa, a água é capaz de selecionar as partes mais úteis do ponto de vista da informação. A memorização no interior da água, então, ocorreria de forma seletiva, orientada por um sistema regulador intrínseco à própria água.

O pesquisador chinês S. Y. Lo propôs um modelo diferente. Segundo ele, em diluições muito altas, os íons presentes na água geram um campo elétrico graças a seu movimento, o que por sua vez produz agregados que são estáveis

---

* Isótopos são elementos semelhantes, mas com pesos atômicos diferentes; radioisótopos são isótopos que se tornaram radioativos. [N. A.]

na água. Para que isso ocorra, a velocidade de formação dos agregados tem de ser muito maior do que a dos fatores que os destroem.[6] É possível aumentar o número e as dimensões dos agregados simplesmente sacudindo a solução (sucussão). A prova de sua existência foi derivada da medição da transmissão de luz ultravioleta.[7] S. Y. Lo havia percebido, em 1996, que nas diluições homeopáticas a absorção de luz ultravioleta se reduz.[8] Ele acredita que os movimentos dos agregados de moléculas de água, que são pequenos ímãs, são responsáveis pela assim chamada memória da água. Outras confirmações vieram da microscopia eletrônica, que mostrou agregados de moléculas de água na forma de pequenos bastões.

O golpe inesperado na boate: a hipótese física

O que discutimos até aqui foram apenas as hipóteses química e molecular. A proposta dos físicos teóricos da Universidade de Milão Emilio Del Giudice e Giuliano Preparata, por sua vez, é do tipo quântico. Na física quântica, tanto as partículas quanto os corpos flutuam constantemente, porque não existe o nada, e tudo está em intercâmbio constante. Do ponto de vista físico, uma substância que vibra na mesma frequência que outra se torna uma cópia dela, mesmo permanecendo quimicamente distinta.

Na água, normalmente, cada molécula vibra sozinha, de forma independente e aparentemente desordenada, tal como pessoas dançando numa boate, uma aqui e outra acolá, cada uma do seu próprio jeito. Porém, se uma substância é dissolvida na água, pode instigar um golpe, como se a música na boate parasse de repente e uma música clássica começasse a sair dos alto-falantes, enquanto os jovens se juntam, de braços dados, e dançam os mesmos passos no mesmo ritmo, como uma companhia de balé. Como se um DJ de fora substituísse o DJ local e impusesse sua música aos que dançam. Da mesma maneira, a substância diluída impõe sua própria vibração — sua informação — às moléculas de água. Assim, a informação do soluto é gravada na água porque modifica as oscilações das moléculas de água. Diferentemente dos modelos químicos descritos acima, no qual as moléculas são copiadas, neste modelo os ritmos moleculares do soluto são gravados na água.

Antes, as moléculas de água vibravam cada uma por sua conta, mas na presença do soluto começam a flutuar em fase. *Em fase* significa que as moléculas de água agora oscilam com o mesmo ritmo, agindo como se fossem uma única molécula. Em diluições homeopáticas, as moléculas do soluto (a substância dissolvida na água) conseguem capturar as vibrações da água e fazê-las oscilar no seu próprio ritmo graças a certos fenômenos de interferência eletromagnética. Para explicar esses fenômenos, precisamos primeiro entender o conceito de *estado fundamental* (EF). Um sistema quântico é estável quando alcança (e isso ocorre mais cedo ou mais tarde) seu "estado de energia mínima", ou estado fundamental. Um sistema atinge seu estado fundamental por meio de flutuações que dissipam toda energia em excesso. O EF de um sistema é semelhante ao que acontece quando um carro atinge a velocidade que permite o equilíbrio perfeito entre consumo de combustível e estabilidade.

O estado de energia mínima é o vácuo quântico. Deixado por conta própria, a tendência de um sistema quântico é o vácuo: é assim que a matéria pode interagir com seu campo. Se a matéria vem a interagir com seu próprio campo eletromagnético, pode atingir altos níveis de coerência, ou seja, ficar "altamente ordenada".* O estado de energia mínima se torna um *estado fundamental coerente* (EFC) quando as moléculas e os campos oscilam uns com os outros em fase. Quando matéria e campo oscilam em fase, produzem altos níveis de consistência e coerência. As áreas onde as moléculas oscilam de forma coerente são denominadas *domínios de coerência*. Esses domínios de coerência permitem à água gravar informação e "imitar" qualquer coisa.

Os corpos são definidos por forças de curto alcance (interações moleculares) e de longo alcance (oscilações de campo). Moléculas que oscilam em fase podem emitir ondas intensas e penetrantes. Oscilando em fase com seu campo, as partículas que vibram na mesma frequência geram ondas de fótons, que são ricas em partículas consistentes.[9] Quando oscilam de forma coerente, os sistemas emitem sinais mais intensos, exatamente como um *laser*.

Ao entrar num estado fundamental coerente (EFC), a água pode receber e emitir sinais. De acordo com a "teoria da coerência eletrodinâmica quântica

---

* Em física, *coerência* expressa o nível de ordem que corresponde a um alto grau de informação. [N. A.]

na matéria condensada" de Preparata, isso se aplica a líquidos e sólidos, nos quais átomos e moléculas interagem por meio tanto de forças de curto alcance (ligações químicas) quanto de forças de longo alcance (mediadas pelos campos eletromagnéticos).[10] O que isso quer dizer? As moléculas geram um campo que, por sua vez, é como um condutor que, por meio de interações de longo alcance, harmoniza os movimentos de todas as moléculas. As interações químicas de curto alcance são a dinâmica do sistema, mas as interações de longo alcance mantêm o controle.[11]

Este é o segredo da "memória da água": a coerência de seu estado fundamental, que lhe permite transmitir informação. Tudo isso pode ser explicado pela teoria da super-radiância, formulada por Robert H. Dicke na década de 1950 e revisitada pelos físicos Preparata e Del Giudice. A super-radiância é uma classe de efeitos de radiação amplificados na qual energia desordenada de vários tipos é convertida em energia eletromagnética coerente. Partículas e matéria coerente podem gerar efeitos incríveis quando oscilam com seus campos eletromagnéticos. O segredo é a oscilação. As partículas oscilantes geram um campo que flutua de forma constante, típico de sistemas que se autogovernam e se autossustentam. Em outras palavras, a água é capaz de receber, reter e devolver informação porque flutua entre estados coerentes e não coerentes. Isso permite à água ser um excelente meio de comunicação.

O corpo humano é composto principalmente de líquido, que está sujeito à alternância dos estados coerentes da água. Se a maior parte das moléculas desse líquido perde seu ritmo e seu estado de coerência, a consequência é uma desordem no conteúdo da informação que está sendo transportada — o que, por sua vez, pode causar situações de doença. Imagine o volume imenso de fluido ao redor das células (o chamado mesênquima) e no interior delas próprias: são como mares gigantescos em movimento cujo estado muda continuamente, assim como água congelando, derretendo e depois se dispersando na forma de vapor. Quando se dissipam, os fluidos corporais colapsam num estado de vazio, perdendo a coerência. Parte da informação do sistema é então apagada. É claro que os sistemas de controle do corpo garantem que isso não ocorra — como o sistema antivírus de um computador. Mas se algo escapa do mecanismo de controle e se manifesta como sintoma, a introdução da água portando a informação apropriada pode agir sobre os líquidos do corpo para ajudar a fazê-los voltar ao estado coerente. Isso pode ser um medicamento homeopático ou qualquer outra água "informada".

Quanto mais quente melhor

As primeiras provas científicas de que a diluição homeopática é diferente da água comum foram obtidas recentemente por ressonância magnética nuclear (RMN). A RMN é uma propriedade demonstrada por núcleos magnéticos num campo magnético quando um pulso eletromagnético (EM) é aplicado, fazendo os núcleos absorverem energia desse pulso e irradiarem essa energia de volta. A energia é irradiada em uma frequência de ressonância específica que depende da força do campo magnético e de outros fatores. Uma análise recente da RMN confirmou que a água em diluições homeopáticas está organizada de forma diferente da água dos controles.[12] De fato, as técnicas de RMN mostram que a água duplamente destilada é bem diferente das soluções homeopáticas muito destiladas, que mostram a presença organizada de informação.[13] Toda vez que os parâmetros químicos e físicos confirmam a reorganização significa que a água adquiriu informação por meio de soluto ou de campo.

O químico e físico Vittorio Elia, da Universidade Federico II de Nápoles, descobriu variações importantes no perfil termodinâmico de diluições homeopáticas usando uma técnica conhecida como microcalorimetria. Imagine uma esfera oca na qual são colocados dois pequenos tubos, pelos quais passam duas soluções que se misturam. Quando elas se misturam, milhões de moléculas colidem, gerando um calor muito fraco. Na microcalorimetria, esse calor é medido com precisão. (As células são controladas por um termostato de forma que a temperatura ambiente não as influencia.) Se o calor medido for típico da água, isso confirma que só moléculas de água estão presentes. Se, porém, a água contiver outras moléculas (por exemplo, as de um medicamento), as leituras de calor serão diferentes: em geral, mais altas.

Se os medicamentos homeopáticos fossem constituídos somente de água, seu perfil calorimétrico seria o mesmo da água (e os que consideram os medicamentos homeopáticos nada mais que água estariam certos). Em vez disso, milhares de amostras de medicamentos homeopáticos analisados por Elia ao longo dos anos tinham assinaturas de calor mais altas do que a da água pura, demonstrando que havia outras moléculas presentes além da água.[14] Isso era verdade apesar de a análise química só revelar a presença de água. É plausível que o excesso de calor se deva às moléculas de água se organizando numa forma diferente da anterior. É o que chamamos de informação. Por isso os medicamentos homeopáticos não são simplesmente água comum. As diluições homeopáticas também são diferentes em termos de evolução temporal: o excesso de calor não se dissipa num curto espaço de tempo, como no caso dos medicamentos, mas, em vez disso, aumenta com o passar do tempo.[15] Em mensurações periódicas das diluições, o calor registrado é progressivamente mais alto.

Se já é difícil explicar como soluções à base de água podem conter moléculas que supostamente não estão presentes, o aumento calorimétrico progressivo é ainda mais surpreendente. Mesmo água não diluída (sem nada dissolvido nela), mas dinamizada (por um processo de violentas sucussões, como no procedimento homeopático), aumenta seu calor, o que confirma que a ação mecânica é necessária na preparação homeopática. Isso não pode ser explicado pela química tradicional, que sustenta que esta ação por si só não é suficiente para reorganizar a disposição molecular da água. Por outro lado, soluções diluídas que não sofreram sucussão diferem completamente dos medicamentos homeopáticos. A sucussão é, portanto, essencial para modificar a estrutura da água e desempenha um papel-chave nos mecanismos por meio dos quais a informação é armazenada.

Também foi demonstrado que os medicamentos homeopáticos têm uma condutividade maior que a água não diluída, isto é, uma capacidade maior de transmitir eletricidade. De um ponto de vista químico, a água é sempre H_2O, mas do ponto de vista físico pode ser diferente. É um fenômeno inegável. Há agora evidência da RMN, da calorimetria e das medições de condutividade química e física demonstrando que a água que recebeu informação é diferente da anterior.

Mais descobertas: sinais eletromagnéticos emitidos pela água

Em 2009, o ganhador do Prêmio Nobel Luc Montagnier* publicou um artigo no qual oficialmente demonstrava a existência da homeopatia, confirmando que a água, em diluições homeopáticas, não só armazena memória dos solutos, mas também emite sinais eletromagnéticos específicos de baixa frequência que são tanto graváveis quanto reproduzíveis.[16] Vejamos como.

Montagnier preparou diluições homeopáticas de soluções de água de diferentes sequências de DNA bacteriano. Essas amostras sofreram diluições seriais de 1:10 (0,1 + 0,9) em água esterilizada em tubos que foram bem fechados e agitados intensamente num aparato de Vortex por 15 segundos. Esse passo (sucussão) provou ser fundamental para a geração de sinais.

Os tubos foram lidos um por um com um aparelho projetado por Jacques Benveniste, que detectava sinais por meio de uma bobina eletromagnética. O aparelho estava conectado a um Sound Blaster Card, por sua vez conectado a um laptop (de preferência alimentado por sua bateria de 12 volts). Cada emissão era gravada duas vezes por seis segundos, amplificada quinhentas vezes e processada com softwares diferentes para visualizar os sinais na tela do computador. Os harmônicos principais dos sinais complexos foram analisados por diversos programas de Transformada de Fourier.

Nas diluições de 10^{-7} (D7) a 10^{-12} (D12), Montagnier visualizou sinais positivos na gama de 1 a 3 KHz. Esses sinais significam novos harmônicos, mas foram encontrados somente nas soluções diluídas e sucussadas. Montagnier acredita que a emissão dessas ondas provavelmente representa um fenômeno de ressonância que depende da excitação causada pelo ruído eletromagnético do ambiente e está associado à presença de nanoestruturas poliméricas de tamanho definido nas diluições aquosas. O sobrenadante de células eucarióticas não infectadas usado como controle não exibiu essa propriedade.[17]

Montagnier confirma, assim, que as diluições homeopáticas emitem frequências que não existem nas soluções iniciais não diluídas ou em baixas

---

* Luc Montagnier, virologista francês, recebeu em 2008 o Nobel de Fisiologia ou Medicina, em conjunto com Françoise Barré-Sinoussi e Harald zur Hausen, pela descoberta do vírus da imunodeficiência humana (HIV). [N. A.]

diluições (10^{-3}). Portanto, do ponto de vista físico, essa água difere do que era antes. Assim afirmou um Prêmio Nobel; *Ipse dixit.*

Essa emissão de sinais eletromagnéticos não é suprimida por enzimas (RNAse A, proteinase K), formamida, formaldeído ou clorofórmio. Os cátions conseguem reduzir a intensidade dos sinais, enquanto o espectro de distribuição das diluições positivas permanece inalterado. No entanto o aquecimento a 70 °C por trinta minutos suprimiu a atividade de modo irreversível, assim como o congelamento por uma hora a -20 °C ou -60 °C. As nanoestruturas que emitem sinais eletromagnéticos parecem ter a mesma gama de tamanhos que aquelas originadas de bactérias intactas.[18]

A natureza física das nanoestruturas que sustentam as ressonâncias dos sinais eletromagnéticos ainda precisa ser determinada, mas com certeza pode ser atribuída aos *clusters* mencionados anteriormente. Esses, de fato, são desativados por variações de temperatura, como observado por nós, por Benveniste e por outros. Montagnier descobriu uma nova propriedade do DNA: algumas sequências têm a capacidade de emitir ondas eletromagnéticas em ressonância depois de excitadas pelo eletromagnetismo ambiente de fundo (o que pode ser relacionado com a teoria de biofótons emitidos pelo DNA, de Fritz Albert Popp, que será discutida mais adiante).

Parece possível transferir informação entre duas diluições diferentes de DNA (uma emite e a outra é silenciosa: por exemplo, 10^{-9} e 10^{-3}) quando os tubos são dispostos lado a lado numa caixa de mu-metal por 24 horas a temperatura ambiente. Essa interferência pode ser suprimida interpondo-se uma lâmina de mu-metal entre os dois tubos durante o período de contato de 24 horas, o que indica que as ondas de baixa frequência estão envolvidas no fenômeno.[19] A interferência está de acordo com o observado por Schimmel, Endler, Popp, Elia, Citro e outros (veja o prefácio).

Em 2010, Montagnier recebeu uma delegação do meu Instituto de Pesquisa na Fundação Unesco em Paris.[20] Em seu escritório, localizado no décimo quinto andar e com vista para a Torre Eiffel, trocamos informações sobre nossas respectivas investigações muito semelhantes. Começando no outono, iniciamos o experimento de Montagnier e trabalhamos nele durante o inverno até conseguirmos reproduzi-lo.

Montagnier era amigo do falecido Benveniste; além disso, seu atual assistente, Jamal Aissa, trabalhou com Benveniste e participou de nosso primeiro experimento de laboratório com a TFF, em 1992, em Paris (veja o capítulo 6). Ambos os pesquisadores, de formação médica, compartilhavam outra característica mais marcante: ousaram transgredir os limites da química para explorar o lado físico das coisas — o reino das ondas eletromagnéticas e muito mais. Com suas pesquisas, Montagnier fechou o círculo da memória da água que havia sido aberto vinte anos antes por Benveniste e — graças à influência que os estados coerentes da água exercem sobre a saúde do corpo humano — preparou o caminho para novas e interessantes perspectivas para a diagnose avançada de muitas doenças crônicas importantes.

o—●

Se considerarmos todas as publicações de pesquisadores sérios que investigam o fenômeno da água com um espírito verdadeiro de pesquisa, e não guiados por outros interesses, o debate estéril e inútil sobre a homeopatia pode acabar, pois elas deixam claro que medicamentos homeopáticos são compostos de água com diferentes características físicas. São medicamentos com um preparo distinto que se baseiam na habilidade da água de reorganizar-se de acordo com a informação gravada em um soluto. Como veremos mais adiante, o mesmo princípio se aplica até quando transmitimos informação à água por meios eletrônicos.

A água se comporta como um gravador natural e um transmissor de frequências. Durante nossa jornada, veremos que ela não é o único elemento que tem essa capacidade e que toda matéria é capaz de receber e emitir sinais. Isso nos dá algumas pistas importantes a respeito da organização do universo, à medida que prosseguimos em nossa jornada rumo ao lado oculto das coisas.

4
Nas redes da natureza

Tudo está vivo, incluindo os objetos. Então, em vez de distinguir entre "coisas" e "seres vivos", falaremos de seres "celulares" e "não celulares". No curso desta jornada, o termo *coisas* será referente a corpos destituídos de células: partículas, átomos, moléculas, elementos químicos e seus compostos, e também medicamentos, matérias-primas, pedras, rochas, minerais, metais, objetos, artefatos, casas, edifícios, montanhas, rios, mares, regiões, continentes, planetas, sistemas solares, estrelas, universos e assim por diante. Por outro lado, *organismos* como plantas ou animais são feitos de células.

A criação está sujeita ao planejamento. Alguma coisa informa às moléculas de cristais onde devem se colocar durante seu crescimento. Isso também se aplica ao corpo humano e a qualquer organismo: as células seguem um esquema de montagem para saber que lugar ocupar, em que direção se desenvolver e em que ponto cessar seu crescimento. Têm que completar sua forma. O que inspira as abelhas a construírem hexágonos impecáveis? Não é uma tarefa fácil, dado que elas são tão pequenas e estão suspensas no vazio, sem nenhum andaime! Ou você acredita que tudo acontece por acaso, uma possibilidade que calha de se repetir? Talvez instinto? Mas o que é instinto? O detentor do *design* ou o próprio *design*? Quem dirige processos naturais complexos? De quem são os *designs*?

Esquemas naturais de organização

Na história do pensamento científico, o conhecimento sempre seguiu dois caminhos diferentes: um envolvido com o estudo da substância, o outro com o da forma. A primeira pergunta era "De que é feito?", e a segunda, "Qual é seu esquema?". Por muito tempo, a substância prevaleceu sobre a forma. Então, nos anos 1960, o desenvolvimento da cibernética, combinado com o da teoria de sistemas, levou à retomada do estudo da forma e de seus padrões de organização, que, por sua vez, ajudou a preparar o caminho para a informática.

A natureza inspira a tecnologia. Um sistema biológico é autorregulador e auto-organizado. "O padrão da vida é um padrão de redes capazes de auto-organização",[1] escreve Fritjof Capra: os padrões de organização dos seres vivos garantem que seus componentes formem uma rede interconectada, de forma que, ao observar a vida, estamos observando redes de informação por todas as direções.[2] Pense em ciclos de retroalimentação, relações cíclicas nas quais as redes são autorreguladoras: um erro no sistema tende a se espalhar por toda a rede, mas os ciclos permitem que a informação retorne à fonte para ser checada, para que o erro possa ser corrigido. A homeostase* sempre respeita o equilíbrio, como um corredor de maratona que, ao acabar a corrida, repõe os fluidos que perdeu no percurso.

Na década de 1960 foi inventado o *laser*, exemplo de uma estrutura auto-organizadora. Pense numa lâmpada elétrica, cujas ondas de luz são caóticas, com diferentes fases e frequências. Agora imagine poder torná-las paralelas e compactas, como um único raio dirigido de um único ponto. Isto é um *laser*, uma luz auto-organizada que se tornou "coerente". Ela coordena suas próprias emissões, um princípio que se aplica a todos os átomos ou organismos complexos. Há infinitos "*lasers*" no tecido da matéria.

Nos anos 1970 e 1980, pesquisadores de diferentes nações estudaram a auto-organização de sistemas vivos e viram a luz, expressada pela teoria de estruturas dissipativas por Prigogine, na Bélgica, por exemplo, ou a hipótese

---

* *Homeostase* é a ação autorreguladora de um sistema vivo, que continuamente mantém seu equilíbrio dentro de parâmetros particulares de estabilidade fisiológica, compensando as constantes perturbações causadas por fatores externos e internos. [N. A.]

de Gaia de Lovelock, na Inglaterra (a Terra é um sistema vivo, auto-organizado). Manfred Eigen, diretor do Instituto Max Planck em Göttingen, na Alemanha, e ganhador do Prêmio Nobel de Química, pesquisou a auto-organização molecular e descobriu que no ápice da vida existe a seleção molecular, por meio de ciclos fechados que são auto-organizados. O neurobiólogo chileno Humberto Maturana descobriu que o sistema nervoso sempre se refere a si próprio: nossas percepções não representam qualquer realidade externa, mas são o resultado de inter-relações em nossa rede neural.[3] Sua colaboração com Francisco Varela resultou no modelo do sistema autopoiético, de *autopoiesis*, que significa "autocriação".

No modelo autopoiético, sistemas vivos são governados continuamente por redes nas quais cada componente participa na transformação de outros, e a rede inteira produz a si mesma.[4] Não se trata da invocação de forças transcendentes, nem do mecanismo cartesiano. O foco de Maturana e Varela se concentra nas relações, não nas características dos componentes: os quadrados pretos, em vez dos brancos.

A organização de um ser é a totalidade de suas conexões.[5] Uma rede que é autocontida é um campo de força autônomo, em que os elementos podem ser ajustados uns aos outros como reflexos nos espelhos de um parque de diversões. É um mecanismo que se repete na natureza: a partícula em relação àquilo que a gera, a rede que regula os componentes que por sua vez a produzem, o campo que mantém as partículas que geram ordem, e o campo que organiza a matéria que mantém o próprio campo. Nesse tipo de relação não é possível distinguir entre causa e efeito: quem veio primeiro, o ovo ou a galinha? É uma relação de dois mecanismos, em que cada um gera, sustenta e regula o outro. E, de fato, pode ser que não seja dualista, mas uma única coisa, como no caso da onda/partícula, algo único que ainda ignoramos.

O código que controla

Uma forma específica se torna possível graças a suas relações e aos padrões numéricos contidos em seu *design*. O mesmo ocorre na geometria fractal descoberta pelo matemático francês Benoit Mandelbrot. *Fractais* são formas geométricas, extremamente desiguais, em que cada parte tem a mesma característica estatística que o todo. A mesma estrutura (por vezes bem complexa) se repete em cada uma das partes e em amplificações sucessivas. Nos fractais, a forma se repete em cada ordem de dimensão, como nas caixas chinesas. A couve-flor é um bom exemplo: há uma semelhança notável entre cada pedaço dela que se quebra e a couve-flor toda; mais divisões produzirão couves-flores minúsculas. Essa autossemelhança é comum na natureza: pode ser encontrada nas rochas de uma montanha, nas ramificações de um relâmpago ou de uma árvore, nas bordas de uma nuvem, ou em litorais e no delta de um rio.

Fractais matemáticos se baseiam em equações que são repetidas muitas vezes de acordo com programas de computador especiais. Veja o que pode estar oculto no interior de uma sequência de números: fractais de extraordinárias complexidade e beleza, parecendo alucinações psicodélicas (fig. 4.1a e b)! Por que não acreditamos que *todas* as formas de corpos físicos possam ser sequências de relações e códigos numéricos? Talvez corpos sejam pulsações rítmicas de matéria, imagens virtuais de uma realidade mais profunda de ritmos e sequências específicas.

Vamos voltar às redes autopoiéticas que sempre reproduzem a si mesmas: um cristal, uma célula, de fato nosso próprio planeta, estão sujeitos a esquemas autopoiéticos. Harold Saxton Burr nos faz lembrar que o esquema de nosso corpo se mantém intacto, apesar de células novas substituírem as antigas. Mesmo se mudamos, podemos sempre ser reconhecidos, porque o esquema não muda, e a forma permanece intacta. Uma criança brincando

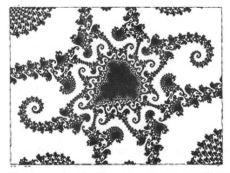 

Figuras 4.1a e b. Exemplos de fractais (de *The Beauty of Fractal Images of Complex Dynamical Systems*, por H. O. Peitigen e P. H. Richter[6])

na areia com o molde de um pato pode esvaziar e tornar a preencher muitas vezes a fôrma com areia, mas continuará reproduzindo o mesmo "pato". O código é o pequeno molde. As células de nosso corpo estão se multiplicando, avançando uma após a outra em caminhos determinados, dirigidas às posições corretas de modo a estabelecer os limites da forma corporal. Algo parecido ocorre com os átomos de cristais e as moléculas de tudo o que tem forma. Uma célula infectada por vírus pode ser dirigida porque o vírus impõe seu próprio código à célula, completo com um esquema de "construção". O ácido nucleico do vírus produz proteínas, mas é o esquema que as guia ao lugar correto para montar o novo vírus. O diretor não é o DNA, mas, sim, os padrões de organização. O DNA é a máquina de escrever, mas é outro "alguém" que escreve.

Sistemas vivos são governados por padrões e condicionados por seus ambientes, a lei da necessidade. O que os padrões representam é só uma parte do que está inscrito no que chamamos de código básico. O código básico é o conjunto de informações que permite aos corpos existir, os diagramas para a construção. Mas é também o "programa de toda a evolução", consistente com as observações de Burr de que o campo de uma semente já contém a forma da planta adulta. No código está inscrito o que foi representado, o que está sendo representado, o que será representado e talvez até o que nunca terá a oportunidade de ser representado. O código básico é a essência da coisa em si. É o fractal, que no filme de autorrealização tem um vislumbre de uma parte diferente de si mesmo.

O código básico é revelado um pouquinho de cada vez, à medida que é representado de acordo com a situação e a necessidade, como um computador sofisticado no qual a habilidade do operador e as necessidades do momento se combinam para traduzir em ações algumas de suas muitas potencialidades. O devir *transforma-se* por meio da expressão de apenas uma dentre muitas possibilidades a cada vez. Se pudéssemos ler o código das coisas, o filme do devir se revelaria.

Assim, os códigos básicos são bem mais complexos do que o que eles expressam. A água tem o mesmo código que o gelo e o vapor, que são diferentes; suas diferenças são compelidas por necessidade, pressão e temperatura. Quando consideramos a arquitetura de cristais ou colmeias, nos damos conta de que existem padrões tanto nos conjuntos quanto nos indivíduos. Você poderia supor que programas inconscientes dirigem os trabalhos, mas então como explicaria os padrões do mundo mineral, onde não existe inconsciente? Onde estão os *designs*, os projetos que fornecem a informação para a construção de corpos e mantêm sua identidade?

De que é feito o código básico? De *matéria informada*, um estado intermediário entre matéria pura e matéria combinada. A matéria pura é um oceano imóvel. Cada corpo é como uma onda composta de matéria combinada (a crista da onda) e matéria informada (a parte não vista embaixo d'água, da qual deriva a crista). Ainda que não seja possível medir o código, podemos captar algumas das interações e comunicações nas quais a informação é trocada. E o que *é* informação? Seja qual for sua natureza, a informação exprime ritmos, vibrações e perturbações do campo. Essas áreas espaciais em que o campo é perturbado são o que denominamos *campos informados*.

Campos informados

Não começarei por uma definição de informação. Começarei com uma imagem: o deus Hermes, com asas nos tornozelos, que corre sobre as ondas do mar. É ágil, leve, rápido como um raio. Em sua mão carrega o bastão dourado com o qual encanta os olhos humanos. Uma rajada de vento, e ele está na caverna de Calipso, a deusa que retém Odisseu cativo, mas que será forçada por Zeus a libertá-lo. Homero retrata Hermes como o mensageiro divino, em uma das primeiras representações da informação.

Há um deus da informação, um deus que é a essência da própria vida. Esse deus opera em todos os lugares: na ciência, na linguística, na cibernética, nas comunicações, na genética, em todos os momentos de nossa vida em que existem sinais que fornecem elementos de conhecimento. *Informar* vem do latim *in-formare*, ou seja, "prover uma forma", moldar segundo uma forma. Nada é criado sem informação. Todo criador informa a criatura com base em si próprio (como diz a Bíblia, "E Ele criou o homem à sua imagem e semelhança"). De "informar intelectualmente", o sentido progride para "manter informado e dar a oportunidade de funcionar".

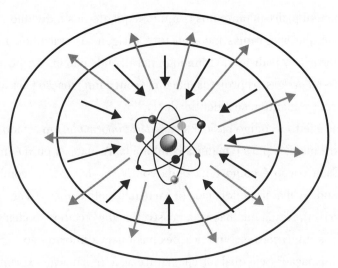

Figura 4.2. O campo informado atua sobre a massa, mantendo sua forma, sua estrutura e suas funções; também age na parte externa, permitindo interações e comunicações entre campos.

A informação afeta o comportamento ou a forma. Um exemplo é um motorista diante do semáforo, ou os hormônios que mudam o corpo de um adolescente. Tudo transcorre em três fases: o sinal precisa ser emitido, depois transmitido e recebido, e por fim compreendido. O objeto do sinal deve ser capaz de recebê-lo (um motorista distraído pode não ver o semáforo) e de entendê-lo (uma criatura selvagem na floresta não compreende semáforos). Tudo muda de acordo com a informação. Como disse Heráclito de Éfeso, tudo flui e nada se repete. Mesmo um rio nunca é o mesmo, embora assim possa parecer.

Tudo é informação: a melodia que faz você sonhar ou a molécula que aciona um receptor. O universo é uma rede cujos nós são os corpos e cujos fios são as ondas e radiações. Os nós podem ser percebidos pelos sentidos, mas os fios não, embora informem, realizem trocas e organizem a vida.[7] Tudo troca informação com tudo na rede de comunicação do mundo. Todos os seres e entidades enviam mensagens que contêm história, condições e propriedades, quase com ânsia de reafirmar sua identidade e comunicá-la. Tudo é repetido dessa forma para construir uma rede de informação e trocas que opera invisível no *vazio aparente* (fig. 4.2). Todos sabem que nossos sentidos são limitados, e ainda assim continuamos a ignorar o que não podemos perceber. E perdemos a faculdade de conhecer.

A maior parte de cada evento não é perceptível. Pense em quantos experimentos parecem não funcionar só porque somos incapazes de registrar as variações infinitesimais produzidas! No mundo do vazio, as coisas podem ser diferentes do mundo dos sólidos e, portanto, necessitar de outros paradigmas. A história da física está repleta de precedentes, como a descoberta de Heisenberg de que o espaço e o tempo se comportam de forma diferente na escala do infinitamente pequeno. Mesmo o vácuo tem características, leis e fisiologia a serem investigadas.

Embora pareça imóvel, a matéria está em movimento constante. Átomos em vibração e partículas céleres estão confinados em espaços restritos. Como uma bala na agulha de uma arma, quanto mais apertado o espaço, mais rápido o movimento. Os elétrons viajam a centenas de quilômetros por segundo, os prótons e os nêutrons, dez vezes mais rápido. As rotações dos prótons alcançam velocidades de 3×10^{22}, trinta mil bilhões de bilhões de vezes por segundo. Considerando que cargas elétricas em movimento geram campos magnéticos, tais campos constantemente permeiam tudo. Se subirmos na escala de dimensões, as moléculas tampouco estão estáticas, pois são submetidas a múltiplos movimentos (denominados estiramento, deformação e assim por diante) responsáveis pelas vibrações.

"De que tipo?", você poderá perguntar.

"Eletromagnéticos", você poderá responder. O que está correto, mas só em parte. Pegue um objeto, qualquer um, e comece a movê-lo. Sacuda-o com força e pense no que está ocorrendo no ar em volta. O corpo em movimento está deslocando pequenas massas de ar e, portanto, está afetando adversamente seu campo com tipos elásticos de ondas. Nunca pensou nisso? O mesmo acontece no mundo microscópico: vibrando com uma velocidade muito grande, as moléculas geram um campo eletromagnético elástico, porque perturbam o ambiente próximo. Nisto reside o segredo: nas ondas eletromagnéticas, que também são elásticas.

Se a teoria das supercordas estiver correta, então se encaixa bem neste quadro. Os tijolos do mundo seriam cordas microscópicas, cada uma vibrando a seu modo. Cada partícula de matéria e mesmo cada mediador de força seria uma corda em vibração, seu modo de vibração deixando uma marca no universo.[8] Pense numa corda de violino: quantas possibilidades de oscilação — as assim chamadas ressonâncias —, quantos tipos diferentes de ondas, com cristas e vales equidistantes entre si! A corda é a mesma, mas diferentes vibrações dão origem a diferentes notas. Do mesmo modo, as mesmas cordas microscópicas vibrariam de formas diferentes para dar a sensação de massas distintas. As propriedades de uma partícula elementar seriam determinadas pelo modo de vibração de sua corda interior.[9] A massa corresponde à energia com que a corda vibra, e a "matéria" que compõe as forças e as partículas é sempre a mesma. Tudo tem correspondência: o universo é uma imensa e extraordinária sinfonia!

Seja a teoria das cordas verdadeira ou não, a essa altura já não importa. Cordas ou partículas, que diferença faz se não há nada que mantém a matéria imóvel? Cordas em vibração, partículas em vibração, campos em vibração. O que aparenta ser uma massa é, na verdade, um campo flutuante, matéria ondulante: quanto mais o tempo passa, mais os físicos voltam a falar como filósofos. O princípio da incerteza de Heisenberg sugere que nada nunca está em repouso e que tudo está submetido a agitações quânticas. Se não fosse este o caso, saberíamos com precisão absoluta a posição e a velocidade das partículas, violando as leis de Heisenberg. Não podemos parar o processo de transformação para apreendê-lo em seus constituintes elementares, porque aquilo que aparece fragmentado aos sentidos é, na verdade, uno.

Agora precisamos ser cuidadosos e raciocinar juntos. Os movimentos das moléculas são autobiográficos, individualmente únicos. São específicos. São assim também as perturbações do campo. O campo, portanto, forma um retrato da substância, a transcrição de suas moléculas. A vibração no campo é chamada de *vibração fingerprint* (vibração "impressão digital"). Substâncias diferentes têm campos diferentes, específicos de suas moléculas. Por exemplo, o campo do hidrogênio é específico do hidrogênio e contém características que o diferenciam de outras substâncias. Se dois campos são iguais, isso significa que as duas substâncias são a mesma; suas moléculas possuem a mesma estrutura química e física. Substâncias diferentes possuem campos diferentes e emitem diferentes sinais. A unicidade está relacionada com a informação no campo, que opera de acordo com o conjunto dado de sinais moleculares.

O campo criado pelas flutuações eletromagnéticas e elásticas é *informado*: contém informações sobre a forma, as dimensões, o peso e a cor da substância física. Tem autonomia, fisiologia, potenciais patologias, qualidades, funções e propriedades. Isso se aplica tanto aos campos das células de um corpo quanto aos de objetos: todas as formas de vida são governadas por códigos, cuja extensão espacial é seu campo. O campo de um medicamento, por exemplo, conterá informação da estrutura molecular, de suas qualidades químico-físicas macroscópicas e de suas propriedades medicinais farmacocinéticas. No código está inscrito como esse medicamento funciona, para o que é e que ação induz.

A essência do campo é a informação, que não é exclusivamente de natureza eletromagnética. Conquanto o eletromagnetismo seja o aspecto mais óbvio do campo, seria um erro pensar que é só isso. É uma das muitas propriedades de um campo; considerá-lo a única seria como dizer "olhe, um casaco ambulante" e ignorar o homem que o veste. A informação é sempre um mensageiro de um início ou um fim, ou ao menos de uma mudança. Ela cria, corrige, modifica. Pode ter uma função plástica de regulação ou comunicação. Toda entidade é governada por informação que guia sua construção, a dirige e regula comunicações. Nossa proposição é que o código básico das coisas tem estas três funções:

1. Dar forma: as instruções do código básico fornecem diretrizes para a arquitetura de um corpo, bem como para preservar sua forma e identidade.
2. Organizar, regular e controlar: o código básico é o *designer* e o regulador. Se a questão sobre o motivo de as órbitas eletrônicas só respeitarem suas próprias distâncias específicas tiver como resposta a afirmativa de que isso se deve às forças de atração e repulsão entre as cargas, então é sinal de que só descrevemos o fenômeno, sem explicá-lo. É como dizer que um prédio tem determinada forma por causa do cimento que une os tijolos: o *design*, o projeto arquitetônico, é ignorado. Atração e repulsão elétrica (o cimento) não determinam a forma; o código básico o faz.

3. Comunicar: os corpos se comunicam por meio da troca de informações entre campos, por meio de uma comunicação incessante e inaudível, de intensidade muito fraca, os sussurros da matéria.

Vamos continuar a explorar a evidência que sustenta a ideia de que *os códigos são responsáveis pela arquitetura da matéria, por sua organização e regulação e suas comunicações e trocas com o ambiente.*

5
Escutando o canto das moléculas

As moléculas cantam, contam histórias e transmitem intenções. E ouvi-las gera um fascínio que leva ao alinhamento com o canto. Isso vem acontecendo há anos em meu laboratório, onde escutamos o canto das moléculas. Depois, observamos o efeito de seu canto sobre células que, assim como Ulisses encontrando as sereias, ficam enfeitiçadas por seu canto. Então, como se estivessem seguindo um flautista mágico, elas se movem na direção do canto. Por favor, desculpe-me se escrevo de forma poética sobre minha descoberta, mas não acredito que a sisudez aumente o valor da pesquisa, e de fato acredito na *magia* da natureza.

Ao contrário da matéria pura, as partículas, os átomos e as moléculas estão dançando. À medida que as esferas microscópicas se movem, liberam ondas elásticas que por sua vez movimentam o ar e perturbam o espaço ao redor. Pense de novo numa corda de violino: o movimento do ar causado pelo violino é percebido como som. A área em volta da corda não é a mesma de antes de ela vibrar, porque, quando a corda se move, mesmo o espaço vibra e dança naquele ritmo. Há uma história sobre um homem que se tornou um deus. Seu nome é Orfeu. Sua voz, acompanhada pela lira, encantava a todos os que cruzavam seu caminho: homens, mulheres, animais, plantas, até montanhas. As feras ficavam dóceis a seus pés, as rochas gemiam de emoção. Ele fazia, como escreveu o poeta Rilke, "mais dor jorrar de uma lira do que de todas as mulheres que sofriam". Sua música encantadora envolvia "floresta e lago, rua e vilarejo, campo, rio e animais" num mundo de tristeza, ao redor do qual um sol em prantos e um "céu silencioso repleto de estrelas se revolviam, um céu lamurioso com estrelas disformes".[1] O mito ensina — e sempre há verdade nos mitos — que o som modulado pode transformar a matéria: este é o significado de encantador. Este capítulo é a história de um encantamento.

Os objetos também se comunicam

A troca de informação é vida, e não existe vida sem comunicação, ou comunicação na ausência de vida. O cavalo se comunica relinchando, o cachorro latindo, e assim por diante, mas os animais também podem se comunicar de outras formas: gestos, posturas e expressões. As abelhas se comunicam dançando ao longo de rotas invisíveis no ar, com geometria precisa. Também há comunicações extrassensoriais envolvendo plantas e animais, e até objetos se comunicam uns com os outros e com o ambiente, graças a seus campos informados.

Essas podem ser mudanças imperceptíveis, até agora conhecidas apenas por meio das intuições de alguns filósofos e físicos, mas a pesquisa pode estar bem aqui, no ponto em que não há explicações, porque tudo é inexplicável quando é novo. Se alguém na Idade Média tivesse tentado se comunicar por rádio, teria sido queimado na fogueira. Assim, sem preconceitos, tentemos imaginar objetos que se comunicam. As coisas podem parecer silenciosas porque é assim que esperamos que sejam — silentes e passivas. No entanto precisamos criar coragem para visualizar algo diferente, para tentar observar de outro ponto de vista.

Se libertarmos nossa imaginação e visualizarmos um pedaço de ferro colocado próximo a uma superfície de madeira, embora nossos sentidos não registrem nada, no nível dos campos, ocorreriam algumas trocas, com o ferro informando a madeira e vice-versa. O ferro compartilha o que significa ser ferro, comunica como é feito, suas qualidades, sua física e química, suas propriedades e potenciais. Ele compartilha seu código básico. A madeira faz o mesmo, comunicando sobre si mesma ao ferro. Durante a troca, suas estruturas moleculares parecem inalteradas, mas as comunicações são gravadas no campo. Permanecerão lá por um instante ou talvez para sempre, assim como um cachorro que cheirou uma pessoa ainda será capaz de reconhecê-la no futuro. Assim como vimos na seção sobre a água (capítulo 3), a qual pode receber e emitir sinais ingressando num estado coerente, todos os tipos de matéria podem emitir sinais ricos em informação e tão poderosos quanto os raios laser.

O que é a informação? É energia sendo transmitida em ondas eletromagnéticas, propagando variações no campo. A energia se move, mas não a matéria. Como podemos imaginar isso? Como as ondas geradas de uma brisa soprando em um campo de trigo, como descrito por Leonardo da Vinci: "Muitas vezes, a onda foge do local de sua criação, ao contrário da água; como as ondas feitas pelo vento num campo de cereais, onde vemos as ondas correndo pelo campo enquanto o cereal permanece no lugar".

O trabalho de Sir Jagadish Chandra Bose, realizado na Índia no final do século XIX e início do XX, confirmou que as coisas se comunicam, ainda que numa escala difícil de perceber. Ele estudou as ondas elétricas e a fisiologia das plantas. Um ano antes da descoberta de Marconi, ele transmitiu ondas de rádio da sala de conferência da prefeitura de Calcutá, através de três paredes, para uma sala a 22 metros de distância. Três anos depois, publicou suas próprias observações sobre o comportamento das ondas elétricas em revistas como *Nature* e *Proceedings of the Royal Society.*

No ano seguinte, Bose notou que a sensibilidade do mecanismo detector se reduzia com o uso constante e que ela retornava ao normal após um período de descanso. Esse "estranho fato" o levou à conclusão de que os metais, assim como os humanos e os animais, podem precisar se recuperar do esforço, e que a linha divisória entre metais *não vivos* e organismos *vivos* era muito tênue.[2] Ele iniciou um estudo comparando as curvas das reações moleculares em substâncias inorgânicas e em tecidos animais vivos. Bose observou que os gráficos da oxidação de ferro magnético aquecido eram parecidos com os dos músculos: resposta e recuperação diminuíam com o esforço, e massagens suaves ou banhos de água tépida podiam eliminar o cansaço. Os metais pareciam reagir de uma forma semelhante à dos animais. Ele percebeu que, numa superfície metálica que foi corroída por ácido e depois polida até ser removido qualquer traço da corrosão, os pontos antes atacados reagiam de forma diferente das outras áreas. Bose atribuiu essas reações ao prolongamento da memória da corrosão.

Ele solicitou ao secretário da Royal Society que verificasse seus experimentos, e para isso entregou os registros com as curvas de resposta. O secretário informou que não havia nada de extraordinário nas curvas que examinara. Quando Bose lhe perguntou o que pensava que as curvas representavam, ele respondeu: "reações musculares". Quando Bose provou que eram as curvas de resposta de uma lata de estanho, Sir Michael Foster organizou uma conferência na Royal Institution, em 10 de maio de 1901. Bose a encerrou com estas palavras:

> Mostrei-lhes esta noite registros autográficos do histórico de tensão e deformação nos seres vivos e não vivos. Como são similares! Tão similares, de fato, que não é possível distinguir um do outro. Dentre tais fenômenos, como podemos traçar uma linha de demarcação e dizer "aqui acaba o físico e ali começa o fisiológico"? Tais barreiras absolutas não existem.
>
> Foi quando esbarrei num testemunho mudo desses registros feitos pelo próprio aparelho e percebi neles uma fase da unidade que tudo permeia e que carrega em si todas as coisas — a poeira que tremula em ondulações de luz, a vida que fervilha em nosso planeta, e o sol radiante que brilha sobre nossas cabeças — foi então que pela primeira vez compreendi um pouco daquela mensagem proclamada por nossos ancestrais nas margens do Ganges trinta séculos atrás: "Aqueles que só veem o Uno em todo o desdobrar de mudanças deste universo, a eles pertence a Verdade Eterna — a ninguém mais, a ninguém mais!".[3]

Depois do sucesso na Royal Society, que aceitou seus dados por unanimidade, Bose encontrou outras analogias entre as fisiologias animal e vegetal. Ele descobriu que, como os metais e os músculos, as plantas reagem aos ataques químicos e podem ser anestesiadas, por exemplo, com clorofórmio. A morte de uma planta é acompanhada por espasmos como ocorre com os animais, e no momento da morte existe uma tremenda força elétrica. No Capítulo 10, veremos como as plantas percebem a morte de outros seres. A morte de quinhentas ervilhas pode gerar volts suficientes para eletrocutar o cozinheiro, exceto pelo fato de as ervilhas raramente estarem conectadas em série. George Bernard Shaw, um vegetariano que também se opunha à dissecção, ficou abalado quando, no laboratório de Bose, testemunhou uma folha de repolho morrer escaldada; dedicou suas obras completas a Bose, com as palavras: "do menor ao maior biólogo vivo".

Bose, inventor do telégrafo sem fio, se recusou a patentear suas descobertas, desejoso de que continuassem em domínio público para doá-las à humanidade. Em 1917, fundou o Instituto de Pesquisa em Calcutá e projetou um instrumento que denominou de "crescógrafo", capaz de registrar cada movimento de uma planta com aumentos de até 10 mil vezes. Podia medir o ritmo de crescimento das plantas. Ele demonstrou que esse crescimento avançava por impulsos rítmicos, cada um deles mostrando um aumento rápido seguido de uma regressão parcial, igual a um quarto da distância ganha. Além disso, o crescimento podia ser reduzido ou interrompido simplesmente ao se tocar a planta; algumas plantas, se maltratadas, eram mais estimuladas a crescer. Com o crescógrafo, capaz de revelar variações infinitesimais no ritmo de crescimento ($1/1.500$ milionésimos de polegada por segundo), tornava-se possível determinar, num período de apenas quinze minutos, a ação de fertilizantes, nutrientes ou correntes elétricas aplicados a uma planta.

Em 1920, após duras críticas e batalhas ideológicas, a University of London aceitou os resultados. A subsequente publicação do livro *The Physiology of the Ascent of Sap* encantou, entre outros, o filósofo Henri Bergson. Em seus últimos anos de vida, Bose foi nomeado membro da Comissão para Colaboração Intercultural da Liga das Nações, junto a Einstein, Lorentz e Murray. Pouco antes de morrer, ele afirmou:

> Em minha pesquisa sobre a ação das forças sobre a matéria, fiquei assombrado ao ver desaparecerem as linhas divisórias e ao ver emergir pontos de contato entre o *vivo* e o *não vivo*. Meu primeiro trabalho no campo das luzes invisíveis me fez perceber como, no meio de um oceano luminoso, estamos quase cegos. Assim como, ao seguir a luz do visível para o invisível, o alcance de nossa investigação transcende nossa visão física, também o problema do grande mistério da Vida e da Morte se aproxima um pouco mais da solução, quando, no reino do Vivente, passamos do *expresso* ao *não expresso*.[4]

Medicamentos que falam às pessoas

Muito mais recentemente, certas disciplinas da medicina, como a eletroacupuntura, a cinesiologia aplicada e a medicina auricular, vêm explorando formas de avaliar se alguma coisa mudou e segundo quais parâmetros, por exemplo, no caso de substâncias que induzem mudanças na matéria, como os medicamentos. Se uma transmissão ocorre entre um medicamento e uma pessoa por meio de um simples contato, encontramos variações biológicas. Mas poderia ser suficiente colocar um medicamento em contato com um ser humano para criar a comunicação? Vejamos o que já foi descoberto.

Já há alguns séculos no Ocidente (e há pelo menos 5 mil anos no Oriente), sabe-se que existem linhas preferenciais de fluxo de energia nos órgãos do corpo humano. Esses canais, chamados de *meridianos*, percorrem o corpo internamente, e em certas áreas na superfície da pele existem *pontos* pelos quais é possível intervir neles e acessá-los. Na década de 1950, o médico alemão Reinhard Voll, um acupunturista que também era perito em transmissões de rádio, desenvolveu um método para localizar e medir pontos de acupuntura e depois, por estímulo elétrico, mudar o potencial. Esse método, chamado eletroacupuntura, utiliza instrumentos que medem a condutibilidade da pele, que tende a ser mais alta nos pontos de acupuntura. O paciente é conectado ao equipamento por um eletrodo de metal que age como um polo negativo.

Figura 5.1. Esquema da medição de pontos usando equipamento de eletroacupuntura (reproduzido com a gentil permissão de Erich Rasche).

Com o outro eletrodo (polo positivo), o médico testa os pontos, checando cada órgão e suas funções (fig. 5.1). Os valores resultantes fornecem informação sobre o nível de energia do órgão e o estado de saúde. Por exemplo, se os pontos do meridiano do estômago indicam valores altos, pode existir inflamação gástrica, enquanto valores baixos para as células hepáticas podem indicar degeneração do fígado.

Voll descobriu o *teste de medicamentos* por acaso, durante uma demonstração de seu sistema. Mediu os pontos de um colega cujos valores mudaram perceptivelmente depois de uma curta pausa de quinze minutos entre testes. "O que você fez durante a pausa de quinze minutos?", Voll perguntou ao outro médico. "Só tomei um remédio que tomo todo dia", foi a resposta. Voll deve ter tido uma intuição inesperada, pois disse: "Amanhã, traga-me uma amostra desse medicamento e repetiremos as medições antes e depois que você o tomar". No dia seguinte, Voll demonstrou que, só de segurar o medicamento, os valores dos pontos de conexão mudavam. Nascia o teste de medicamento.

Voll havia descoberto uma forma de avaliar a compatibilidade entre um paciente e um medicamento, e assim uma maneira de escolher o medicamento mais apropriado para determinada pessoa.[5] Isso era feito incluindo-se um recipiente de metal, com o medicamento específico que seria testado para o paciente específico, num circuito formado pelo paciente e pelo equipamento. Se a inclusão do medicamento melhorava o valor anteriormente medido, era um sinal de compatibilidade: o medicamento era bom para aquela pessoa. Esse teste é possível por conta do princípio da *ressonância*. Na física, dois sistemas ressoam entre si quando suas oscilações vibram na mesma frequência. Há ressonância sempre que um diapasão começa a vibrar; a ressonância é a responsável quando a voz de um cantor trinca um vidro.

Há outras técnicas para testar drogas na medicina. Na cinesiologia aplicada, utilizam-se testes musculares. O paciente tem que forçar um músculo (em geral, o deltoide ou o quadríceps) contra uma resistência, como a mão do doutor. A força é medida. Depois, é medida de novo, após o contato do paciente com o medicamento que estiver sendo testado. Se a força não mudar ou aumentar, é sinal de boa compatibilidade; se diminuir, é sinal de que o medicamento não é apropriado.[6]

Mesmo na auriculoterapia, criada pelo médico francês Raphael Nogier, os medicamentos podem ser testados por vibração. O parâmetro é a amplitude da pressão medida no pulso. A compatibilidade de um medicamento colocado em contato com a superfície da orelha é avaliada em termos de um aumento ou uma diminuição na força da pressão arterial (conhecida como RAC: reflexo aurículo-cardíaco), variações infinitesimais que uma mão treinada pode detectar.[7]

De diferentes formas, os três métodos revelam ressonância entre o medicamento e o paciente. Todos indicam que os campos são capazes de interagir não só com o paciente, mas também *com o medicamento*. Não pode haver ressonância se uma das duas partes não transmitir: portanto, um medicamento capaz de emitir *algo* está informando o paciente sobre si mesmo por mero contato. Lembra-se da hipótese de que os corpos interagem por trocas entre seus campos?

Uma ressonância particular entre corpos humanos — um "efeito diapasão" entre campos de pessoas — também foi observada por Nogier. Enquanto o doutor francês testava o RAC no pulso de um paciente, não muito longe dele seus alunos perceberam nos próprios pulsos as variações que Nogier percebia no pulso do paciente.[8]

Na década de 1980, vários pesquisadores observaram que medicamentos homeopáticos emitiam frequências capazes de interferir com o corpo (o eletrocardiograma e o eletroencefalograma são exemplos de formas de registrar e medir mudanças nos níveis de atividade elétrica no corpo). Essa propriedade só foi discutida no contexto de medicamentos homeopáticos e não de medicamentos químicos, porque a pesquisa nas três disciplinas mencionadas acima havia se focado em tratamentos naturais e homeopáticos. Estudos realizados por médicos alemães sugeriram que a radiação desses medicamentos é de natureza eletromagnética. Fritz Kramer, um dos fundadores da eletroacupuntura, teve sucesso ao testar medicamentos, não colocados num pequeno recipiente de metal, mas a uma distância mínima. Mostrou-se que os sinais do medicamento homeopático interferiam a distâncias de mais de 5 milímetros. O alcance envolvido instigou Kramer a pensar que podia estar lidando com ondas semelhantes a ondas de rádio.[9]

Os *insights* de Kramer foram corroborados por outro médico alemão, Franz Morell, que usou um transmissor para testar medicamentos homeopáticos no final da década de 1970. A parte transmissora do aparelho era colocada nos medicamentos, enquanto a antena que recebia os sinais era conectada a um circuito de eletroacupuntura. Usando esse método, Morell podia testar grupos de medicamentos a distância. Viu-se que os medicamentos homeopáticos emitiam ondas de rádio que podiam afetar os sujeitos aos quais eram transmitidos por fios ou por outros meios.[10]

Quem primeiro se deu conta de que as propriedades de um medicamento homeopático podiam ser transmitidas passivamente à água foi de novo um alemão, o dentista H. Schimmel. Primeiro, ele usava o procedimento de eletroacupuntura para determinar que um frasco de certo medicamento homeopático fosse compatível com determinado paciente. A seguir, colocava o frasco num copo d'água (que já havia demonstrado ser inerte em relação ao paciente) e o deixava por um período. Depois de algum tempo, coletava um frasco de água do copo e o testava no paciente. Embora o medicamento não tivesse se combinado com a água, a água produzia o mesmo resultado nos testes que o medicamento. Isso sugeria que alguma radiação terapêutica havia passado da solução contida no frasco para a água. Poderíamos acrescentar que as frequências do medicamento, passando através do frasco de vidro, transmitiram seu movimento à água, que em consequência começou a vibrar nessas frequências, tornando-se assim uma *cópia* do medicamento. O novo frasco, porém, tornava-se inativo quando colocado em água fervendo, porque a fervura destrói a radiação emitida pelos medicamentos homeopáticos.[11]

Anos depois, o biólogo austríaco Christian Endler, que ignorava o trabalho de Schimmel, descobriu que os medicamentos homeopáticos reagem não só por meio do contato, mas também espalhando frequências no ambiente. Endler gostava de experimentá-los em girinos. Ao dispersar um hormônio tireoideo homeopático (tiroxina) na água dos girinos, descobriu que ele influenciava sua velocidade de metamorfose. Nos anos 1990, Endler realizou um teste no qual colocava soluções de tiroxina homeopática (diluições DH30) em frascos de vidro vedados, submergindo-as durante semanas nos tanques contendo os girinos. Ele obteve efeitos similares aos que obtivera antes. Endler concluiu então que os medicamentos homeopáticos podem emitir certas frequências capazes de passar pelo vidro,[12] assim como ele observara durante anos na prática da eletroacupuntura.

A grande tapeçaria da transferência de medicamentos estava tomando forma, tecida pelos vários pesquisadores que encontravam resultados similares. Porém ninguém havia ainda sintetizado todos os dados coletados. Era como se todos estivessem tecendo o mesmo tecido no escuro. Se um medicamento pode transferir informação para uma pessoa, pode também curar a pessoa pelo mesmo princípio? Poderiam propriedades médicas ser transferidas sem que a pessoa de fato tomasse o medicamento? Deveriam tais noções ser consideradas ficção científica, ou o alvorecer de uma nova física?

Curar com ondas?

Foi Morell quem deu o próximo passo para tornar a eletroacupuntura não só diagnóstica, mas também terapêutica. Para capturar as ondas de medicamentos homeopáticos, modulá-los numa frequência de transportadores e então transmiti-los a um paciente, ele inventou um aparelho semelhante a um amplificador com alta impedância; o instrumento tem uma entrada na qual o medicamento é colocado e uma saída que é conectada ao paciente. Ele demonstra que as oscilações do medicamento são transferidas e que modificam os valores medidos em pontos específicos. Posteriormente, a saída do circuito era inserida em um frasco de vidro cheio de água para verificar se as mensagens terapêuticas seriam transferidas por saturação. Os resultados assim o confirmaram. Morell havia encontrado uma forma de *duplicar* medicamentos homeopáticos.

No final da década de 1980, muitos eletroacupunturistas alemães e italianos começaram a *carregar* frascos de água com frequências emitidas pelos remédios, preparando medicamentos a partir dessa água irradiada carregada com a informação homeopática para seus pacientes. Diferentemente do que ocorre na homeopatia, não havia diluição, mas, em vez disso, a entrada de frequência/informação a partir do exterior. A água se tornou uma fotocópia do medicamento, confirmando quatro coisas significativas: (1) que informação pode ser recebida dessa maneira, (2) que medicamentos emitem ondas, (3) que essas ondas podem atravessar o vidro e (4) que a homeopatia não tem nada a ver com moléculas, porque as ondas são emitidas pela matéria e gravadas na água por sucussão, tornando irrelevantes as bases tradicionais de objeção usadas pelos detratores da homeopatia.

Até 1989, pensava-se que as transferências só eram possíveis com medicamentos homeopáticos, já que, diferentemente dos sintéticos, eles emitem ondas.[13] Mas como também é possível testar para ressonância os alimentos e outras substâncias, chegamos à conclusão de que seria plausível que tudo transmitisse informação e que as frequências de medicamentos sintéticos também seriam úteis para curar. Compreendemos que, se esse fosse realmente o caso, poderia ser possível demonstrar algo que até aquele momento parecia impensável: que a matéria *emite sinais contendo informação*. Lembre-se de que a química fala de vibrações *fingerprint!* A questão que nossa equipe de investigação queria esclarecer era a seguinte: tudo isso era válido só para medicamentos homeopáticos ou a informação de medicamentos tradicionais poderia também ser transferida?

Em bioquímica, acredita-se que a ação de um medicamento ministrado convencionalmente sobre uma célula é como uma chave abrindo uma fechadura de porta. A fechadura é a membrana receptora da célula. Quando a chave certa (a molécula do medicamento) penetra na fechadura, essa pode se abrir, e uma reação é desencadeada. No entanto essa não é a única forma de agir em relação a uma fechadura: é possível abrir uma porta mesmo sem uma chave, se você tiver um controle remoto que emita a frequência correta, a qual, entrando em ressonância com o fecho, vai abri-lo como se fosse uma chave. É provável que as interações entre sinal e célula aconteçam conforme mostrado na figura 5.2. Decidimos investigar o que acontece quando, em vez de um medicamento, enviamos seu sinal para a célula: queríamos saber se a porta abriria e se ocorreria a mesma ação farmacológica de quando o próprio medicamento é usado. Seria como se o medicamento fosse substituído pela *voz*; em vez de ministrar o medicamento da forma tradicional, ondas seriam transmitidas. Se toda a informação necessária para curar estivesse naquilo que o medicamento emite, então não haveria necessidade de ministrar a própria massa do medicamento ao corpo humano.

Descobrimos que o resultado é o mesmo, independentemente de as moléculas do medicamento fazerem contato físico ou emitirem sinais à célula, dado

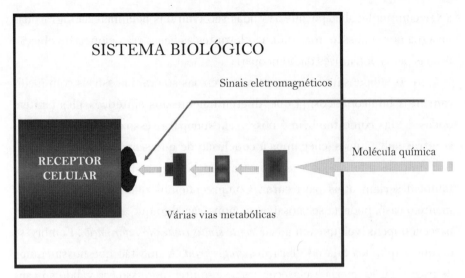

Figura 5.2. Hipótese sobre o mecanismo celular para recepção de sinais farmacológicos. Sinais físicos e químicos poderiam agir sobre os mesmos receptores.

que a química e a física do sinal molecular seguem caminhos paralelos. O resultado é um medicamento que já não é mais químico, mas informacional. As células ouvem o canto, entendem-no e sabem como responder de forma apropriada. As coisas se comunicam com as coisas.[14] Para explicar como fomos capazes de fazer isso, precisamos examinar de novo a natureza da matéria. Como vimos, a matéria observável ou combinada está sempre em movimento. Só fica imobilizada em um único caso: no zero absoluto, a temperatura mais baixa possível, 0° Kelvin (273 °C abaixo de zero). Nesse estado congelado, a estrutura molecular atinge a mais alta ordem possível, já que as moléculas suspendem quaisquer oscilações, presas em treliças cristalizadas, como uma escultura de gelo.

Agora imagine fornecer energia térmica progressivamente a essa matéria congelada. À medida que se aquecem, os átomos e as moléculas começam a vibrar de novo, não com seus ritmos harmônicos, mas com oscilações caóticas (pense numa panela de água fervendo). O calor é responsável pelo caos só até as moléculas começarem a vibrar com seu próprio ritmo, que é o "nível de identidade" daquela substância: nesse momento, sua *música* começa. O calor é essencial para a vida porque, no zero absoluto, um sistema parece morto, com vida suspensa. Partindo de uma ordem sem vida, passando pela desordem aparente, chegamos à ordem da vida. As frequências fisiológicas dos corpos situam-se a níveis precisos de temperatura acima do zero absoluto. A essas frequências, eles emitirão informação; eles exprimem seus códigos.

Imaginemos tornar-nos microscopicamente pequenos para penetrar no fantástico panorama do mundo atômico. No zero absoluto, esferas de cristal gigantes estão congeladas numa paisagem de gelo no silêncio mais espectral. Então, despertadas pelo calor, começam de novo a mover-se com seus ritmos. Elas rodam como um dos círculos de Dante, seus ritmos produzindo rugidos assustadores. São as *vozes* das moléculas. Suas vibrações não emitem uma música melódica; em vez disso, soam como gritos de seres fantásticos: assobios, sirenes, explosões, sons estridentes, todos num ritmo repetido à exaustão. O que nos perturba mais enquanto exploramos é o vento muito forte soprando em todas as direções. Precisamos prosseguir como se rastejássemos, quase nos segurando no chão.

Por que esse vento, e de onde provém? Vem do tremendo movimento molecular dessas massas incríveis, que em nossa realidade macroscópica é conhecido como *perturbação de campo*. Não se esqueça de que qualquer movimento sempre cria movimento ao seu redor. Podemos não notar, mas, enquanto caminhamos (em nossa dimensão, quero dizer), deslocamos tremendas quantidades de ar. Um cachorro que anda, um trem que passa veloz, deixando uma brisa — tudo que existe se mexe e perturba o ambiente. Imagine (se fôssemos capazes de vê-las!) que correntes apavorantes são geradas em nossas cidades: milhares de movimentos movem toneladas de "vazio", fluxos se entrecruzando e entrelaçando. Isso também ocorre com coisas que parecem imóveis. Uma pedra, um objeto, um prédio parecem não se mover nem um pouco. Mas na verdade se movem.

Nada está imóvel, a não ser no abismo do zero absoluto. As superfícies da água não são estáticas, mas sujeitas a movimentos microscópicos, como o resto da matéria condensada, do macro ao micro. A mesa sobre a qual escrevo faz movimentos imperceptíveis que, por sua vez, movimentam algo no ambiente e sinalizam sua presença. Alguém mais sensível poderia perceber isso. Pense nas pessoas cegas que sentem que algo silencioso está se aproximando. Estão sentindo as ondas elásticas transmitidas por aquilo que está se movendo.

De forma interessante, o mesmo ocorre também com objetos parados: ao andar, uma pessoa cega sente a presença de um obstáculo antes de bater nele. Embora pareça estar parado, um objeto deforma o espaço ao redor, movendo quantidades de ar em ondas que se propagam centrifugamente. A maioria de nós precisaria tocar o objeto para senti-lo com nossos olhos fechados, mas um cego (ou outra pessoa com sensibilidade amplificada) pode sentir as ondas se espalhando a partir daquilo que, para ele, é um obstáculo e pode parar a tempo. (É bem mais provável que uma pessoa cega caia em um buraco diante de si, pois o buraco não move nada.) Isso é ressonância entre campos. O campo da pessoa cega interage com o do objeto, que comunica sua presença.

Tudo vibra e emite ondas elásticas que podem ser traduzidas em sons, de forma que tudo toca música com os sininhos que são as moléculas. Os movimentos moleculares não são caóticos, improvisados pelo acaso, mas governados por leis físicas e regras matemáticas: são oscilações ordenadas. Assim como a música é uma expressão de regras matemáticas harmônicas, os movimentos moleculares são sequências rítmicas de sons, a música das esferas microscópicas. A informação está no ritmo das moléculas: variações, alternância e pulsação. As coisas são diferentes porque as moléculas são diferentes (em qualidade, número e disposição), portanto expressam música diferente. Cada substância tem seu próprio som.

Os pesquisadores perceberam que, se esses sons pudessem se tornar audíveis para o ouvido humano, ouviríamos o ruído da matéria: a *voz* de uma planta, de uma pedra, de qualquer objeto: uma lata, uma proteína ou um medicamento. Na República Tcheca, Josef Havel, professor de química na Universidade de Brno, gravou a voz de uma proteína. Para cada movimento molecular da proteína, separada por eletroforese capilar, Havel associou uma nota, e ele podia tocar sua música melódica para aquela proteína enquanto ela se orientava num campo elétrico.[15] Em 1999, Cyril Smith, um professor de física em Stanford, tocou a (cacofônica) música da tiroxina durante uma convenção, mas a *performance* foi imediatamente suspensa porque muitas pessoas na audiência subitamente tiveram taquicardia.[16] O que aconteceu? A música provocou um dos efeitos do excesso de hormônio da tireoide: superdose de tiroxina.

Descobrimos que tudo que existe emite uma *voz*, que por sua vez contém sequências ressonantes. É como se um coração invisível batesse em cada corpo, pulsando com um ritmo único; são esses ritmos que determinam a especificidade dos corpos. Isso leva à incrível ideia de que, se pudéssemos modificar os códigos, talvez pudéssemos mudar a estrutura dos corpos! Permita-me agora convidá-lo a dar uma olhada em nosso laboratório e ver como desenvolvemos um método de registrar e transferir o código básico de um medicamento.

6

O poder da TFF

Um rádio que transmite medicamento

Embora ainda não tenhamos os códigos básicos de todos os medicamentos, conseguimos gravá-los e transferi-los para reproduzir os efeitos. Começamos com uma amostra de princípio ativo sem excipientes (substâncias farmacologicamente inativas). O método de transferência é chamado de TFF (*Trasferimento Farmacologico Frequenziale*, isto é, Transferência Farmacológica Frequencial). O modelo é simples: na entrada do aparelho que concebemos, há uma placa de eletrodo de latão sobre a qual é colocada, dentro de uma ampola de vidro, a substância a ser transferida. A perturbação de campo que leva a assinatura do medicamento é transmitida ao latão, e o sinal penetra na unidade. Um eletrodo idêntico, conectado à saída, é colocado em um frasco de vidro com água purificada e uma solução fisiológica ou hidroalcoólica (fig. 6.1). A informação que o medicamento emite em forma de ondas é capturada pelo aparelho, amplificada* e então transmitida através do vidro para o líquido, como foi descrito no capítulo dedicado à água (capítulo 3). A TFF grava todas as propriedades do medicamento, incluindo as propriedades curativas, na amostra de água, que as conserva para administração posterior a um organismo.

---

* Nos primeiros anos de experimentação, usamos um aparelho de eletroacupuntura (MORA III 200), depois outros, até chegar a um protótipo construído por nós mesmos. [N. A.]

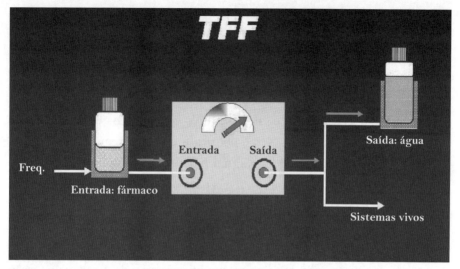

Figura 6.1. Transferência Farmacológica Frequencial com duas possíveis saídas: uma direto a um paciente, e a outra para a água, que é então ministrada a um paciente.

Embora quimicamente continuem sendo água, do ponto de vista físico, as soluções são uma cópia do medicamento inicial. A relação entre água e água tratada com a TFF é a mesma que existe entre água e gelo: só a estrutura física diferencia o que, do ponto de vista químico, é simplesmente H_2O. Porém elas não são a mesma coisa: pense na diferença entre tomar banho de água e de gelo!

Descobrimos que é possível fazer a transferência sem água — transferir as propriedades de um medicamento diretamente para um organismo por meio de um fio conectado à saída do aparelho. Uma transmissão direta por contato apresenta os mesmos efeitos de quando a água é usada como meio de transporte; de fato, o efeito é mais rápido do que com o medicamento químico, porque o paciente está em contato direto com as ondas. A transmissão é possível não só por meio de líquidos como por meio de sólidos (como ligas metálicas) ou transportadores informacionais.

Retornemos à música dos medicamentos e ao modo como ocorre a transferência. Como minúsculas estações de rádio, as moléculas de medicamento vibram com sua própria frequência, emitindo informações sobre a própria identidade que reproduzem sua ação farmacológica. Como os sinais iniciais são extremamente fracos, os medicamentos precisam ser estimulados para atingirem força suficiente; isso é feito por meio de uma frequência em particular emitida por um gerador. O circuito amplificador precisa ter alta impedância, com largura de banda para baixas frequências (de 4 Hz a 35 kHz; do infrassom ao ultrassom, incluindo o espectro da audição), alimentado por pilhas. No entanto o aparelho não é só um amplificador de frequência: com os eletrodos de entrada e saída servindo como antenas, ele na verdade se comporta como um *rádio*. Não é por acaso que sua frequência de banda inclui o espectro audível, indo de algum infrassom em torno de 4 Hz, passando pela gama inteira de sons audíveis para o ouvido humano (de mais ou menos 16 Hz a 20 Hz), até vários ultrassons (cerca de 35 kHz).

Vejamos como a TFF é possível do ponto de vista físico. Quando as moléculas do medicamento recebem a onda do gerador, elas entram num estado de grande excitação: as oscilações se amplificam, criando sinais de emissão mais fortes (como num rádio). O eletrodo de entrada capta esse "concerto" de ondas que chegam, do mesmo modo que em torno de uma antena de rádio existem variações de campo eletrostático (diferenças de voltagem). O aparelho, por ter uma impedância muito alta, registra-as com facilidade, convertendo os sinais sonoros em campos elétricos que são amplificados do modo necessário. Esses são então transportados para passar pelo processo oposto de transmissão, exatamente como num rádio. O que se ouve são variações de campos eletrostáticos, ondas sonoras; a informação é a frequência com que variam.

Agora tentemos imaginar o que pode ocorrer à água que recebe os sinais de saída. Se ficássemos de novo bem pequenos e penetrássemos no mundo microscópico da água, poderíamos ouvir um som de fundo leve e contínuo, que é a vibração da água. Imagine estar lá num momento em que houver de súbito uma onda de música alta, mas harmonicamente organizada, como se a vibração monótona de uma corda de violino fosse substituída pela sinfonia de toda uma orquestra de cordas.

A vibração da água é sobrepujada pelo poder que entra, e as moléculas começam a oscilar com novos ritmos; em pouco tempo, toda a água assume a frequência do medicamento. Do ponto de vista mecânico, uma vez que as ondas sonoras são recebidas, as moléculas começam a transmitir esses sinais e continuam a esbarrar umas nas outras com o mesmo ritmo. Quando as ondas de choque alcançam as paredes do frasco, essas, sendo de vidro, em parte permitem sua passagem (de fato, esse frasco pode ser testado de vários modos, e sabemos que ele também emite frequências) e em parte refletem as ondas de volta para seu interior, como um espelho. Isso permite que os sinais desencadeiem um novo conjunto de choques mecânicos que se espalham por todo o frasco até que as paredes os reflitam de novo; o padrão se perpetua e se sustenta com o correr do tempo.

A preparação de soluções homeopáticas pode, de forma semelhante, desencadear ondas de choque que transmitem a música de uma substância para as moléculas de água. Na TFF, o processo de ondas de choque é iniciado pela energia do aparelho, enquanto na homeopatia é feito por dinamização ou sucussão. Nesse caso também podemos imaginar as ondas sendo refletidas a partir do recipiente, já que até o século XVIII os recipientes eram feitos de vidro (não existia o plástico). Desde o início da TFF, o vidro desempenha um papel fundamental. De fato, a TFF de água em recipientes de materiais diversos — como polietileno ou pirex muito espesso, que absorvem ondas mecânicas — não funciona, e a água permanece inativa. Isso prova que nos campos informados existe também um importante componente mecânico, provavelmente acústico.

Isso ajudaria a explicar por que os valores amplificados de condutibilidade e o excesso de calor nos medicamentos homeopáticos e na água ativada com a TFF continuariam a aumentar com o tempo, como demonstrado por medições feitas depois de três meses ou mesmo três anos. Poderia significar que a dança molecular do vidro — a fonte de suas propriedades refletoras — continua seu ritmo sem nunca se extinguir, uma energia que se autopreserva e se autorregenera.

A ação do vidro sobre as ondas mecânicas também pode explicar o que Vittorio Elia denominou "efeito de volume", um fenômeno particular que pode ser observado medindo-se a condutibilidade de medicamentos homeopáticos e da TFF.[1] Se uma solução é dividida em três recipientes, cada um com um volume diferente, o resultado é que, ao contrário de qualquer lógica química, quanto menor o volume, maior a condutibilidade. Reduzir o volume aumenta proporcionalmente a superfície, de forma que há maior contato entre a água e o vidro, que reflete um número maior de ondas.

Isso leva à conclusão de que tanto a água ativada por TFF quanto as soluções homeopáticas se portam de um modo autocatalítico, como estruturas dissipativas. Vejamos o que está em jogo. O aquecimento de uma panela de água até a fervura cria uma transição de estado, do estado líquido para vapor; se resfriada, a água mudará de líquida para gelo. A desordem aumenta e diminui por aquecimento e resfriamento, mas, num certo ponto, um equilíbrio térmico se estabelece, no qual os corpos todos têm a mesma temperatura ambiente. É nesse ponto que os códigos melhor expressam sua informação. Se somente ocorre troca de calor, tem-se um "sistema fechado". Em um "sistema aberto", por outro lado, há troca de energia *não caótica* (matéria, sinais eletromagnéticos, informação) com o ambiente e ocorre o contrário do que acontece com um sistema fechado: quando calor é fornecido, a ordem aumenta.

Cada entrada de energia transmite informação, como afirma o físico alemão Fritz Albert Popp: "nenhum sistema pode ser estimulado de modo tão caótico que entre suas partículas não ocorram, ao menos por curtos períodos e espaços confinados, correspondências e correlações, como quando duas partículas vibram quase sincronicamente entre si".[2] Em sistemas fechados (a água fervendo na panela), oscilações regulares são muito breves e infrequentes, enquanto em sistemas abertos a energia sempre transfere informação consistente, produzindo estrutura ordenada. Em sistemas abertos (sistemas vivos), a entrada de energia produz "reestruturação da matéria, novos ritmos no movimento das partículas. Também produz: gradientes, flutuações, estruturas espaciais estáveis, oscilações, imagens e formas".[3]

Ilya Prigogine foi o primeiro a observar que alguns sistemas formam espontaneamente estruturas complexas, às vezes caóticas, quando dissipam energia, isto é, dispersam de forma homogênea, por todo o sistema, a energia que entra. Seu modelo de um "sistema dissipativo" como um sistema aberto que opera fora do equilíbrio termodinâmico em um ambiente com o qual troca energia e matéria valeu-lhe o Prêmio Nobel de Química em 1977. Estruturas dissipativas possuem o que pode ser considerado um estado termodinamicamente estável; são *autocatalíticas* porque tendem a perdurar ao longo do tempo.

Ativada por TFF ou por simples sucussão homeopática, a água reage às ondas liberadas pelo medicamento, ou pela própria água, organizando-se de modo autocatalítico, com oscilações coerentes com uma ação de longo alcance, típica de sistemas capazes de se organizar por meio de informação. Estudos de calorimetria e condutividade fornecem confirmação experimental de que a diluição de medicamentos homeopáticos em água produz mudanças novas e imprevistas.[4] Por exemplo, os parâmetros (calorimétricos e condutividade da água) variam, atingindo valores máximos quando o medicamento é diluído com o dobro ou o triplo do volume de água.[5] Isso confirma que as diluições homeopáticas estão compreendidas no paradigma das estruturas dissipativas (longe do equilíbrio termodinâmico) reconhecidas e aceitas pela assim chamada ciência oficial. Nada é herético ou não científico na física dos medicamentos homeopáticos.

Primeiros resultados com a TFF

Como vimos, usar a TFF é como gravar o canto das moléculas na "fita de gravação magnética" da água. Uma vez gravado, o som medicinal pode ser reproduzido. O próximo passo seria confirmar que, quando o sinal é transportado pela água, as células-alvo a reconhecem como medicamento, o que poderíamos avaliar observando se haveria os mesmos efeitos terapêuticos. Os primeiros experimentos com transferências eletrônicas de drogas químicas começaram no final da década de 1980, e os primeiros resultados foram obtidos em maio de 1990 por meu grupo de pesquisa, que mais tarde daria origem ao Instituto de Pesquisas Alberto Sorti (IDRAS) de Turim. Tendo usado a TFF para impregnar a água com informação referente ao código básico de um medicamento específico, podíamos então ministrar soluções por via oral (sublingual) ou parenteral (sob a pele, intramuscular ou intravenosa).

O primeiro paciente a ser tratado se chamava Rubens. Era um gato norueguês de 4 anos de idade com pelo longo que sofria de uma forma grave de gastrenterite causada por um parasita felino, a *Haemobartonella*, que havia destruído quase por completo as células brancas e vermelhas de seu sangue. Estava tão debilitado que pesava metade do seu peso normal. Acometido por febre alta, lutava pela vida. Após um tratamento homeopático que se revelou ineficaz, tentamos uma transferência TFF de tetraciclina, com uma dosagem de dez gotas a cada quatro horas, dia e noite. Depois de apenas dois dias de tratamento, o gato apresentou melhora nas condições sensoriais e gerais; no sexto dia, as contagens sanguíneas estavam quase normais, e o imunodiagnóstico do parasita foi menos positivo. Duas semanas depois, estava clinicamente curado, seu peso voltou ao normal, e a condição geral era ótima. Após dois meses, o imunodiagnóstico foi negativo, e a cura total estava confirmada, sem nenhuma recaída; dez anos depois, Rubens continuava vivo. A transferência TFF de tetraciclina produziu os mesmos efeitos que o antibiótico, com resultados mais incisivos e definitivos nos quais os índices do soro sanguíneo zeraram, retornando ao normal, algo que raramente acontece mesmo com medicamento. As ondas curaram o gato tão bem quanto as moléculas, ou até melhor. Houve dois casos similares, também tratados com a TFF de tetraciclina e tiacetarsamida, e a cura foi igualmente eficaz. A teoria estava confirmada: as moléculas podem cantar.

Àquela altura, começaram as experiências com seres humanos. Um homem sofrendo uma infecção aguda do ouvido foi curado após uma semana de ingestão, ministrada a cada quatro horas, de TFF de outros dois antibióticos, amoxicilina e dicloxacilina. Obtivemos resultados fantásticos em tratamentos de faringite, traqueíte, infecção de ouvido, artrite, enxaquecas, uretrite, e houve até um caso de coqueluche em um adulto que foi curado após alguns dias de TFF de miocamicina.[6]

Também começamos a transferir sinais farmacológicos diretamente, com o paciente conectado ao circuito por um fio e um eletrodo metálico. Isso nos permite receber respostas imediatas durante a transferência, até mais rápido do que com a medicina molecular. Dessa forma, a TFF de alguns anti-inflamatórios (bromelina, desoxirribonuclease e nimesulida) sedou a dor de uma faringite aguda em cerca de 80% durante a transferência, mas nos dias seguintes nada pôde ser feito com relação à dor restante e à tosse que surgiu nesse meio-tempo. Era o início de uma coqueluche, que foi então tratada com sucesso com o antibiótico apropriado via TFF. Aqui é importante notar que, se a TFF estivesse atuando como placebo — o que é possível em qualquer experimento com medicamentos em seres humanos —, teria sido eficaz não só contra a dor como também contra a coqueluche, ainda que os medicamentos e suas *cópias* na água não fossem eficazes. Na verdade, a TFF não funciona quando o medicamento copiado não é eficaz naquele caso específico.

Testamos mais casos com o procedimento de TFF para transferir ansiolíticos (benzodiazepinas, principalmente diazepam e bromazepam); de 32 casos, a TFF se mostrou positiva em 27.[7]

Um ano depois, havíamos reunido 86 casos que responderam terapeuticamente ao tratamento de TFF.[8] Os casos mais interessantes foram os de viciados em heroína. Todo dia, por seis dias, frascos de TFF de heroína foram injetados na veia dos pacientes; isso eliminava os sintomas de abstinência, fazendo-os desaparecer quinze a vinte minutos após a ingestão da TFF. A informação da heroína transmitida à fisiologia do corpo do paciente era "interpretada" como heroína, revertendo os sintomas de deficiência. Parece significativo que o tratamento de TFF tenha sido ministrado do mesmo modo que a droga seria consumida: ingerida por via oral, a heroína não tem praticamente nenhum efeito.[9] Acompanhamos mais cinco casos de dependência nos quais os tratamentos de TFF ajudaram a reduzir os sintomas de abstinência, sem efeito eufórico, por razões que serão explicadas mais adiante.

Outros casos tratados com sucesso envolveram sintomas de menopausa (ondas de calor, sudorese, taquicardia), com TFF de estrogênios ou progesteronas; reações alérgicas, com TFF de anti-histamina;[10] e 89 casos de doenças inflamatórias e dolorosas, com TFF de diferentes curas anti-inflamatórias, 74% dos quais obtiveram resultados positivos.[11]

Também tratamos a doença de Parkinson com TFF de dopamina. A doença normalmente melhora com a ingestão dessa substância, que está ausente nas áreas afetadas do cérebro. Como a dopamina não consegue chegar até o cérebro, é ministrado um de seus precursores, o L-DOPA, que no sistema nervoso se transforma em dopamina. Infelizmente, essa transformação também pode ocorrer em outras partes do corpo, com inúmeros efeitos colaterais negativos. Esses problemas levaram uma mulher de 47 anos a suspender o tratamento com L-DOPA, já que os efeitos colaterais lhe causavam mais mal do que a própria doença. Sem o L-DOPA, ela sofria de rigidez muscular e frequentemente perdia o equilíbrio e caía. Perdeu muitos automatismos e desenvolveu uma dificuldade de movimentos que a impedia de entrar num carro ou introduzir uma chave na fechadura. Suas mãos tremiam, a voz tremia, e a salivação e os suores haviam aumentado; sofria de amnésia, com ansiedade e depressão. Ela concordou em experimentar a TFF, no que veio a ser o primeiro uso desse tipo de tratamento com essa doença. Não usamos uma TFF de L-DOPA (que seria convertida em dopamina). Em vez disso, usamos uma TFF de dopamina pura, pois julgamos possível que os sinais se espalhassem até o cérebro, ultrapassando qualquer barreira anatômica.

Depois de uma semana de tratamento (dez gotas sublinguais quatro vezes ao dia), desapareceu sua perda de voz (que sequer havia melhorado com a terapia anterior com L-DOPA), e a dificuldade de movimento, a lentidão e a incapacidade de erguer o pé, todas haviam melhorado. Depois de uma semana, a paciente já não tinha problemas de equilíbrio, ou perda de memória, ou depressão, e seu andar tinha melhorado. "É como se os efeitos estivessem se acumulando. Todos dizem que é um milagre", ela comentou. No entanto permanecia o tremor na mão. A falta de resposta (ou talvez resposta retardada) referente ao tremor é típica da dopamina. Também nesse caso, se os resultados fossem consequentes do efeito placebo, todos os sintomas desapareceriam, e não somente aqueles que em geral desaparecem com a ação do medicamento. A melhora prosseguiu. Depois de dois meses, a paciente começou a andar perfeitamente com ausência de todos os sintomas, exceto o tremor. A sensação de bem-estar crescente persistiu nos anos seguintes, durante os quais ela continuou a ingerir a TFF, três ou quatro vezes por dia.

Outros casos de Parkinson foram tratados com a TFF de dopamina, cujos efeitos terapêuticos sempre se manifestavam num prazo de três semanas, às vezes em apenas dez a quinze dias. No caso de uma senhora idosa que não estava tomando medicamento havia um ano, por ter uma condição psiquiátrica com desorientação e alucinações, a TFF melhorou sua condição, permitindo à paciente, em menos de um mês, andar normalmente, e levando ainda à regressão dos sintomas psiquiátricos de forma que ela pôde retomar parte de sua rotina. Parece que, nesse caso, a TFF de dopamina poderia ter eliminado os efeitos colaterais da L-DOPA anteriormente ingerida pela paciente. Com a TFF, notamos que os sintomas regridem no mesmo ritmo e na mesma ordem em que reaparecem se a terapia é suspensa.

Nos casos envolvendo Parkinson, em que a TFF foi adicionada à politerapia já em andamento, os pacientes foram capazes de sair da cama e voltar a se vestir por conta própria em menos de um mês. Em outros casos, já com o tratamento de drogas, o acréscimo da TFF prolongou o efeito da química molecular: quando aplicada entre tratamentos com drogas, a ação da TFF ajudou o paciente a desenvolver menos sintomas, ou até nenhum, no intervalo entre tratamentos; alguns pacientes foram capazes de reduzir sua terapia farmacológica em vez de aumentá-la.

Outro tipo de aplicação é TFF de tiroxina em pacientes com hipotireoidismo tratados apenas com TFF ou combinação de TFF e terapia farmacológica (em baixa dose). A resposta corporal foi sempre excelente, com ausência dos sintomas habituais e melhora ou normalização dos parâmetros hemáticos.

Experimentos de laboratório

Foi feito um levantamento de dados experimentais com TFF testada em modelos biológicos de vários tipos: órgãos isolados, organismos unicelulares e modelos animais e vegetais. Documentamos que, assim como a própria histamina, a TFF da histamina tem efeito dilatador no fluxo coronariano de

Figura 6.2. Em 10 de julho de 1992, na U200 da INSERM em Paris (cujo diretor é Jacques Benveniste), a TFF de histamina causou dilatação coronariana de até 75%. Da esquerda para a direita, cada tubo de ensaio representa um minuto de fluxo coronariano: a partir do quinto, o aumento induzido pela TFF é óbvio. Atinge o ponto máximo no sexto e depois diminui e retorna ao normal em cinco minutos.

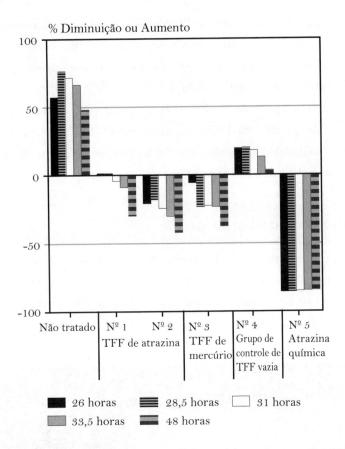

Figura 6.3. O gráfico compara as emissões fotônicas de *Acetabularia* sob a influência de venenos, com grupos de controle sem tratamento e com grupos tratados com TFF "vazia" (água); TFF de atrazina em duas concentrações diferentes (N° 1 e 2); TFF de mercúrio (N° 3); e atrazina química (N° 5). Medidas tomadas entre 26 e 48 horas mostram uma clara queda em vitalidade nos grupos 1, 2 e 3 em comparação com os controles não tratados e os expostos à TFF vazia (N° 4).

um coração de cobaia (fig. 6.2).[12] Testamos isso num experimento realizado em Paris, no laboratório dirigido por Jacques Benveniste. Usamos o "Modelo Langendorff" em um coração vivo e isolado, borrifando-o com solução de Krebs-Henselheit. A infusão de 5 cc de TFF de histamina em solução fisiológica foi capaz de aumentar o fluxo coronariano em até 75% comparada à solução fisiológica de controle testada em paralelo em outro coração isolado, e comparada à vasodilatação de 30% a 40% obtida por Benveniste com histamina homeopática (30 CH). A TFF de atrazina atua como veneno contra algas

Figura 6.4. Transferência direta para trigo cultivado, por meio de placas metálicas. Os coleóptilos da direita (TFF de 2,4-D) cresceram mais, comparados aos controles, devido ao efeito transferido da auxina.

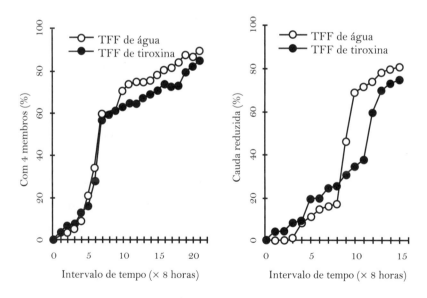

Figura 6.5. Duas fases da metamorfose dos girinos — crescimento dos quatro membros (gráfico da esquerda) e redução da cauda (gráfico da direita) — tratados com TFF de tiroxina (demonstrada por sólidos de pontos pretos) e TFF vazia (água) como controle (pontos brancos).

unicelulares sensíveis à ação tóxica dessa substância (fig. 6.3).[13] Medimos isso usando fotomultiplicadores no Instituto Biofísico de Kaiserslautern, na Alemanha, dirigido por Fritz Albert Popp.

Também documentamos os efeitos de TFF de diferentes tipos de substância com várias propriedades, tais como ação herbicida, antigerminação ou incremento de crescimento de plantas cultivadas *in vitro* (fig. 6.4).[14] A ação da TFF de tiroxina sobre a metamorfose dos girinos foi reproduzida e publicada com Christian Endler e Waltraud Pongratz (Graz, Áustria) (fig. 6.5),[15] bem como a ação da TFF de um anti-inflamatório sobre a dor pós-cirúrgica em cavalos[16] e a da TFF de antibióticos em milhares de vacas leiteiras que sofriam de mastite.[17]

Por pura serendipidade também fizemos uma descoberta inesperada, na mesma linha daquela de Sir Chandra Bose: observamos que os metais, em particular certas ligas, mantêm a memória da informação do mesmo modo que a água. A informação transmitida com a TFF a placas metálicas era retida por elas e não era cancelada por agentes químicos. Isso indica que, como escreveu o físico Luigi Borello, toda matéria tem a memória de tudo, não só a água ou os metais, mas pedras e tudo aquilo que existe.[18]

Na TFF, a estrutura química das moléculas a serem transferidas é importante: os melhores resultados são obtidos com as substâncias "aromáticas" que possuem pelo menos um anel benzoico. Esse é um anel de seis átomos de carbono, em torno dos quais se forma uma nuvem eletrônica; os elétrons dos seis átomos se comportam como se pertencessem a um conjunto. Parece que isso favorece a emissão de sinais a partir da substância, sinais que são mais intensos e mais fáceis de transferir. A informação está relacionada não só com o tipo e o número de átomos da molécula, mas também com sua configuração espacial.

Também descobrimos que a TFF pode ser afetada pela ação de campos eletromagnéticos; portanto, precisa da proteção de uma gaiola de Faraday, uma rede metálica conectada com o chão que isola o que estiver dentro dela dos campos elétricos externos. Também necessita de um tipo de tela de

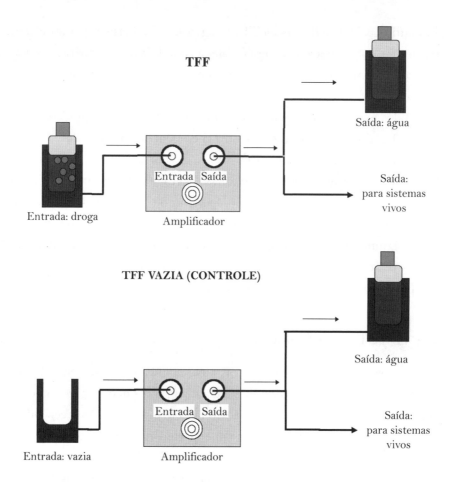

Figura 6.6. Diferença entre o preparo de uma TFF de medicamento e uma TFF vazia para ser usada como controle.

mu-metal.* Por outro lado, não deve ser isolada do campo magnético da Terra ou das ondas cósmicas que parecem desempenhar um papel importante, assim como a luz e o calor.

Alguns experimentos também foram realizados com água tratada com TFF e demonstraram que sua natureza físico-química mudou após o tratamento, confirmando a reorganização da água pela informação transferida.

---

* *Mu-metal* é uma liga metálica (composta de 77% de níquel, 5% de cobre e 4% de molibdênio) caracterizada por uma alta permeabilidade magnética e usada para filtrar ondas magnéticas. [N. A.]

Em outras palavras, depois da TFF, a água não é a mesma. Foram medidos o calor e a condutividade da água tratada com TFF em comparação com os controles, demonstrando um aumento de muitos microwatts de calor e aumentos significativos (em micro-Siemens) na condutividade.

Todos os experimentos físicos e biológicos com TFF empregam controles similares de água não tratada e uma checagem dupla chamada *TFF vazia*. Esta é uma transferência idêntica à TFF, mas sem nada na entrada da unidade, isto é, uma transferência de *nada*. Essa checagem dupla é importante para excluir interferências causadas pelo aparelho ou a frequência emitida pelo gerador (fig. 6.6). A obtenção de resultados com a TFF, mas não com a TFF vazia, significa que só as ondas emitidas pelos medicamentos estão atuando. A TFF vazia é, para nós, o que a água dinamizada é para a homeopatia: a água que passa pelas sucussões sem ter nada dissolvido nela.

Placebo e Efeitos Colaterais

Em nossos experimentos com a TFF, a possibilidade de um efeito placebo é excluída quando uma preparação é dada a pacientes que, por exemplo, desconhecem a natureza da droga ou desconhecem que não estão recebendo heroína, e em testes cegos realizados em experimentos com animais e plantas. As preparações de TFF são isentas de toxicidade, já que não há moléculas, e efeitos colaterais desagradáveis praticamente não foram relatados, talvez por causa do mecanismo regulador hipotético mencionado antes. Se você tomar um comprimido de anti-histamínico, pode sofrer o efeito indesejado da sonolência, mas com a TFF de um anti-histamínico, esse efeito colateral só se manifesta em pacientes ansiosos que sofrem de insônia.

O código básico derivado do campo informado do medicamento também inclui a informação que pode induzir efeitos colaterais, mas o organismo faz uma seleção das frequências nas quais discrimina o que é útil do que não é. Quando tratado com uma TFF, um corpo leva em conta apenas as frequências com as quais ele ressoa. Nossa hipótese é que a seleção é feita pelo sistema de regulação intrínseca (SRI) do organismo, que é capaz de discriminar entre a gama de frequências que vem a ele (não só de medicamentos) e ressonar com aqueles úteis. Esse sistema (que discutiremos no próximo capítulo) seria responsável por defender o organismo contra "ataques" eletromagnéticos contínuos vindos de fora. Afirmamos que, em paralelo com a regulação homeostática no nível molecular, deve haver um centro de controle para frequências que, sendo autorregulador, seleciona a informação útil naquele momento.

O único caso que observamos de subversão do SRI foi numa paciente esquizofrênica: a primeira vez em que transferimos as frequências de um antipsicótico (haloperidol), as alucinações amainaram, mas ela sofreu todos os efeitos colaterais do medicamento (da rigidez semelhante a Parkinson à depressão), cuja intensidade prevaleceu junto aos efeitos terapeuticamente benéficos por todo o primeiro mês. Depois disso, os efeitos colaterais desapareceram para sempre, e só os efeitos terapêuticos permaneceram. A paciente continuou com a terapia de TFF por muitos anos. A ocorrência dos efeitos colaterais pode ter sido causada pelo despertar da memória do medicamento químico no corpo, induzido pelas frequências da TFF. Ou talvez o SRI de uma pessoa psicótica leve mais tempo para reconhecer as frequências úteis.

Especialmente dignas de nota são as reações que observamos em jovens usuários de anfetaminas alucinógenas (o assim chamado *ecstasy*), nos quais testamos a TFF dessa substância com o propósito de curá-los dos efeitos negativos da droga consumida até aquele momento. Preparamos uma inversão de onda TFF de *ecstasy*, pensando que, de acordo com o princípio de Morell (que ondas invertidas induzem efeitos biológicos invertidos), ela cancelaria os efeitos da droga.* Ao contrário do que se esperava, a TFF não inverteu o efeito, mas em vez disso o reproduziu, tanto que os jovens quiseram mais. Então foi feita uma TFF de anfetamina sem inverter a onda, que produziu efeitos semelhantes aos da droga original. Os mesmos resultados (com efeitos de TFF normal ou em inversão) estiveram ausentes em pessoas que nunca haviam usado esse tipo de droga. Talvez no caso de drogas ou outras substân-

---

* O princípio da inversão de onda não é novo: os fones de ouvido de pilotos de helicóptero recebem o ruído do motor em fase reversa para cancelar o ruído do próprio motor. Há um projeto que estuda as chamadas "ilhas de silêncio", áreas de cidades onde os barulhos perturbadores seriam eliminados por sensores que, depois de gravá-los do ambiente, os devolveriam em fase invertida. [N. A.]

cias que alteram a percepção e os pensamentos, a TFF só aja quando houver memória de ingestões anteriores. Alguns minutos depois da ingestão da TFF, os jovens sentiram os sintomas do *ecstasy* "voltando". Ou era a TFF evocando a memória? Ou poderia o sistema de regulação intrínseca ter alterado a própria droga?

Alguns experimentos produziram resultados contrários aos esperados. Há várias razões para tal fato: uma é a concentração do medicamento usada. Isso indica que o mesmo medicamento, em diluições diferentes, emite sinais diferentes. É como se, em vez de uma soprano cantando os solos da Rainha da Noite, na *Flauta Mágica* de Mozart, houvesse um coro de barítonos acompanhado por uma fanfarra: as notas seriam as mesmas, mas não o resultado. De forma similar, o murmúrio de um medicamento pode se transformar num barítono barulhento.

Outra causa é o comprimento dos fios usados nas transferências: se forem longos demais, podem reverter o sinal. Essa teoria encontra apoio nos trabalhos do biólogo alemão Michael Galle, que obteve resultados cultivando trigo com TFFs de herbicida preparado normalmente e em fase invertida.[19]

Parece também que as fases lunares afetam as transferências, o que é lógico, considerando que estamos falando de líquidos. Mesmo os trânsitos

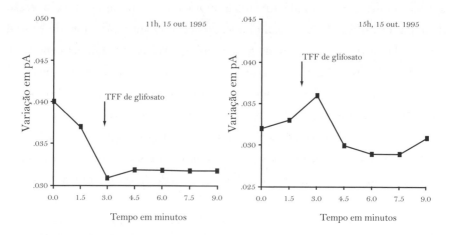

Figura 6.7. Variações derivadas dos trânsitos lunares. A análise das variações (expressas em picoamperes, pA) da informação fornecida pela água, após a irradiação com TFF de glifosato, mostra resultados diferentes conforme a presença (11h) ou a ausência (15h) da Lua.

diários da Lua são detectados pela água (com variação de alguns picoamperes), conforme a Lua esteja ou não presente no hemisfério celestial no momento do carregamento (fig. 6.7).

Aplicações da TFF

A TFF pode ter importantes usos práticos em pelo menos três setores industriais: alimentos, produtos farmacêuticos e agricultura. Ao irradiar alimentos sujeitos a deterioração fácil com frequências de substâncias antibolor, poderíamos prolongar sua preservação sem alterar sua autenticidade, uma verdadeira esterilização ecológica. Colegas alemães aplicaram com sucesso as ações de sistemas antiparasitas em verduras, alimentando-as com água com inversão das frequências emitidas pelos parasitas.

Muitas drogas usadas pela indústria farmacêutica para tratamento de patologias humanas e veterinárias poderiam ser substituídas por frequências transmitidas por fios, ou difundidas no ambiente, ou transportadas como sólidos ou líquidos: antibióticos, anti-inflamatórios e analgésicos, anti-histamínicos, benzodiazepina, hormônios (particularmente estrogênios, progestinas e tiroxina) e outros medicamentos. O uso da TFF de dopamina no tratamento da doença de Parkinson e o uso da TFF na estagnação do uso de heroína são aplicações especialmente interessantes. Esses benefícios vêm sem toxicidade e com economia de dinheiro.

A indústria farmacêutica se beneficiaria da produção de águas impregnadas com informação terapêutica, bem como aparelhos que memorizam as frequências dos medicamentos. Ao aperfeiçoar as transferências, podemos conceber aplicações por meio indireto (irradiação de frequências terapêuticas no ambiente), e então as ondas dos medicamentos poderiam ser sintetizadas eletronicamente. Uma área interessante para realizar experimentos seria a TFF de quimioterapia, especialmente para verificar se, em caso de câncer, o SRI pode selecionar a informação para destruir as células do tumor sem selecionar as que produzem os efeitos colaterais. Seguindo o princípio enunciado por Morell, que atribui qualidade terapêutica a fases de onda invertidas de certas frequências patológicas, seria interessante fazer experimentos com pacientes operados de câncer, aplicando-lhes uma TFF de oscilações invertidas emitidas pelas células de seu próprio tumor removido.

Na agricultura, TFFs de herbicidas e pesticidas poderiam ser aplicadas por meio de soluções ambientalmente amigáveis, saturadas com essas frequências. Deveríamos poder obter efeitos nas plantações sem produzir resíduos tóxicos e contaminação ambiental. Uma verdadeira agricultura orgânica.

7
Por uma ciência do invisível

Você alguma vez já se perguntou por que uma entidade sempre é como é sem perder sua identidade? Por que o ferro permanece como ferro e não se transforma em chumbo ou ouro, e por que a gasolina não se transforma em nitrogênio líquido? A natureza zela ciosamente pela identidade de qualquer substância e permanece sempre a mesma. Do mesmo modo, as formas da arquitetura de um corpo: pedras, cristais, objetos, plantas e animais. Muito dificilmente veríamos um estojo de lápis se transformar em, digamos, um copo, ou uma garrafa, ou em algo desconhecido. Você tampouco o veria derreter como neve sob o sol, por exemplo, perdendo sua forma aos poucos, tornando--se massa sem uma identidade específica.

É extraordinário que os corpos retenham identidade e forma, já que são feitos de partes (átomos e moléculas) que poderiam ser descombinadas e depois recombinadas para dar origem a formas diferentes. Por que isso não acontece? Se sua matéria provém de um mesmo criadouro de partículas, por que uma maçã difere de um cristal? Quem os organizou assim? O que molda suas formas? Se fossem cordas vibratórias, quem as tocaria? Como se estabelece o ritmo? Como é mantido?

Uma quantidade mínima de cargas distingue os diferentes tijolos que formam o universo; a adição gradual de elétrons é suficiente para sua diferenciação. Precisaríamos adicionar apenas um elétron e um próton ao potássio para transformá-lo em cálcio. Mas isso não ocorre. Pode acontecer, mas apenas em certas condições raras. Uma camélia se encherá de botões, florescerá e morrerá, mas permanecerá a mesma. Uma bolota se tornará um broto e depois um carvalho: a planta evolui sem perder a identidade. Nunca acontecerá de uma rosa virar um carvalho ou se transformar num bloco de pirita ou num canguru. Por quê? O que mantém a matéria dentro dos limites da forma? O que permite aos corpos se preservarem? Deve haver algo que lhes confere seus limites, um mecanismo de regulação.

Isso também se aplica às células: algum sistema monitora e controla a homeostase celular e regula a bioquímica. Você faz ideia de como é complexa a rede de reações químicas no interior da célula? É muito mais complexa do que um circuito de computador. Será possível que essa complexidade careça de um diretor? Quem poderia ser esse diretor? Não o DNA. Apesar de sua complexidade, ácidos nucleicos não podem desempenhar tal função. Precisa haver algo para orientá-los e algum tipo de circuito regulador para cada célula, para os órgãos, para os sistemas e, de fato, para o corpo todo.

Fritz Albert Popp descreve que os modelos baseados somente em receptores não poderiam solucionar os problemas fundamentais da regulação porque "todo regulador necessita por sua vez de outro regulador e assim por diante, ao infinito".[1] É preciso haver alguma coisa no alto da pirâmide agindo como diretor: o regulador final, intrínseco ao sistema (não transcendente), que poderia identificar até mesmo a si próprio no sistema, em sua totalidade e complexidade. É isso que torna plausível um sistema de autorregulação, um SRI (sistema de regulação intrínseca) para cada corpo, celular ou não, expressando o código básico relativo ao corpo sobre o qual ele tem controle.

Para poder compreender o conceito de um sistema de regulação intrínseca, vamos avançar passo a passo, começando de novo a partir dos elementos. Imagine ter um átomo em sua mão e olhar para ele com atenção: suas características provêm do número de elétrons e das distâncias de suas órbitas, de quais e quantas partículas formam o núcleo e assim por diante. O equilíbrio dos elétrons é essencial, porque se estivessem perto demais seriam atraídos para junto do núcleo, e se estivessem um pouquinho que fosse longe demais, disparariam espaço afora; nos dois casos, o átomo se desintegraria. O equilíbrio entre cargas constitui somente o mecanismo, não o *design*. Temos que descobrir o que é que estabelece as distâncias corretas entre os elétrons. A matéria está organizada com precisão matemática, sendo mais a expressão de um *design* do que causalidade. Admitir o acaso neste panorama é uma loucura: para citar um conhecido autor latino, seria como acreditar que, se milhões de letras de um alfabeto escritas em pedacinhos de papel fossem atiradas ao ar, cairiam no chão de forma a reescrever todos os *Anais* de Quinto Ênio.*

Aqui penetramos nos domínios dos mapas das coisas. Fórmulas químicas não são suficientes para explicar a anatomia e a fisiologia dos corpos sem a intervenção de princípios ordenadores e de mecanismos de controle não moleculares. Para cada entidade há um modelo preexistente de *design*, um código básico e uma diretriz para construção e manutenção da estrutura. A química descreve como e de que são feitas as coisas, mas não como os ingredientes são escolhidos, como são misturados, em que quantidade e dentro de quais limites. Ainda não há resposta para o antigo enigma de forma e substância. Ainda não sabemos o suficiente do que são feitos os corpos, exatamente quais critérios informam a escolha de elementos e como esses devem ser posicionados.

Já vimos que toda construção é precedida de um *design*, um plano. A Mãe Natureza faz isso com os códigos, começando com a matéria pura, que ainda não está determinada e, portanto, é a mãe de todas as coisas. A matéria pura é a "concepção imaculada". O que a Virgem Maria representa é a Matriz que ainda não foi "contaminada" por ter se tornado isto ou aquilo. Além da Virgem Maria, a Matriz é a Grande Mãe em cada era e cultura: Ishtar, Ísis, Astarte, Cibele, Deméter, Ceres, Santa Brígida e todas as demais. Assim, a primeira questão é como uma única forma surge a partir da Matriz. A segunda é que mecanismos permitem aos corpos reter forma e identidade. Vamos agora buscar algumas respostas.

Vimos que uma coisa emite informação para seu campo. Nosso trabalho com a TFF, no qual gravamos e transmitimos tal informação, confirmou a presença dela no campo de cada coisa. Essa informação é uma característica necessária de sua própria formação, aquilo que o "in-forma". É aquilo que age como as plantas arquitetônicas das quais o corpo deriva suas próprias referências estruturais. Existem outras funções. Uma é a homeostase, que controla e preserva o que foi construído. Depois que a construção de uma casa está concluída, as plantas deixam de ser úteis, mas uma entidade natural requer

---

* Dramaturgo e poeta romano (239 -169 a.C.). [N. T.]

que seu esquema esteja constantemente presente, ou ela se desintegra. Se por um lado o componente eletromagnético do campo é gerado a partir da matéria, também é verdade que a matéria é produzida e mantida pelo componente informacional do campo, pelo processo homeostático contínuo entre campos e massas que se informam reciprocamente. "É o campo de energia que gera a matéria, e não o contrário. Eles seguem adiante e organizam a formação do corpo físico", escreveu meu colega norte-americano Richard Gerber.[2]

Como imaginamos os códigos básicos? Como tudo no universo vibra, podemos pensar neles como oscilações ou pulsações rítmicas, específicas para cada substância em particular: o hidrogênio pulsa com um ritmo, o oxigênio com outro, a água com outro e assim por diante. A partir desses ritmos pulsantes, mudanças no ritmo básico da matéria, ondas espumosas emergem de um mar tranquilo. Os corpos físicos não são mais do que expressões de frequências, sequências numéricas que surgem da alternância de impulsos e pausas. Sinais intermitentes, ondas e frequências guiam a arquitetura dos corpos na direção prevista pelos códigos básicos para alcançar um equilíbrio de cargas e formas; a matéria é formada pelo fluxo contínuo de informação, a música da criação. É pela música das esferas planetárias, como as nuvens eletrônicas, que a Mãe Natureza elabora a matéria, fazendo-a perceptível. Estamos de volta a Orfeu.

O código gera a matéria combinada e depois preserva sua identidade e sua forma. A informação age como um campo de força unificado, constante em seus ritmos de pulsação, e, desde que esses ritmos não sejam alterados, a matéria mantém sua identidade e retorna aquela informação ao campo num processo de autorregulação contínua e, de fato, autoexpressão. Pense no carbono, imagine-o como um dióxido imbricado numa molécula de açúcar, ou no papel desta página, ou no molde de um fóssil numa rocha. De todos os modos, seu código envia informação às moléculas para que se posicionem de tal forma que constituam o carbono: o número de átomos, prótons, nêutrons e elétrons que deve conter, como devem se organizar no núcleo, a que distância devem orbitar, como girar e com qual *spin*. O código comunica todas as características físicas e químicas que garantem que a substância é carbono, e não outra coisa. A estrutura física do carbono é mantida pelos sinais que o código troca com a matéria: a informação viaja do código para a massa e de volta ao código, como espelhos que se refletem. Sem código básico, um corpo se desintegraria pela ausência de suas próprias referências.

É espantoso que o sal de cozinha não se separe, desintegre ou se transforme. Tudo se deve àquele programa que governa desde as profundezas de seus átomos, num espaço que aparenta ser vazio, mas que, ao contrário, é o criadouro de tudo. O cloreto de sódio não desaparece espontaneamente se desintegrando em sódio ou cloro porque o código do cloreto de sódio tem a precedência sobre os outros. O sal permanece sal, com todas as suas propriedades. Se em vez disso, como escreveu Giordano Bruno, pudéssemos modificar o código, conseguiríamos transformar uma coisa em outra, como parecia possível para os antigos alquimistas. Eles o fizeram com metais. Não são contos de fadas; coisas parecidas ocorreram em eventos recentes, no último século.

De volta a Marconi

Conheci Pier Luigi Ighina. Fui a última pessoa a entrevistá-lo, um ano antes de sua morte, no início de 2004, aos 94 anos. Por mais de uma década, Ighina trabalhou como técnico e aprendiz de Guglielmo Marconi. Ele não era só uma mina de conhecimento e o autor de descobertas brilhantes, mas acima de tudo um humilde grande mestre da ciência e da vida.

Com 16 anos, descobriu o que chamou de *átomos magnéticos*. Podia vê-los graças ao microscópio atômico que inventou, que aumenta em torno de 1,2 bilhão de vezes. Baseado em suas observações de átomos com esse microscópio, definiu quatro leis fundamentais referentes a todos os átomos:

1. Quando átomos de luz estimulam os átomos observados, estes absorvem parte de seu movimento.
2. Os átomos observados absorvem parte do movimento dos átomos de luz para acelerar o seu próprio.
3. Para estimular um átomo, este precisa estar em contato com um átomo de maior movimento; o átomo com maior movimento atrairá aquele com menor movimento.
4. Quanto mais o átomo se move, mais luminoso será, e vice-versa.[3]

Ighina classificou a matéria de acordo com as diferentes pulsações e os ritmos de absorção dos átomos. Ele descobriu que os átomos magnéticos estão em toda matéria, mas descreveu-os como sendo portadores de propriedades especiais não compartilhadas por todos os átomos. Um átomo magnético é menor e mais rápido; de fato, está em movimento perpétuo. Sua pulsação transfere movimento a outros átomos. Para isolá-los, ele criou um tipo de "parede" composta de diferentes camadas de átomos, colocando os de máxima absorção (95%) no interior, junto ao átomo observado, e então, um depois do outro, diferentes tipos de átomo com taxas de absorção decrescentes (85%, seguido de 75%, e assim por diante até 1%).

Com essa ideia, foi capaz de criar "canais" que retiravam o movimento do átomo observado até que esse ficava praticamente imóvel. Os canais aparecem na fotografia de um átomo magnético que ele tirou em seu laboratório em 1940 (fig. 7.1). O átomo observado irradia energia magnética pulsante para o espaço em volta, visível — na imagem — como um círculo luminoso delgado que circunda o átomo que está no centro.

Colocando um átomo magnético em contato com outros átomos diferentes, Ighina observou o seguinte: quando o átomo magnético é isolado, ele desenvolve seu movimento máximo até que encontra outro átomo com a mesma

Figura 7.1. O átomo magnético (de P. L. Ighina).

sensibilidade de movimento (pulsação); o átomo contatado começa a se mover e absorver pulsações do átomo magnético até atingir seu movimento máximo; nesse ponto, os dois átomos se separam.[4] Porém, como sua pulsação é perene, o átomo magnético rapidamente se recobra, e todo o processo começa de novo. Dessa forma, Ighina descobriu que é o átomo magnético que confere movimento a todos os outros.

De acordo com Ighina, as formas das entidades distintas derivam das alterações nas vibrações de seus átomos. Para ele, a influência do átomo magnético sobre as vibrações de outros átomos indicava ser ele o responsável por todas as variações de todos os átomos. Assim, criou um aparelho que lhe possibilitou regular as vibrações atômicas magnéticas. Por meio de vários experimentos, descobriu que podia transformar uma formação de matéria em outra. Eis a descrição em suas próprias palavras:

Um dia, uma vez que o aparelho regulador estava sintonizado com a vibração de uma determinada matéria, deixei-o na mesma posição até o dia seguinte. Nesse ínterim, o aparelho havia mudado sua própria vibração, e a vibração da matéria por sua vez tinha aumentado. Constatei que essa matéria agora parecia ter uma estrutura diferente, mais semelhante à que correspondia à da nova vibração. Outros testes me fizeram compreender que, variando a vibração de uma matéria, essa podia ser transformada em outro tipo de matéria.

Com o mesmo aparelho, um dia identifiquei a exata vibração dos átomos de uma macieira e de um pessegueiro. Sincronizei o aparelho com a vibração do pessegueiro e comecei a aumentar a vibração pouco a pouco, até alcançar a da macieira. Esse aumento da vibração durou oito horas. Depois, mantive a vibração do pessegueiro na vibração da macieira por dezesseis dias. Pouco a pouco, vi o pessegueiro se transformar e se tornar uma macieira. Usando o mesmo sistema, um pêssego "flor de maio", uma variedade pequena, pôde ser transformado numa variedade maior.

Comecei a experimentar com o mesmo sistema em animais e assim consegui transformar a cauda de um camundongo na de um gato. A transformação durou quatro dias; depois, a cauda voltou ao estado original, mas se desprendeu, e o camundongo morreu. Os átomos da cauda não se sujeitaram à alteração por muito tempo.

Mais interessante ainda foi o desenvolvimento de um osso de coelho afetado por osteomielite. As duas extremidades do osso saudável próximas à área infectada tinham vibrações diferentes. Com o aparelho, sintonizei as vibrações das extremidades saudáveis do osso, comecei a alternar para a vibração máxima e obtive o fenômeno da reprodução do átomo. Logo, as duas extremidades do osso saudável se aproximaram até se tocar, procurando restabelecer a continuidade das vibrações que tinham sido interrompidas pela infecção. O osso voltou ao normal, assim como a vibração, e a febre desapareceu.[5]

Em sua última entrevista, Ighina estava completamente convencido de que a matéria é ritmo que pulsa de diferentes formas (um pensamento que não é tão diferente da teoria das supercordas). Para transformar um pessegueiro em uma macieira é suficiente registrar o ritmo (o código básico) da macieira e irradiar um pessegueiro com aquelas frequências. Conhecendo o código das coisas e trabalhando com ele, parece ser possível transformar a matéria.

Como Ighina registrou o código de uma árvore? Eis o que ele disse na entrevista: "Pegue um cano de alumínio, torça-o para fazer sete espirais em volta do galho da árvore e com um fio elétrico leve-o para dentro do laboratório." Uma vez obtida a frequência, ele podia reproduzi-la de modo que outra espécie de planta podia ouvi-la até se transformar na espécie originalmente amostrada. Em outras palavras, Ighina registrou o ritmo da macieira, captando-o do campo da árvore, e confirmou que a informação se irradia no espaço em volta. Ele estava realizando uma TFF de planta para planta. Suas experiências também confirmam que, tendo o código de uma substância, podemos fazer com ele o que quisermos. Aqui, a física se combina com a magia e a alquimia, que talvez sejam três aspectos de uma única coisa.

No que se refere a transformações alquímicas, outros testemunhos provêm do médico francês C. Louis Kervran, membro da Academia de Ciências de Nova York, que no final da década de 1950 documentou um caso de transformação espontânea de elementos. Como já foi mencionado, a simples adição de um elétron ao potássio o transforma em cálcio; essa transformação ocorre naturalmente em alguns seres vivos. As galinhas sujeitas a uma dieta totalmente destituída de cálcio produzem ovos sem casca, enquanto uma dieta sem cálcio, mas rica em potássio, imediatamente traz as cascas de volta.

A alquimia dos organismos transforma o potássio em cálcio.[6] O SRI das galinhas *sabe* que há uma necessidade imperativa de cálcio e ordena ao potássio que se transforme em cálcio.

Mas voltemos a Ighina, que fotografou aquele átomo em particular que dita o ritmo como um marca-passo. Sua pulsação transfere suas características. O que ele chama de átomo magnético pode ser uma expressão do código básico que informa o campo ("ele pulsa e irradia energia no espaço ao redor"), cujas vibrações os átomos registram, de modo que podem expressar substância e qualidade. Ele constrói a forma. Quando Ighina observou a perturbação do espaço, ele a expressou de um modo que soa como o código básico: "Notei que cada tipo de matéria tem seu próprio campo magnético, composto de átomos magnéticos e átomos da própria matéria".[7]

O código básico seria a fonte inesgotável da informação que organiza a matéria, poderosa o bastante para que, quando transmitida a uma segunda substância, essa adquira as características da primeira. Na TFF, a informação é transmitida do mesmo modo que nas experiências do seguidor de Marconi, como na transferência da informação de um gato para um camundongo, de forma que o código do camundongo é transformado no do gato — uma "TFF biológica"! Quando um código é transferido, a matéria se transforma.

O mesmo ocorre com alterações abruptas de campos magnéticos e variáveis eletrostáticas registradas perto de vulcões em áreas geologicamente ativas, sobretudo antes de terremotos. Esses são precedidos por flutuações intensas do campo geomagnético, micro-ondas ortogonais próximas à superfície terrestre que, de acordo com Giovanna De Liso, podem ser consideradas indicadoras da ocorrência de tremores. De Liso fez pesquisas experimentais com variações na condutibilidade de rochas e sua permeabilidade magnética (que forma entre elas um campo eletrostático, como num condensador), em conexão com o chamado efeito Sudário. O efeito Sudário refere-se à possibilidade de que objetos colocados entre duas dobras de um tecido de linho com as características do Sudário de Turim, besuntado com diferentes soluções (aloé, mirra, sangue numa solução de água e óleo) e alojado entre duas camadas horizontais de pedra gnaisse em um recinto subterrâneo parcialmente escavado em rochas ferromagnéticas, possam formar imagens naturalmente no tecido, antes ou durante um terremoto. Uma das maiores especialistas no tecido histórico conservado em Turim, cuja imagem parece se referir a Jesus, De Liso conseguiu estampar imagens de diferentes objetos usando a técnica descrita anteriormente (recordemos que os Evangelhos e a literatura pagã mencionam terremotos intensos no momento da morte de Jesus na cruz e nos dias seguintes).[8]

Isso é quase uma TFF geológica. Em nossas transferências, a informação é transmitida de forma parecida, com variações de campos eletrostáticos, exatamente como num rádio. E assim voltamos a Marconi. A TFF, o rádio e o efeito Sudário parecem testemunhar que, por meio de variações de campo, a natureza pode transferir informação de um sistema a outro. Essas transferências também podem ser traduzidas em sons e imagens.

Comunicação entre coisas

Algo semelhante às "transformações" feitas por Ighina foi feito pelo cientista chinês Chang Kanzhen, em conjunto com Gregory Kazmin, diretor do Instituto de Pesquisas Agrícolas para o Extremo Oriente. Kanzhen construiu um transmissor de biomicro-ondas que transferia informação de um ser vivo a outro, planta ou animal. Ao irradiar sementes de milho com ondas informadas a partir de trigo, a planta do milho produziu grãos semelhantes tanto ao trigo quanto ao milho. Ovos de galinha irradiados com a informação de um pato geraram filhotes híbridos.[9] Parece que um organismo em crescimento manifesta aspectos da forma correspondente à informação irradiada. Os experimentos de Ighina e Kanzhen reforçam a hipótese do código básico, responsável pelas formas transmitidas a outros corpos, quase uma TFF num ambiente celular.

A essência informacional dos códigos básicos é comunicada pela sequência de impulsos e pausas que marcam as vibrações dos corpos, que ensinam à matéria com que ritmos oscilar. Coisas diferentes existem porque vibram com diferentes frequências. Os códigos determinam os ritmos pelos quais as coisas se diferenciam. O espaço ao redor do corpo nunca está parado, e a informação no campo é a mesma que vibra dentro do corpo. Ela é capaz de interferir no ambiente para informá-lo. A informação se espalha a partir de um corpo de modo incessante e contínuo, sem nunca se exaurir ou desgastar-se, enquanto seu código básico existir.

Assim, os corpos são mais extensos do que normalmente percebemos: eles têm uma parte invisível composta com o campo informado que decorre do código básico. São estruturas dinâmicas pulsantes — *motu proprio* — que os sentidos não percebem. A informação que organiza as moléculas se propaga por meio da agitação do campo para as estruturas do corpo em ordem para se comunicar com o ambiente. É a emanação que registramos provindo dos medicamentos e que Ighina captou dos ramos da árvore. É assim que os corpos "se comunicam". Tentemos descobrir como.

Teoricamente, os campos informados de duas entidades podem interagir de modo simples ou de modo transgressor. Numa *interação simples* entre dois corpos em contato, ocorre troca de informação sobre a identidade de cada um por meio de seus campos, e ambas as substâncias ganham experiência uma da outra (fig. 7.2).

Duas pessoas se encontram — "Bom dia, sou Tom. Prazer em conhecê-lo, sou Dick" — e definem a si mesmas compartilhando seus códigos. Um objeto se relaciona com outro quanto às suas qualidades (forma, matéria, cor, consistência, estrutura, propriedade e assim por diante) e vice-versa do mesmo modo. Por meio dos códigos básicos, os corpos estão sempre informados sobre o que acontece à sua volta.

Na água, as variações de campo estão mais bem fixadas e duram mais tempo. O experimento de Schimmel, mencionado antes (no capítulo 5), demonstra uma interação simples na qual o frasco homeopático transmite informação à água em que está imerso, e a água se torna uma cópia dele. A água também poderia transmitir seu código ao frasco, exceto pelo fato de que a

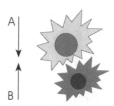

Figura 7.2. Modelo de interação simples entre os campos informados dos corpos A e B. A troca de informação é recíproca, e cada campo continua a ser informado sobre o outro por algum tempo.

água age como um receptor universal: ela pode receber a gravação de todas as coisas, sem dar nada de si. Além disso, se houvesse transferência de água para o medicamento, não seria possível detectá-la.

Vamos ver outra situação. De novo, imaginemos duas pessoas apresentando-se: uma grita seu nome no ouvido da outra, e esta fica chocada e intimidada. Já não é uma troca, mas um monólogo, uma comunicação de mão única. Uma *interação transgressora* ocorre quando o campo de uma substância é forte o bastante para tornar mais intensa a emissão de seus sinais; quando são penetrantes o suficiente, esses transgridem o campo da outra substância (fig. 7.3).

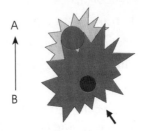

Figura 7.3. Modelo de interação transgressora. O campo ativado da substância B grava-se fortemente no campo da substância A.

O campo transgredido muda de ritmo e ingressa num novo estado da matéria, tornando-se semelhante à outra substância. O nível de semelhança depende das informações das condições de transferência. O mais forte transmite ao outro até que oscilem juntos. A TFF que executamos com líquidos é uma interação transgressora, porque o gerador ativa a informação proveniente do medicamento, a qual faz a água vibrar em sua frequência; dessa maneira, o medicamento é *copiado* no líquido. De modo similar, na preparação do medicamento homeopático, a sucussão que transmite a oscilação do soluto às moléculas de água cria uma interação transgressiva.

As mesmas interações — a simples e a transgressiva — que dirigem as trocas entre coisas ocorrem entre coisas e organismos. Interações simples são demonstradas por testes médicos (como cinesiologia, eletroacupuntura ou medicina auricular) em que o organismo "sente" o campo do medicamento reagindo imediatamente. A comunicação segue também no sentido oposto:

uma pessoa pode informar um objeto. Se um objeto pertenceu a Tom antes de ser usado por Harry, o campo do objeto vai reter informação morfológica e emocional tanto de Tom como de Harry. Pessoas muito sensitivas ou videntes que entram em contato com um objeto são capazes de ler acontecimentos da vida ou emoções das pessoas cujo campo ficou gravado no objeto. Isso é chamado psicometria. Não se trata de parapsicologia, mas da física de campos que interagem. Se a transferência é transgressiva, memórias de emoções particularmente intensas ou de outros fatos dramáticos podem ficar gravadas em um objeto por séculos.

Uma teoria da comunicação

"Nosso universo não é tudo que compõe o cosmos. A realidade maior é a Mãe de nosso universo e talvez de inúmeros outros, alguns anteriores ao nosso, outros coerentes com ele", escreve Laszlo.[10] Ele está convencido de que a comunicação entre universos é feita através de uma quantidade incalculável de informação, talvez por meio de buracos negros, onde as leis espaçotemporais já não são respeitadas.

Vamos permanecer em nosso universo, em que a informação é trocada por meio de sinais. De acordo com o que dissemos antes, as trocas devem ocorrer de dois modos: ação molecular e interação entre campos. Na primeira, moléculas com "interações fortes" de curto alcance transmitem as mensagens. Essas são as reações químicas que formam laços estáveis com os arredores. A cinética das interações de campo, simples ou transgressivas, são "interações fracas" de longo alcance; elas podem agir a distância sem formar ligações químicas. Duas substâncias reagem quimicamente quando estão muito próximas; também é possível, para os sinais fracos das moléculas, produzir efeitos por meio de distâncias maiores, com ações de campo. Por exemplo, vimos que um medicamento pode ser ministrado de ambas as formas: na cinética molecular, os receptores das células são estimulados de acordo com o modelo "chave e fechadura", no qual a droga age nas moléculas receptoras como uma chave, que pode abri-las; na cinética de campo, porém, os receptores são ativados pelos sinais do medicamento, como um controle remoto da fechadura.

A ação do campo é mascarada pela ação das moléculas e em alguns casos ocorre antes dessa, desde o primeiro contato de um medicamento com o paciente que o toma (porque os sinais não encontram nenhum obstáculo e não podem ser modificados.) Lehninger* observou que reações bioquímicas idênticas são mais rápidas *in vivo* do que *in vitro*. Isso pode ser devido ao fato de que, no organismo, a ação fraca do campo é amplificada pelo grande número de células, tornando-se mais rápida e eficiente em sistemas complexos. É o que observamos ao compararmos os efeitos da TFF sobre organismos multicelulares e sobre seres unicelulares. Isso está de acordo com o postulado de Kaiserslautern, que afirma que, quanto mais complexo o sistema, mais completa a decodificação dos sinais. Segundo a teoria da complexidade, um sistema concebido como um agregado de partes que interagem umas com as outras pode ter comportamentos diferentes que os de suas partes individuais. Em outras palavras, um organismo pode reagir de modo diferente do que reagem certas células dentro de si.

Por conta da cinética de campos, uma droga pode agir mesmo na ausência de moléculas. No entanto o contrário, isto é, a ação surgindo de uma molécula desconectada de um campo, não é possível; tendo perdido suas próprias referências estruturais, a matéria se desintegraria. Pode haver campos sem moléculas, mas não é possível haver um corpo sem um campo.

A psicometria sugere que os corpos podem "memorizar" informação estrutural e emocional de seres com quem têm contato. Esse tópico será tratado com mais detalhe no capítulo sobre campos emocionais (capítulo 11); por ora, vamos abordar o contato em si. A palavra *contato* vem de *con*, "junto com", e *tangere*, "tocar". Quando duas mãos humanas se tocam, não só os receptores de toque são estimulados, como também há um encontro de campos. Os dois fenômenos se sobrepõem, tornando difícil notar as interações entre campos. Quando ocorre um abraço ou um aperto de mão, a essência de cada pessoa — seu código inteiro — é comunicada ao outro, tornando-lhes possível *ler o interior* do outro. Mas só alguém sensível a mudanças de campo pode usar

---

* Albert Lester Lehninger (1917-1986) foi um bioquímico norte-americano amplamente considerado um pioneiro no campo da bioenergética. Fez contribuições fundamentais à atual compreensão do metabolismo no nível molecular. [N. A.]

tal consciência para perceber doenças ou o estado de ânimo dos outros. As supracitadas palavras de Jesus, que sabia que a virtude saíra dele quando sua roupa foi tocada, podem ser interpretadas como uma referência ao contato entre campos.

A fisiologia dos sentidos deveria ser revista à luz da física dos campos informados. Por exemplo, o sentido do olfato parece ser estimulado por moléculas voláteis, mas isso não explica algumas situações sensoriais. Como explicar o fato de um cão farejador conseguir encontrar quantidades minúsculas de uma droga envolta em várias camadas de roupas dentro de uma mala exclusivamente com base no modelo molecular? Mesmo admitindo que algumas moléculas possam espontaneamente se destacar da droga, como poderiam escapar do saco plástico, cruzar a camada de roupas e atravessar — sabe Deus como — a lateral da mala para flutuar livremente no ar e atingir os receptores da membrana mucosa do cão? Isso vai contra os princípios da física. É como um efeito túnel, fenômeno quântico em que uma partícula consegue cruzar uma barreira de energia mesmo que, do ponto de vista da física clássica, sua energia seja menor do que a necessária para fazê-lo. Que energia poderia fazer as moléculas superarem tantas barreiras? O que a geraria?

Parece muito mais plausível que o campo da droga tenha se tornado ressonante com as camadas de roupa, o couro da mala, o ar e os receptores sensoriais ou o próprio campo do cão. Onde uma molécula é incapaz de ir, um sinal pode penetrar. Como já vimos, os sinais de medicamentos passam através do vidro. Os sinais da dopamina chegam até o mesencéfalo do doente de Parkinson, enquanto as moléculas de dopamina são bloqueadas pela barreira sangue-cérebro. Se os sentidos são estimulados não só por moléculas, mas também por sinais de campos, um cão treinado para a ressonância específica de uma droga tem receptores capazes de ressonar com o código básico daquela substância.

Graças às reações de campo de grande alcance, moléculas semelhantes podem se *sentir* a grandes distâncias e vibrar com igual frequência, mesmo separadas por outras moléculas. Fazer as moléculas oscilarem na mesma frequência por toda a duração de uma reação bioquímica é como discar um número num telefone e manter a conexão durante toda a chamada. Nada consegue distrair os dois que estão se comunicando. A teoria da super-radiância, que descreve os efeitos gerados por partículas de matéria coerente que oscilam com seus campos eletromagnéticos, afirma que uma molécula mensageira introduzida numa célula vai diretamente para o alvo, como numa conexão transmissor-receptor. Por outro lado, a bioquímica tradicional sugere que, antes de chegar ao alvo, as moléculas sofreriam incontáveis colisões desnecessárias com outras. O modelo tradicional expressa um pensamento mecanicista de incrível complexidade. A natureza não desperdiça tempo e energia em tentativas quando pode atingir resultados seguros de imediato e com o mínimo esforço.

A psicometria e os testes de compatibilidade de medicamentos confirmam trocas por meio de contato ou de uma proximidade mínima. Interações de longo alcance podem ser vistas em processos como a radiestesia, em que são recebidas mensagens do subsolo; isso se dá pela ressonância com os campos de água, petróleo ou outras camadas minerais. A literatura sobre o fenômeno da *não localidade* documenta a ocorrência de influência simultânea em condições espaciais que tornariam impossível qualquer comunicação. Esse tipo de evento pode ser explicado admitindo-se a existência de uma conexão contínua subjacente a seus campos.

Neste ponto, devemos fazer outra interrupção para observar as imagens que, como nos caleidoscópios de nossa infância, podem ser gravadas na água e na matéria em geral: os ornamentos, os arabescos e mesmo os cristais que a música pode imprimir nas coisas. Voltemos a falar sobre a água e sua relação com luzes e sons.

8

Luz e música na água

A música encanta a matéria. Ela literalmente *cria pelo canto*. Vamos agora explorar como os sons são capazes de informar a matéria, transformando-a para produzir formas, imagens, música e luz. Os códigos básicos que dirigem moléculas e governam corpos são música, mas são infrassons, que não podemos ouvir. Embora possa parecer uma pena não conseguirmos ouvir as sinfonias das coisas, essa música talvez não seja tão harmoniosa quanto a dos músicos. Na verdade, é precisamente por não podermos ouvir tais sons que podemos funcionar. Imagine uma existência na qual ouvíssemos cada ruído, da vibração das moléculas de nossos corpos às ondas de todo tipo, passando pelo ruído das estrelas. Atordoados noite e dia, já não entenderíamos nada; a vida seria impossível. Aquilo que é audível para o ouvido humano é o limiar necessário para nossa sobrevivência.

Se ousarmos ir além dos limites impostos pelos filtros da Mãe Natureza, finalmente entenderemos que o universo inteiro é música. E o que é música? Ritmo. Isso nos recorda o que Pier Luigi Ighina disse: matéria é ritmo. E o próprio ritmo? O mestre sufi Abd alRazzaq alQashani escreveu, no século XIV: "Tomemos uma metáfora. A terra que é atingida pela onda de som é ela própria um movimento ondulatório. A onda é o compasso, o ritmo é a combinação dos tons nessa onda [...] Os tons estão distribuídos no compasso regular ou irregularmente; podem ocorrer em rápida sucessão ou, ao contrário, deixar vastos intervalos vazios. Às vezes se amontoam; às vezes estão distantes uns dos outros. Estes jogos dos tons na onda sonora, este modelo da substância da onda... é a isto que chamamos vida."[1]

Agora vejamos o que Pitágoras (que se deleitava em números e sequências) fez com uma simples corda. Ele a prendeu em ambas as extremidades, tocou-a, fazendo-a soar, e ouviu o som. Depois, dividiu a corda ao meio e tocou-a de novo; ouviu a mesma nota de antes, mas uma oitava mais alta. (Chama-se oitava, porque é a oitava nota numa escala de sete notas.) Também descobriu que a harmonia mais agradável ocorre quando a razão dos dois comprimentos da corda é 3:2 ou 2:3. (Chamamos a essa nota de quinta, porque é a quinta nota da escala ocidental moderna.) É isso que ocorre quando uma corda vai parar nas mãos de alguém como Pitágoras — o nascimento da escala musical.

Observando as ondas na água

O ritmo é uma fragmentação; é uma alternância de tons e pausas, *sólidos e vazios*. As pausas definem o ritmo, ajudam os vazios a construir formas. Mozart — adepto da alquimia e maçom — escreveu que a música verdadeira está *entre* as notas. Uma vez mais, entrevemos o outro lado das coisas, o qual expressa o que está *entre* os sólidos, como entre as notas. É esse mundo de fluxos e ondas que visitaremos para investigar mais de perto a natureza das coisas. A ciência que trata das formas ondulatórias é a cimática (do grego $\varkappa \acute{\upsilon} \mu \alpha$, "onda"). Vitrúvio, o arquiteto da Roma Imperial, foi o primeiro a investigar a analogia entre propagação do som e movimento das ondas num lago; ele inaugurou o estudo da relação entre sons e água. No final do século XVIII, o músico e físico Ernst Chladni descobriu a relação entre vibração e forma. Seu experimento era simples (a simplificação favorece a verdade): primeiro, colocou um pouco de areia muito fina numa placa metálica; depois, tocou o violino perpendicularmente à circunferência da placa.[2] Enquanto tocava e produzia ondas sonoras, a areia, como se guiada por uma força invisível, assumiu formas simétricas em resposta aos sons do violino. Assim nasceram as primeiras formas geométricas descritas por Chladni que levam seu nome (fig. 8.1).

As ondas sonoras podem reestruturar massas para produzir imagens coerentes e ordenadas. Essa descoberta deve ter parecido estranha no final dos anos 1700, mas não podemos nos esquecer de que foi durante o Iluminismo que começou a pesquisa sobre sons e cores.[3] Os sons movem a matéria orientando-a para produzir novas formas ordenadas, do mesmo modo como nas reações químicas descobertas pelo químico Raphael Eduard Liesegang: se algumas gotas de nitrato de prata são pingadas numa placa de vidro revestida com uma camada de gelatina e bicromato de potássio, o cromato de prata forma anéis concêntricos em direção ao lado externo, hoje chamados de anéis de Liesegang.

Os estudos de Chladni foram retomados em 1815 pelo matemático norte-americano Nathaniel Bowditch, que descobriu que as formas das ondas eram criadas pela interseção de duas ondas sinusoidais produzidas por duas fontes diferentes perpendiculares uma a outra. As chamadas curvas de Bowditch atualmente podem ser observadas por meio de osciloscópios. O matemático francês Jules Antoine Lissajous continuou com essa linha de pesquisa em 1857; ele observou que duas categorias diferentes de imagens podiam ser

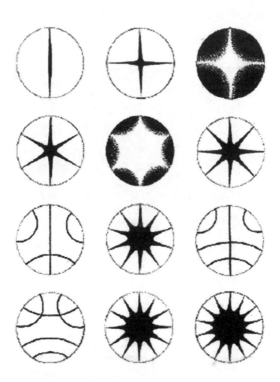

Figura 8.1. Exemplos de imagens que Chladni obteve em uma placa metálica (de A. Forgione).

obtidas, dependendo de as duas ondas estarem em fase ou não. Se não estavam em fase (devido a frequências diferentes), surgiam redes de imagens mais ou menos harmônicas. Se elas estavam em fase, o resultado era um círculo. Em 1827, o fisiologista Charles Wheatstone construiu um *caleidofone* com pequenos bastões metálicos afilados, de bordas polidas, que refletem luz de uma fonte como uma vela, gerando formas diferentes de acordo com a velocidade da vibração.[4] Todos esses experimentos foram úteis para entender o estreito vínculo entre vibrações de luz e som por um lado e a organização de matéria combinada por outro.

O pesquisador mais proeminente no campo da cimática foi o físico suíço Hans Jenny, que usou som para produzir formações na essência de terebintina (fig. 8.2). Jenny escreveu que toda a vida celular é governada por ritmos, períodos, ciclos, frequências e sequências; é música, é o "estilo criativo da natureza".[5]

Não é despropositado considerar a matéria como o resultado de ritmos pulsantes se, como escreve Jenny, "os sistemas harmônicos são reproduzidos por meio de oscilações, isto é, intermitências harmônicas, e as formas são o

Figura 8.2. Essência de terebintina estimulada por determinados sons (de F. A. Popp).

resultado de ritmos e intermitências".[6] Os campos pulsantes guiam a matéria de forma rítmica, de modo que ela assume determinadas formas. Tantas analogias podem ser vistas! A configuração adotada pelos cromossomos no momento em que a célula se divide para se multiplicar é igual ao esquema do campo elétrico de uma onda eletromagnética gerada num ressonador com cavidade coaxial! J. Hartmann descobriu que os campos eletromagnéticos de certas áreas geopatogênicas (variações do campo geomagnético com potencial nocivo à saúde) podem desestruturar imagens de cristalizações.[7] Portanto, podemos deduzir que algumas sondas eletromagnéticas, assim como algumas ondas acústicas, são capazes de gravar estruturas ordenadas na matéria, cada uma das quais resulta da informação e é, por sua vez, a mensagem.

Jenny, usando osciladores de cristal e um aparelho de sua própria invenção chamado tonoscópio, conseguiu gerar sons sequenciais modulados e observar seus efeitos em meios de diferentes tipos (fluidos e pós finos). Também estudou os efeitos das vibrações de diferentes idiomas. Se os sons emitidos são de línguas antigas, por exemplo, sânscrito, as formas obtidas se refletem em tradições antigas, bem como os sentidos atribuídos a elas. Por exemplo, quando um pó formado pelos esporos de licopódio, uma planta parente das samambaias, é espalhado num vidro de cristal e depois exposto ao som do *OM*, o mais famoso mantra usado por seguidores da tradição e da meditação

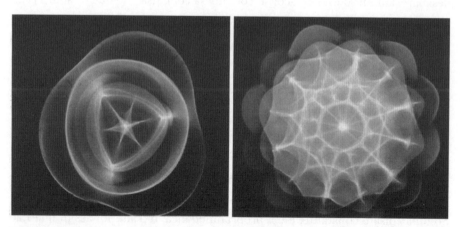

Figura 8.3. Reação de uma gota d'água a diferentes sons. Em baixas frequências, as moléculas começam a formar curvas, vibrando em círculos simples ou concêntricos; se a frequência de infrassom é aumentada, a complexidade das formas aumenta (de A. Forgione).

orientais, o som prolongado gera, no pó, a imagem de um círculo com um ponto central. Essa imagem sempre representou o sol, a força criadora do universo, que é o significado do próprio mantra.[8]

Jenny também coletou muito material relacionado às imagens temporárias produzidas em gotas d'água. Ao microscópio, foram filmados testes que documentam como uma gota de água reage ao infrassom (fig. 8.3). Tanto no pó de esporos quanto na superfície da água, Jenny conseguiu obter imagens que pareciam tridimensionais; sua complexidade e beleza correspondiam ao tipo de frequência usado. Começando com sons baixos e gradualmente aumentando a frequência, obteve formas mais complexas e ordenadas, semelhantes àquelas da geometria pitagórica, que Pitágoras definiu como "música solidificada".

Além das formas geométricas ordenadas, padrões como o das células vivas de organismos mais complexos também puderam ser reproduzidos. Por exemplo, uma certa frequência de som podia fazer a gota d'água parecer uma folha de bordo, enquanto outra podia transformá-la numa moeda.[9] Foram essas semelhanças entre formas da natureza e formas induzidas por sons que sugeriram a Jenny que os sons (e as vibrações em geral) desempenham um papel na organização dos padrões estruturais de seres vivos.[10] As formas duraram só o tempo em que o som soava; assim que esse cessava, as imagens desapareciam. Isso está de acordo com nossa conclusão de que os sons criam e organizam matéria conforme a informação que portam: a forma persiste enquanto persiste o código, e a dissolução do código básico desintegra a estrutura.

Tudo produz som

O som cria, o som destrói: foi o som de trompetes que derrubou as paredes de Jericó. A vida e a morte são a enésima alternação de sólido/vazio que caracteriza o palco do mundo. "Tudo no mundo é inconstante, porque tudo muda. Só uma coisa é constante, e é a própria mudança: o Tao"; foi assim que Lao Tzu iniciou seu *Tao Te Ching*, há 2.500 anos. Em qualquer nível, o universo é ritmo, pulsação, e seus códigos são sequências de mudanças.

O que os taoistas chineses denominam Tao, os indianos chamam Shiva, o deus que cria e destrói o mundo dançando. Shiva é a dança cósmica, mudança e ritmo, o processo de criação e também destruição. Alexandra David-Neel escreveu: "Todas as coisas [...] são agregados de átomos que dançam e seus movimentos produzem sons. Quando o ritmo muda, o som também muda. [...] Cada átomo canta sua canção continuamente, e esse som cria formas a cada instante."[11]

Cada átomo canta, e esse som cria sua forma; isso se aplica à cimática, à TFF, a tudo que se torna, já que nada é excluído da matéria, que é produzida por sons e música, diferenciando-se do silêncio absoluto que é a matriz. Sendo elástica, uma onda sonora move moléculas no meio em que se propaga (ar); faz o mesmo quando o meio é água ou outra matéria, reorganizando-o em estruturas ordenadas, expressões dos ritmos do código básico. Em outras palavras, o ruído que caracteriza o som carrega em si as mensagens que podem ser traduzidas em imagens. A alternância de tons e pausas (vazios e sólidos) são sequências numéricas — sequências como códigos de barra — que produzem música ou imagens. O segredo da vida está no código básico. Está nos números. Pitágoras considerava todos os números inteligências sagradas, divinas. Assim também é o sistema binário da cibernética. A alternância de sólido e vazio, um e zero, preto e branco — o universo inteiro está codificado em tal alternância, e tudo ressoa porque tudo produz som.

Dentre tantas sinfonias, o ouvido só distingue uma minúscula banda de sons audíveis. A Natureza selecionou a gama limitada de sons de que necessitamos; todos os demais se perdem. As moléculas gritam, os planetas ecoam, as estrelas colidem, mas não os escutamos. Os pulsares são só a ponta do iceberg dos concertos executados pelos corpos celestiais, a música das esferas, do universo das galáxias ao mundo microscópico das partículas.

Para onde vai o ruído? Onde a matéria é silenciosa? Qual é a menor unidade capaz de produzir som? Os quarks? As cordas? Tudo o que possui uma identidade gera ruído, mesmo os espaços vazios (que não estão vazios). A única matéria que não produz ruído é a matéria que nunca se diferenciou, que não tem individualidade de forma e carece de identidade. O único verdadeiro silêncio é o da matéria pura, que é, como escreveu Dante, "o lugar onde o sol é silencioso" (*Inferno*, I:60).

Criadores de sons

Através das eras, os povos têm associado o mito da criação com um ato criativo, como o Verbo ou simplesmente a Palavra. De acordo com a antiga doutrina egípcia de Heliópolis, é o deus sol Ra quem cria o mundo com seu Verbo divino, *Hike*, que significa "poder mágico da palavra". Hike é a personificação do criador que exerce o comando.[12] No capítulo 261 dos *Textos dos Sarcófagos*, Hike declara: "Sou aquele que o Senhor de tudo criou antes de a dualidade surgir [...] todos vocês foram criados depois, porque sou Hike, o Criador da ordem na qual vivo, o Verbo que nunca será destruído, em meu nome de espírito".[13]

Nas tradições judaica, cristã e muçulmana, Deus se manifesta como Verbo (*Verbum*), igual à Palavra (*Logos*) da filosofia helênica, à qual até o apóstolo João faz referência. Na Índia, é o deus Krishna quem cria, por meio do som da flauta. Mesmo nas cosmologias xamânicas americana e africana, o som é responsável pela gênese do universo. O segredo parece estar na interação entre som e matéria; há uma correlação entre o som e um princípio organizador da matéria e o campo das forças informadas.

Há uma direção constante no pano de fundo, organizando o enorme mosaico que está sendo composto. Textos de muitas civilizações, entre elas a egípcia, a judaica e a indiana, descrevem a ação criadora do código básico como já possuindo informação quanto à forma, antes mesmo de se tornar massa. Essa situação poderia ser representada como uma imagem de sombra imaterial do corpo físico, com as linhas definidas, mas intangíveis e invisíveis. Podemos também imaginar o código básico como uma obra coral, harmoniosa e imperiosa, um concerto impressionante de sons que dá ordens às moléculas e recebe respostas delas. Dos imensos buracos atômicos emergem os gritos das partículas, expressões de órbitas assustadoras, até que se transformam num coro harmonioso, todas as moléculas cantando. Há movimento contínuo de ir e vir entre massa e campo e vice-versa — o respirar das coisas.

De acordo com a Escola de Heliópolis, o Verbo divino ativa a forma, mas não produz uma realidade perceptível aos sentidos, porque Deus precisa primeiro *ver* as formas (exatamente como no Livro do Gênesis bíblico: "e Ele viu que era bom"). Hike, o Verbo, é a intenção: confere a *possibilidade* da existência, tendo poder e forma, mas não explica as coisas. É o código básico: uma forma sem substância, invisível para nós, o fundo de ordem do mundo que prepara as formas dos corpos e sua individualidade. Só depois que se vê que a forma é "boa", isto é, útil na economia do universo, é que a forma virtual é traduzida num corpo físico e percebida pelos sentidos.[14] Primeiro há o código, e depois, se o código é *bom*, o corpo é produzido. Há muitas formas possíveis que talvez não se manifestem se não estiverem em harmonia com o *design* (o plano) geral. É no "ver se é bom" que o significado é decidido.

Uma vez que ele é visto como bom, lhe é dado um nome: "O nome pelo qual Adão chamou cada ser vivo, este era seu nome" (Gênesis, 2:19). Os antigos davam poderes mágicos às palavras (*nomina sunt numina*, "nomes são deuses").[15] Dar um nome significa dar vida; por isso, reis e homens religiosos eram consagrados a uma nova existência com um nome novo, como se tivessem renascido. Um nome pode fazer muito: pode criar, evocar ou substituir um objeto; pode curar. Giordano Bruno escreveu que os egípcios sabiam invocar a essência íntima das coisas pela escrita e por certos sons. Escutemos o que ele diz em *De Magia*:

> Assim, as letras dos egípcios eram mais propriamente hieróglifos, isto é, caracteres sagrados; e tinham a seu dispor, para designar coisas individuais, certas imagens derivadas de coisas naturais ou de partes delas; estas escrituras e estes itens, os egípcios usavam para capturar a conversação dos deuses e realizar efeitos extraordinários.[16]

O nome é som, e dá vida e cria porque possui informação do objeto. Nomes nunca são aleatórios; eles expressam a essência da magia, o nucléolo informado, o código básico que precede o objeto, define-o e o cria.

A água escuta a música

Os sons podem criar estruturas ordenadas em superfícies de água, geometrias efêmeras que desaparecem como uma mandala de areia dispersada pelo vento. O pesquisador japonês Masaru Emoto realizou experimentos sobre a água que *ouve* música. Ele colocou água destilada entre duas caixas de som

 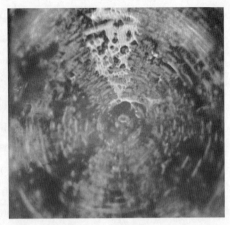

Figura 8.4. Cristais de água que "ouviram" a sexta sinfonia de Beethoven (à esquerda) comparados com água que "ouviu" *heavy metal* (à direita) (de M. Emoto).

que emitiam música de vários tipos: a água foi então congelada e observada pelo microscópio. Ao que parece, as estruturas de cristal descritas por Emoto formavam-se por alguns segundos durante o processo de descongelamento, ao retornar de -5 °C a quase zero.

A música emitida pelas caixas de som é informação, que é capaz de mudar a organização do líquido, de modo semelhante aos resultados de experiências com a cimática e a TFF. Emoto notou que diferentes músicas se gravam de forma diferente no líquido, resultando em muitas cristalizações diferentes.[17] Os cristais de água que ouviram Beethoven eram diferentes dos que escutaram Chopin, ou Mozart, ou um sutra tibetano, e assim por diante. Os cristais formados por tais músicas quase sempre são harmoniosos, hexagonais e atraentes. Mas com música desordenada, como *heavy metal*, a água forma estruturas de cristal de intensa desordem (fig. 8.4).

Outro aspecto das experiências de Emoto é também muito interessante. Amostras de água do mundo todo foram analisadas: água pura de montanha, água benta, chuva, água de grandes cidades e também água de rios poluídos. O congelamento de água limpa forma cristais hexagonais, simétricos e harmoniosos, mas isso não ocorre com águas poluídas. Parece que a água também modifica sua estrutura em resposta à informação de poluição.

Além disso, Emoto afirma que não só os sons, mas também as emoções podem modificar a matéria enviando mensagens. Água submetida diariamente a palavras ou imagens mentais formou estruturas diferentes, conforme estados de amor ou ódio eram transmitidos pelas pessoas que lhe enviavam fluxos de emoções. Quando recebe mensagens de amor, a água parece responder formando cristais harmoniosos, enquanto a recepção de sentimentos ruins produz imagens que, vistas pelo microscópio, se parecem com as da água que "ouviu" *heavy metal.* Pergunte a si mesmo o que pode acontecer no nosso corpo, que tem três quartos de água, depois de assistir a um concerto de música. E mais: o que acontece com nosso corpo físico quando sentimos ódio, ressentimento, fúria, e assim por diante?

De acordo com Emoto, mudanças estruturais na água são observadas até quando uma mensagem é escrita no papel e aplicada por pelo menos 24 horas a um copo com água. Não interessa à água em que língua uma mensagem é escrita, porque a água não percebe palavras, mas estados mentais. Um resultado semelhante é obtido quando, em lugar de uma mensagem escrita, uma imagem ou um desenho de um símbolo é aplicado a um copo d'água por alguns dias, o tempo necessário para as ondas emitidas pelas imagens informarem a água.

Parece extraordinário, mas isso indica que existe um vínculo entre as ondas sonoras e as imagens mentais e gráficas, pois são todas capazes de informar a água de modo que ela cristalize de formas diferentes. De que força nós estamos falando? Que tipo de onda provém de uma palavra escrita ou de uma imagem gráfica? Não é o símbolo, mas a intenção e a emoção que o acompanham, que deixam vestígios na água. Parece que palavras, sons, símbolos ou imagens são equivalentes. Transmitem algo que não é nem palavra nem som, nem imagem nem símbolo. É informação, informação dos bastidores que influenciam o palco do mundo.

Emoto não foi o primeiro a usar as forças que emanam de imagens e símbolos, escritos ou concebidos mentalmente; elas são conhecidas e têm sido usadas há milhares de anos. A diferença é que agora é possível uma investigação científica de seu impacto. Não estamos investigando magia, mas o outro lado das coisas, que — como tudo aquilo que é *outro* — é assustador. Prossigamos em nossa exploração das interações entre sons e matéria.

Círculos nas plantações e hologramas

Círculos de plantação têm sido objeto de reflexão por parte de cientistas, místicos e alquimistas. Há décadas se sabe que, em campos de trigo de praticamente todo o mundo, surgem agroglifos (os assim chamados círculos de plantações) complexos e extraordinários. Não vou discutir sua origem, porque no momento não vem ao caso. Em vez disso, quero analisar como são produzidos, já que muitos cientistas concordam que certos sons e infrassons podem ser responsáveis, com a ajuda de calor intenso (a água de lençóis freáticos também pode desempenhar um papel).[18]

Vibrações infrassônicas entre 5 e 5,2 Hz já foram registradas dentro das formações de círculos, mesmo horas depois do surgimento do círculo; essas vibrações são capazes de reorganizar a água. Se um recipiente com água é deixado no centro de um círculo de plantação por algumas horas, a água cristaliza na mesma formação. De acordo com Emoto, o mesmo ocorrerá até se a água for colocada sobre uma foto de um círculo de plantação por várias horas.[19] O que Giordano Bruno diz sobre letras e hieróglifos também vale para os círculos de plantação: o todo é reproduzido em suas partes, como nos fractais ou em um holograma.

Muitos fatores estão envolvidos no fenômeno da transferência de informação, como som, calor e luz. Falando em luz, vejamos quais efeitos podem ser produzidos com uma luz unidirecional e monocromática como um *laser*; depois analisaremos de novo os ultravioletas e os ultrassons. Comecemos com o *laser*, para entender o que exatamente é um holograma. A holografia é uma técnica usada para fotografar objetos de forma tridimensional. Inventada em 1948 por Dennis Gabor e aperfeiçoada na década de 1960 com a descoberta do *laser*, ela nos fornece uma mina de ouro de confirmação para os códigos básicos.

Eis a receita para produzir um holograma: ligue um *laser* e assegure--se de que o feixe de luz se separa em dois. Pegue um objeto, por exemplo, uma maçã, e posicione-a de tal forma que um dos dois feixes, depois de bater nela e ricochetear, incida sobre uma placa fotográfica. Com um sistema de espelhos, desvie o outro feixe de luz para garantir que ele colida com o primeiro na placa fotográfica, sem ter atingido a maçã. Os dois feixes separados

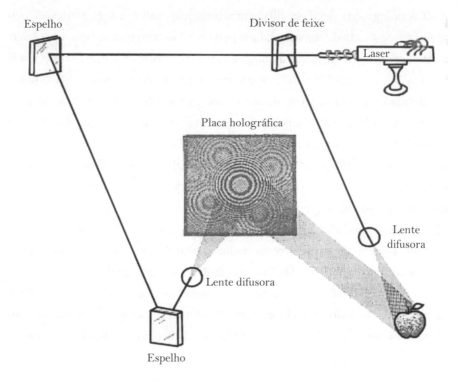

Figura 8.5. No holograma, o *laser* se divide em dois feixes: um é refletido pelo objeto (a maçã), e o outro colide com a luz refletida do primeiro na placa fotográfica (de *The Holographic Universe*, de M. Talbot).

reúnem-se na placa depois de só um deles ter sido refletido pela maçã. O que acontece na placa agora? Você acha que a imagem da maçã ficará gravada nela? Não. A placa reproduz algo que não tem forma; não está claro o que representa. Pense nos círculos concêntricos que são produzidos quando você joga um punhado de pedras num lago. As ondas se expandem depressa até baterem umas nas outras, criando imagens entrecruzadas incompreensíveis.

Na placa do holograma forma-se algo parecido, ondas confusas que se sobrepõem, produzindo alternâncias de finas redes pretas e cinzentas. São chamadas de padrões de interferência ou rede de difração. Elas não expressam a forma do objeto, mas ainda contêm sua informação. Tudo que é necessário para a maçã reaparecer é que um novo feixe de luz passe por meio do padrão de interferência. Então, a maçã reassume sua forma tridimensional, projetada no espaço como a fruta de verdade (fig. 8.5).

Os hologramas exibem duas características muito interessantes. A primeira é que sua tridimensionalidade pode ser tão convincente que um observador acreditará de fato que a imagem é, por exemplo, uma maçã. Tente tocá--la, porém, e a maçã revelará o que realmente é: espaço vazio.[20] A outra é a habilidade que cada parte do filme holográfico tem de recriar a imagem inteira. Ao colocar sob o feixe de *laser* mesmo um fragmento (qualquer fragmento) da placa na qual o padrão de interferência da maçã está gravado, a imagem será da maçã inteira. Cada parte da placa holográfica contém toda a informação necessária para construir a imagem completa (holografia vem do nome grego *olos*, que significa "todas as coisas"). Os cristais, por exemplo, têm propriedades holográficas porque podem reescrever a informação do todo a partir de cada parte da malha cristalina; por isso, são usados para memórias de computador. Os fractais também são holográficos.

Vamos nos lembrar dessas propriedades do holograma, porque, ao final da nossa jornada, do outro lado, voltaremos a elas quando discutirmos a teoria da natureza das coisas. Por ora, voltemos à discussão sobre luz e água.

Luzes e sons

O som e a luz, sobretudo a ultravioleta, são encontrados em todos os organismos e em todas as coisas; eles controlam funções e são um meio de comunicação com o meio ambiente. A água é capaz de emitir luz, uma *luminescência* fraca no espectro do ultravioleta, com duas bandas em torno de 360 e 410 nanômetros.[21] Isso é válido para qualquer tipo de água, da destilada à armazenada por meses. A intensidade da luminescência varia, dependendo do tempo de preservação e da adição de substâncias traço (isto é, presentes em quantidades diminutas). Na água, a luminescência parece resultar da própria estruturação, indicando que a água é um sistema auto-organizador.[22]

Certos sons podem libertar a luz da água. B. P. Barber e S. J. Putterman, dois pesquisadores da Universidade de Los Angeles, comentaram em 1971 seus experimentos com sonoluminescência, a emissão de luz por um líquido atingido por uma onda de som: "A duração dos impulsos de sonoluminescência que observamos é tão curta — menos de 50 picossegundos — que nos perguntamos se algum mecanismo coletivo não estimula as moléculas a emiti-la em conjunto." O interessante é que a emissão de luz se comporta quase como se fosse controlada por um "regente de orquestra" invisível.[23] Mas quem é o regente? O que determina a coerência do sistema?

Mais e mais pessoas defendem a existência de algum princípio ordenador na organização de sistemas. Como mencionado antes, denominamos "sistemas de regulação intrínseca" os diretores de palco que governam o outro lado das coisas, mas, independentemente do nome dado, vários pesquisadores notaram sua presença há muito tempo. Já em 1933, Marinesco e Trillat descobriram que um campo ultrassônico forte pode afetar uma chapa fotográfica imersa na água; depois, perceberam que esse fenômeno era acompanhado por uma luminescência fraca. Outros líquidos (como o plasma humano), e até metais líquidos, podem ser tornados luminescentes. A intensidade é proporcional à da onda sonora e inversamente proporcional à frequência.

Usando um transdutor piezoelétrico,* Barber e Putterman enviaram uma onda à água contida num recipiente esférico de quartzo, e ela emitiu uma fraca luminescência azul de pelo menos 3,3 elétron-volts, visível a olho nu.[24] Apesar da "cauda" visível no azul-violeta, o pico do espectro foi na região do ultravioleta. Eles também descobriram que, estimulada pelo ultrassom, a água emite luz a impulsos regulares, a cada ciclo da onda sonora, o que é surpreendente.

O fato de um determinado ritmo ser capaz de estimular moléculas de água a emitir luz em uníssono nos traz de volta à física de fenômenos coletivos e à teoria da coerência eletrodinâmica de Preparata. Como ele sugeriu, podemos imaginar as moléculas como minúsculos transmissores de rádio com pequenas antenas atômicas. É possível que antenas com determinadas frequências específicas troquem mensagens. Como? Colocando-se em fase: vibrando junto com o campo eletromagnético de milhares de mensagens, rapidamente aumentando o escopo de suas conexões.[25] Isto é exatamente como dois telefones celulares, que chamam um ao outro e conseguem se comunicar porque usam o mesmo canal de frequência. Pense naqueles sistemas de alarme por rádio que

---

* Piezoeletricidade é a polarização elétrica de uma substância resultante da aplicação de estresse mecânico. Substâncias piezoelétricas são capazes de converter sinais mecânicos (como ondas sonoras) em sinais elétricos, e vice-versa. Transdutores piezoelétricos são cristais, principalmente de quartzo, que vibram na mesma frequência da onda aplicada a eles. [N. A.]

protegem as casas contra visitantes indesejados. O comando central coordena as frequências que os sensores de alarme emitem a intervalos regulares para manter a comunicação entre si. Usando sua banda de frequência, eles conversam e informam uns aos outros que estão bem: estão desempenhando normalmente seu papel.

Como já dissemos antes (no capítulo 3), quando a matéria e o campo oscilam em fase, produzem altos níveis de consistência e coerência. De acordo com Preparata, a água tem a capacidade excepcional de responder aos sinais eletromagnéticos que lhe são enviados. O famoso ímã que é a molécula de água, puxado para ambos os lados por seus polos negativo e positivo, comporta-se como um dipolo elétrico que emite frequências enquanto gira. É por isso que a água é capaz de falar com qualquer outra substância.

Fogo secreto

Descobrimos que, embora pareça simples para nossos sentidos, a água — "humilde, preciosa e pura"* — sabe como se comunicar. Suas características físico-químicas fazem-na capaz de se comunicar, de gravar informação e depois liberá-la, assim como uma canção é gravada e depois reproduzida. Ondas eletromagnéticas coerentes (com informação de ordem superior) conseguem informar a água gravando mensagens nela. A informação terapêutica pode ser transferida de um medicamento (TFF) ou de substâncias minerais, vegetais ou animais, como na homeopatia (em que o efeito é invertido graças a diluições progressivas com sucussões). Ondas sonoras podem gravar padrões geométricos complexos na água (como na cimática) ou na forma de cristais. Estruturas cristalinas específicas também foram formadas por sinais que atualmente ainda não podem ser identificados, como os que são emitidos por escrita, imagens ou símbolos.

O "diálogo" entre ultrassom e água resulta na emissão de luz visível e ultravioleta em ritmos coerentes, quase inteligentes. O ultrassom que liberta a luz da água nos faz lembrar o Salmo: "A voz do Senhor faz as chamas se separarem do fogo."[26] Há algo de miraculoso em ver luz sendo liberada por

---

* São Francisco de Assis, *Cântico do Irmão Sol.* [N. A.]

um corpo que aparentemente não contém luz. No entanto a luz está oculta não apenas na água, mas também em células e em organismos vivos. Estamos diante daquilo que os alquimistas chamavam de *o fogo secreto* que vibra em todas as coisas, que Parmênides chamou de *daimon*[*] e que os filósofos chamavam de *virtude*. E esse fogo secreto, essa chama que irrompe, não será a informação do código básico? Não será a chama que se separa do fogo o que transfere a informação na TFF?

O alquimista Raimundo Lúlio responde a tais indagações descrevendo assim o fogo secreto: "É um instrumento que reside na matéria e está direcionado a fazer o que buscamos com seu movimento. [...] É direcionado pela *virtude informativa*, que move a matéria em direção à forma".[27] "A virtude informativa, que move a matéria em direção à forma" — este é o código básico, que guia o *design* das formas, o mapa para construir os corpos, o centro de controle da matéria combinada nos corpos. Ele também fornece o sistema de controle e regulação para a água. Mas é uma estrutura superior à água, com "poder de decisão". Para entender melhor, precisamos deixar os caminhos em que encontramos moléculas cantando, objetos falando entre si, medicamentos contando histórias e música pintando na água.

Agora é hora de investigar o outro lado dos organismos celulares; ao longo do caminho, esbarraremos em plantas, animais e outros seres vivos. Quem nos dará as boas-vindas? Vejo uma cebola se aproximando...

---

* No fragmento já citado, "As bandas mais estreitas estavam repletas com fogo não misturado, e aquelas próximas a elas com noite, e no meio destas flui uma porção de fogo. Em meio a tudo está a divindade (*daimon*) que dirige o curso de todas as coisas". [N. A.]

9
Comunicação entre células

Nos próximos dois capítulos, veremos que os organismos trocam informação que não depende de órgãos sensoriais. Células e organismos se comunicam por meio de moléculas e sinais gerados por variações no campo. É provável que esses sinais desempenhem um papel primordial no controle da fisiologia dos organismos. Como no mundo inorgânico, sinais celulares permitem às coisas comunicar-se entre si; elas controlam o metabolismo e transmissões rápidas (em tempo real) entre células de qualquer parte do organismo. De alto a baixo, as células estão em constante contato de rádio umas com as outras, e tudo sempre está informado a respeito de tudo.

Veremos como as redes de informação envolvem todos os corpos, celulares e não celulares, e como as relações entre células e organismos são as mesmas que as relações entre indivíduos e grupos. Veremos como o componente emocional é uma parte do universo biológico e como pode influenciar as comunicações extrassensoriais entre organismos vegetais e animais. Comecemos do princípio.

No princípio, era a cebola

Na União Soviética, em 1922, o biólogo russo Alexander Gavrilovic Gurwitsch, diretor do Instituto de Histologia da Universidade de Moscou, realizava pesquisas sobre a divisão celular; ele estava convencido de que a multiplicação de células também podia ser estimulada por oscilações naturais. Para testar a hipótese, ele usou um substrato vegetal simples: bulbos de cebola. Mais tarde, também usaria raízes de cebola numa longa série de experimentos que demonstravam como as células transmitem sinais, o que nunca havia sido tentado antes. Gurwitsch continuou até obter reprodutibilidade. Então, anunciou que os organismos vegetais emitem *radiações mitogenéticas* capazes de aumentar a velocidade da mitose (divisão celular).[1] Em outras palavras, elas permitem à célula reproduzir-se mais depressa.

Eis o experimento: ele posicionou dois bulbos de cebola jovens, prendendo-os com as raízes perpendiculares entre si, próximas, mas sem se tocarem (fig. 9.1). A raiz horizontal foi colocada a apenas 5 milímetros de distância da vertical. Ele pôs a raiz horizontal num cilindro de vidro coberto com uma bainha metálica com as extremidades abertas. A raiz vertical foi revestida exatamente da mesma maneira, exceto por uma pequena janela que correspondia à área formada por células em proliferação, chamada de *meristema*. A janela forneceu um alvo para a outra raiz, posicionada de forma que sua base apontava para o meristema. Depois de algumas horas, as cebolas foram examinadas com o microscópio. Gurwitsch notou que, em comparação com as áreas revestidas, as células eram mais numerosas na seção-alvo da raiz vertical. A incidência de mitose era pelo menos 25% mais alta.

O que significa isso? A ponta da raiz emitiu algo que estimulou o crescimento celular da outra raiz, mas só na área descoberta. Gurwitsch descobriu

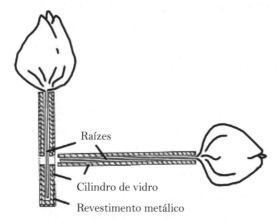

Figura 9.1. Os bulbos de cebola de Gurwitsch. A raiz da cebola na posição horizontal irradia espontaneamente a raiz vertical.

que esse experimento podia ser reproduzido se um filtro de quartzo fosse colocado entre as duas raízes, mas não se gelatina ou vidro fossem colocados. Disso, ele concluiu que as ondas que irradiavam dos bulbos estavam na banda do ultravioleta (UV). Posto que os raios UV são intensamente absorvidos pelos tecidos, ele imaginou que a radiação mitogenética não agiria de modo direto, mas, sim, induzindo as células a uma segunda radiação, que seria a verdadeira causa do incremento em crescimento. Aparentemente, era capaz de transmitir de uma célula a outra no mesmo organismo.

Os primeiros resultados publicados por Gurwitsch em 1923 causaram tamanha sensação que as experiências foram repetidas na França, Alemanha, Inglaterra, Itália e União Soviética, e (a despeito de numerosos fracassos) muitos pesquisadores confirmaram os resultados. Concluiu-se que as células são capazes de estimular o crescimento de outras células enviando frequências muito fracas.

Segundo Gurwitsch, todos os organismos têm fontes de autorradiação, as quais estimulam o mecanismo homeostático que regula as taxas de crescimento das células. Esse mecanismo impede as células de se multiplicarem além do número estabelecido pelas leis naturais e garante que mantenham a forma natural esperada. No entanto isso nos traz de volta a questões constantes: o que dá forma à matéria, e o que são, de fato, as "leis naturais"? Uma vez mais, podemos pensar num código básico, o guardião dos limites da forma.

Dennis Gabor (que recebeu o Prêmio Nobel de Física quarenta anos depois de descobrir a holografia) recriou com sucesso o *fenômeno Gurwitsch*, junto com T. Reiter, e ambos publicaram seus resultados em 1928.[2] Eles confirmaram que tecidos embrionários e tumores malignos têm um alto grau de irradiação, mais intenso em tecidos novos, e que crescem rápido. Reiter e Gabor — então cientistas da Companhia Elétrica Siemens e Halske, em Berlim — conseguiram modificar o desenvolvimento de micro-organismos submetendo-os a uma fonte de radiação ultravioleta selecionada por meio de um sistema de prisma e lentes. Ao expor ovos de ouriço-do-mar a radiações UV, eles obtiveram larvas anormais. Isso também ocorreu quando os ovos eram submetidos a frequências emitidas por certos organismos (por exemplo, *Bacterium tumefaciens*).[3] O biofísico alemão-ucraniano Boris Rajewsky também confirmou a existência de radiações mitogenéticas.[4] Em 1929, o professor italiano G. Cremonese conseguiu gravar (após uma seleção para filtragem) chapas fotográficas com frequências emitidas por organismos vivos.[5] A variedade dos resultados sugeriu que essas emissões celulares podiam pertencer a uma ampla gama de frequências muito diferentes.

Assim, na década de 1920, um evento importante prendeu a atenção da comunidade científica. Uma nova fronteira se delineou com a descoberta de que as células não só constroem moléculas, mas também geram impulsos, como pequenas estações de rádio. Com a descoberta das ondas mitogenéticas e das ondas capazes de impressionar chapas fotográficas, havia grande expectativa de estabelecer novas abordagens à fisiologia celular. Os cientistas perceberam que, para o entendimento correto da célula, era necessário explorar a física das frequências em áreas que normalmente eram explicadas somente pela química molecular. No entanto esse era só o começo de uma grande aventura.

Na década de 1930, o médico italiano Giocondo Protti, inspirado pelo trabalho de Gurwitsch, descobriu que existe um poder radiante no sangue humano similar ao observado em raízes e bulbos de plantas.[6] De fato, a energia proveniente de uma gota de sangue é tão intensa que pode estimular a proliferação (reprodução) em culturas de levedura; essa energia pode também ser transferida a outra gota de sangue que careça dessa propriedade. Assim como ocorre com as ondas mitogenéticas, a energia do sangue pode até mesmo atravessar o quartzo; está, portanto, no espectro do ultravioleta (fig. 9.2).

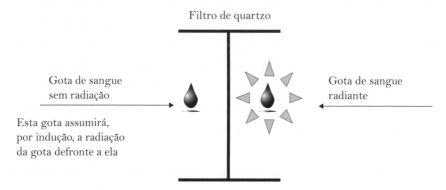

Figura 9.2. Transferência de hemorradiação ultravioleta através de quartzo a uma gota de sangue que não apresenta essa radiação (de G. Protti).

Protti notou que a hemorradiação (isto é, as frequências de emissão do sangue) tende a aumentar durante a gravidez e em situações em que as funções estão no máximo, diminuindo durante o jejum e em casos de câncer.[7] A Escola de Gurwitsch observou que pacientes com câncer perderam boa parte das propriedades radiantes do sangue, enquanto o próprio tumor tem grande massa, o que poderia ser a razão para o estímulo da multiplicação de suas células. Segundo Gurwitsch, o câncer ocorre quando a radiação hemática está concentrada num único ponto no organismo, o que acelera a proliferação das células. Protti descobriu que o soro do sangue humano tem poder oncológico, isto é, pode destruir células tumorais. Também descobriu que, aumentando o poder radiante do sangue, células temporárias poderiam ser mortas por meio de radiação de luz (citofotométrica).[8] O sangue tratado, por sua vez, pode irradiar e fazer sangue não radiante começar a irradiar de novo. Injeções de sangue com um alto poder radiante aumentam o tônus vital de animais cujo sangue foi destituído de poder radiante por meio de jejum prolongado: elas causaram uma redução na acidez do tecido, com melhoras óbvias na evolução de muitas patologias crônicas, mesmo degenerativas.[9] Que coisas maravilhosas vieram à tona durante os anos de estudo da "luz do sangue", como definiu Protti. E pensar que tudo começou com uma cebola!

E então veio a levedura

A Escola de Gurwitsch também descobriu que pequenas quantidades de levedura fresca adicionadas ao sangue de um doente de câncer poderiam fazê-lo irradiar de novo, mesmo após a remoção da levedura. Protti levou a cabo muitas experiências com uma cepa de *Saccharomyces*, cujo alto poder de radiação foi capaz de destruir células tumorais em crescimento. O experimento foi repetido com diafragmas tanto de vidro quanto de quartzo separando a levedura do tecido tumoral, que outra vez provaram ser ondas ultravioleta, já que o poder radiante da levedura fresca só é transmitido se o diafragma for feito de quartzo, e não de vidro (fig. 9.3).

As células cancerosas não serão destruídas se a levedura estiver seca.[10] Protti descreveu que a levedura, como o tumor, também está "ansiosa por viver": ela se multiplica depressa, emite radiação intensa, tem alto poder glicolí-

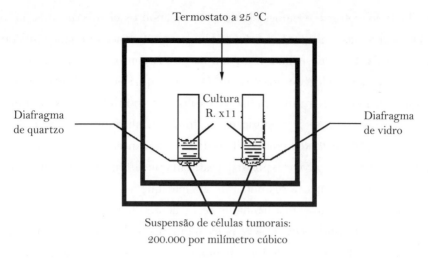

Figura 9.3. Usando um arranjo semelhante ao mostrado acima, no qual diafragmas de quartzo e de vidro foram usados para separar culturas de levedura e suspensões de células tumorais, Protti descobriu que o poder irradiante da levedura fresca só é transmitido, causando destruição, se o diafragma for feito de quartzo, e não de vidro (de G. Protti).

tico e outras características semelhantes às células cancerosas. O antigo princípio homeopático de *simila simillibus curentur* parece ser respeitado: o tumor pode ser curado por algo semelhante a ele. De fato, agulhas de quartzo cheias de levedura e injetadas em massas tumorais mostraram-se capazes de matar as células malignas por "necrose por coliquação", ao contrário de agulhas de quartzo vazias.[11] Em outras palavras, o poder irradiante do sangue e de certas leveduras frescas, em determinadas condições, poderia destruir tumores. Protti mediu a radiação emitida por essas leveduras, com comprimentos de ondas entre 1.900 e 2.400 Å: uma vez mais, estamos na região do ultravioleta.

Todos esses pesquisadores, de Gurwitsch a Gabor e Protti, apresentaram seus resultados pela primeira vez em 1934, durante o Congresso Internacional de Eletrorradiobiologia, em Veneza, com a coordenação de Guglielmo Marconi. Esse congresso foi um evento extraordinário e impossível de repetir-se! Pier Luigi Ighina também estava lá; ele já realizava experimentos em relação à habilidade da informação para modificar a matéria. Esses dias em Veneza marcaram um grande evento e deram uma clara indicação de que aqueles pesquisadores estavam perto de concluir algo muito importante. Mas então estourou a guerra, e as pesquisas foram completamente esquecidas.

Tudo foi retomado na década de 1950, quando os cientistas começaram a falar em ondas emitidas por células. Um grupo de físicos italianos guiados por Ugo Facchini, de Milão, retornou os experimentos de Gurwitsch, que então falecera em Moscou, aos 80 anos. Os físicos queriam verificar a hipótese de que a matéria viva emite radiação, usando fotomultiplicadores para analisar sementes de cereais e pulsações. Os fotomultiplicadores são capazes de captar e amplificar fluxos muito débeis de luz e permitem medir as radiações luminosas de seres vivos expostos a estimulação fotônica, por mais fracas que sejam. Os pesquisadores puderam afirmar que a radiação das sementes analisadas apresentava uma banda de cerca de 500 nanômetros na faixa visível, com *bioluminescência* característica de intensidade muito débil, milhões de vezes mais fraca que a de um vagalume.[12] Em outras palavras, as células emitem luz.

Na década de 1960, certos tecidos e outros cultivos celulares foram usados para irradiar diferentes sistemas biológicos, e confirmou-se que o sangue, a levedura, os ovos de ouriço-do-mar e outros organismos emitem e recebem ondas mitogenéticas que podem ser amplificadas ao serem passadas por meio de soluções nutritivas com bactérias. No mesmo período, os soviéticos retomaram suas pesquisas em luminescência ultrafina. Alexandra Gurwitsch, que substituiu seu pai na Academia de Ciências Médicas de Moscou, junto a A. S. Agaverdiyev e outros, estava convencida de que a radiação de Gurwitsch existe em todas as formas vegetais e animais, da mais simples à mais complexa, e que o espectro e a intensidade dessas ondas variam segundo a espécie. Em particular, esses pesquisadores achavam que as emissões podem aumentar perceptivelmente quando um sistema biológico está a ponto de morrer.[13]

Também nessa época, em Los Angeles, o engenheiro George Lawrence quis tentar alguns experimentos de Gurwitsch; para isso, inventou um equipamento de alta impedância com o qual estudou diferentes estimulações de células em fatias de cebola de meio centímetro de espessura, conectadas a um eletrômetro. Descobriu que elas reagiam não só a certos agentes irritantes (como fumaça), mas também à imagem mental de sua própria destruição. Sim, cada vez que o cientista manifestava a intenção de destruí-las, as células reagiam de maneiras diversas, de acordo com as qualidades psíquicas da pessoa que tinha o pensamento.[14] O simples fato de os cientistas imaginarem eventos dramáticos para a célula parecia suficiente para induzir variações na resposta celular. A intenção é uma forma muito poderosa de energia, como veremos também no caso das plantas. O experimento de Lawrence parece ser o primeiro na literatura científica a apresentar a ideia de que a imaginação, guiada por uma intenção real, pode influenciar o metabolismo celular. Voltaremos a esse ponto.

Só na década de 1970 é que os cientistas por fim começaram a reconhecer que essas radiações são úteis para a comunicação entre as células.[15] Alexander Dubrov foi o primeiro a notar o que então se chamava imagem especular. O pesquisador estudou o comportamento de duas células colocadas em tubos de vidro, uma próxima à outra; ele avaliou os potenciais elétricos e parâmetros bioquímicos, esperando detectar novos impulsos em seu crescimento celular, mas não descobriu nada novo. Ele injetou uma célula com uma substância venenosa, planejando observar se alguma resposta à situação adversa seria transmitida à célula não tratada, mas ainda assim nada ocorreu. Porém, quan-

Figura 9.4. O experimento de Novosibirsk: duas esferas de vidro, separadas por um diafragma de quartzo, contendo culturas de células. O envenenamento de células da primeira esfera induz a morte também de células da segunda (de F. A. Popp).

do substituiu os tubos de vidro por tubos de quartzo (que permitem a passagem de ondas ultravioleta), os sintomas de estresse se manifestaram na célula não tratada. Foi o primeiro passo na direção de uma grande descoberta que traz a assinatura de um grupo de pesquisadores siberianos.

Em 1972, no Instituto de Medicina Clínica e Experimental de Novosibirsk, na Sibéria, alguns pesquisadores, inspirados pelas observações de Dubrov, iniciaram uma longa série de experimentos com culturas de células. Duas esferas de vidro contendo células do mesmo tecido humano foram unidas, separadas apenas por um diafragma de vidro. Na primeira cultura, um veneno foi introduzido para matar as células. A segunda cultura não foi infectada e permaneceu intacta. Ao repetir o experimento usando um diafragma de quartzo em vez de vidro, as células da segunda cultura foram afetadas e morreram mesmo sem estarem infectadas (fig. 9.4). Isso ocorreu com diferentes tipos de vírus e venenos inoculados somente na primeira cultura e sem passagem de moléculas de uma cultura para a outra. A morte das células da segunda cultura parece ter sido induzida por sinais eletromagnéticos muito próximos à faixa ultravioleta.[16]

O experimento de Novosibirsk foi repetido (com 80% de reprodutibilidade) milhares de vezes nos anos 1970. Depois de 5 mil experimentos, em 1981, a prestigiada revista científica soviética *Nauka* publicou um trabalho de autoria de V. P. Kaznachev e L. P. Mikhailova intitulado "Radiação ultrafraca em interações intercelulares". A resposta à publicação foi tão grande que alguns arriscaram usar o termo *consciência celular*, referindo-se a um tipo de controle mediado por ondas eletromagnéticas emitidas pelas células. Em outras palavras, esse trabalho mostrou que era possível haver formas de comunicação fora dos paradigmas bioquímicos, sugerindo mecanismos de ação diferentes dos já conhecidos. O experimento de Novosibirsk abriu as portas de um novo mundo de transmissões por ondas invisíveis, frequentemente interpretadas de forma esotérica em vez de científica, o que prejudicou muito as pesquisas. Outras descobertas, como a eletricidade, o magnetismo e a radioatividade, passaram por tribulações semelhantes.

Com Novosibirsk, entramos numa nova era. Adquirimos o conhecimento de que expor células saudáveis a sinais emitidos por células moribundas pode ser tão perigoso quanto expô-las diretamente a um vírus ou a um veneno químico. Este é o poder da informação no mundo orgânico, informação transmitida como ondas invisíveis. Viemos a compreender que as células emitem fótons constantemente e que as emissões podem aumentar rapidamente em situações de sofrimento. Os experimentos de Novosibirsk foram repetidos na década de 1980 em muitos países, incluindo Austrália,[17] Brasil,[18] China, Japão, Áustria,[19] Polônia, União Soviética,[20] Estados Unidos[21] e Alemanha.[22]

Alguns pesquisadores[23] falam em "ondas de degradação" emitidas por células moribundas, aparentemente em consequência da perda de seu equilíbrio interno. As células moribundas poderiam estimular outras células a entrar em mitose para que o número de células do organismo tenda a permanecer constante. Mesmo sendo difíceis de reproduzir, esses experimentos são interessantes porque, se for verdade que as células podem emitir sinais contrastantes (ondas apoptóticas e mitogenéticas), isso significa que existe um controle homeostático mesmo em pequenos grupos celulares, o que pressupõe que o sistema de regulação intrínseca possa ser o campo conectado às próprias células.

A luz das coisas

Células que estão morrendo emitem muito mais fótons, um fato registrado nas fotos Kirlian de organismos moribundos. Você, com certeza, já deve ter visto imagens de folhas, pontas de dedos ou outros objetos circundados por halos luminosos, como aqueles dos santos. É o efeito Kirlian: uma foto obtida colocando-se o objeto contra uma chapa fotográfica que recebe uma corrente de alta frequência e de alta voltagem.

Descoberta no século XIX pelo professor tcheco Barthélemy Navratil, a eletrofotografia foi aperfeiçoada pelo médico polonês Jodko Narkiewicz, que foi o primeiro a fotografar o que a imprensa local chamou de "radiação elétrica do corpo humano".[24] Nos anos 1920, o senhor e a senhora Kirlian, da União Soviética, criaram um artefato que hoje é usado em todo o mundo. Se a intensidade da carga for suficiente, a imagem do objeto é circundada por uma luminosidade que, em corpos não celulares e coisas, é uniforme e constante, enquanto nos organismos varia em intensidade e qualidade (fig. 9.5).

Infelizmente, o uso não científico da fotografia Kirlian por terapeutas de *prana*, parapsicólogos e curandeiros, para documentar um misterioso halo, a

Figura 9.5. Fotografia Kirlian de uma folha. A forma da folha é claramente visível no halo luminoso (de L. Galateri).

assim chamada aura, e para quantificar o poder terapêutico de uma pessoa, desacreditou a fotografia Kirlian aos olhos da comunidade científica, e o efeito terminou sendo considerado esotérico e por vezes até fraudulento.

Em 1970, o físico russo Viktor Adamenko comparou o efeito Kirlian ao fenômeno dos fogos de Santelmo: chamas e lampejos azuis (descritos por Shakespeare em *A Tempestade*) que podem acompanhar tempestades quando a alta tensão ioniza o ar. Há quem acredite que o halo Kirlian seja o bioplasma do objeto fotografado; outros dizem que são feixes de elétrons. Adamenko descobriu que, no corpo humano, a luz Kirlian se concentra nos pontos da acupuntura chinesa. Isso sugeriu ao alemão Peter Mandel a possibilidade de um sistema diagnóstico baseado no estudo dos pontos de acupuntura das mãos e dos pés fotografados com o método Kirlian.[25]

Presman sustenta que a luminosidade expressa uma forma de comunicação com o ambiente,[26] uma hipótese que não difere muito da nossa. Os estudos realizados por Adamenko na União Soviética e por outros[27] — particularmente Stanley Krippner, do Maimonides Medical Center, em Nova York[28] — registraram as seguintes observações:

- O assim chamado detector de mentiras explora o poder que as emoções têm de variar a condutividade da pele: contar uma mentira resultará em variações mínimas dos valores medidos. O mesmo ocorre com o efeito Kirlian; faz variar em intensidade, forma e cor quando há estresse eemocional. Por exemplo, as imagens das pontas dos dedos de pessoas relaxadas são diferentes das de pessoas ansiosas.
- A eletrofotografia é tão sensível que basta tocar a pessoa fotografada para alterar os valores cromáticos sendo registrados.
- Permanecer em um estado de relaxamento induzido por hipnose, meditação ou uso de *cannabis* parece aumentar as dimensões e a luminosidade do halo, que por sua vez se reduz quando a pessoa está tensa.[29]

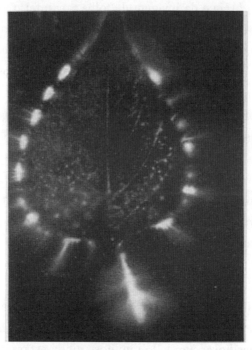

Figura 9.6. "Efeito fantasma": nesta foto Kirlian de uma folha sem pecíolo, a luminosidade também inclui o pecíolo ausente (de L. Galateri).

As imagens das pontas dos dedos também podem variar por causa de doenças, e esse fato pode ser usado para diagnósticos.[30]

- O efeito Kirlian parece expressar um campo de energia que circunda e permeia o objeto e é sensível aos estados emocionais. Poderia essa luz vibratória ser uma troca de informação com o ambiente?
- Alguns halos luminosos sugerem um campo informado pelo código básico de uma coisa, que preserva identidade e forma; por exemplo, na foto Kirlian de uma folha sem pecíolo, a luminosidade também inclui a área do pecíolo ausente (fig. 9.6). Isso é chamado de *efeito fantasma*: o halo também circunda o que "não está lá", ou melhor, "o que não pode ser visto e que estava expresso como o pecíolo". Embora não seja percebido pelos sentidos, o pecíolo ainda está presente porque a unidade da forma o inclui.

Temos aqui um exemplo de forma sem substância. É plausível que a imagem luminosa do pecíolo indique que o campo da folha — que contém a informação do *design* e da imagem da folha por inteiro — permanece intacto apesar da amputação, exatamente porque tem de manter a unidade da forma. Lembre-se de que, segundo Harold Saxton Burr, o campo elétrico de um broto já tem a forma da planta adulta. Talvez possamos vê-lo como um holograma no tempo.

Em outras fotografias Kirlian de plantas, como as fotos de folhas em que faltavam algumas partes, o halo luminoso sempre tende a recriar a estrutura original (fig. 9.7).

Outra observação é que o halo de uma folha cortada 24 horas antes é muito menos intenso que o de uma recém-cortada. No entanto, se duas folhas assim são fotografadas juntas, o campo da folha mais vital inclui o da folha mais fraca até se tornarem uma unidade, como se tivessem reunido suas energias (fig. 9.8). Todos esses dados sustentam a hipótese de um campo informado por seu código.

Outro experimento que foi realizado é o de colocar uma folha num vidro para ser examinada e em seguida retirá-la. Se for feita uma foto do vidro depois de algumas horas, um halo luminoso ainda estará visível, como se a folha ainda estivesse ali.[31] Esse fenômeno é semelhante ao observado pelos

Figura 9.7. Apesar de o ápice da folha ter sido arrancado, a luminosidade tende a preservar a forma da folha inteira, guiada por um campo que mantém essa forma (de L. Galateri).

médicos de eletroacupuntura com frascos de medicamentos homeopáticos testados: mesmo após a evaporação do conteúdo, o frasco ainda poderia ser usado para testes. A informação da substância ficou preservada no vidro como uma espécie de gravação. Será isso um resíduo de ondas ou sons que ainda vibram na ultraestrutura do vidro? Sobre a gravação deixada pelas coisas, Ighina descreveu ter notado que objetos deixam uma impressão de si mesmos; os organismos deixam uma memória deles nas coisas ou no campo dessas.

Outro cientista soviético, Lepeshkin, envenenou levedura com éter sublimado dentro de um tubo de quartzo. Quando as células morreram, os fótons que elas emitiram no momento da morte foram suficientes para escurecer uma solução de emulsão fotográfica. Lepeshkin mediu o comprimento de onda dessa radiação, que era de aproximadamente 2.000 angströms; a emissão calórica da levedura moribunda era de cerca de duas calorias por grama.[32] Uma folha arrancada de uma árvore, quando examinada com o método Kirlian, também mostrou um aumento na intensidade da emissão fotônica pouco tempo antes de morrer, confirmando visualmente o que o pesquisador norte-americano Cleve Backster (cujo trabalho exploraremos no próximo capítulo) identificou na década de 1920 como "o grito de dor" de plantas e de outros organismos no momento da morte.

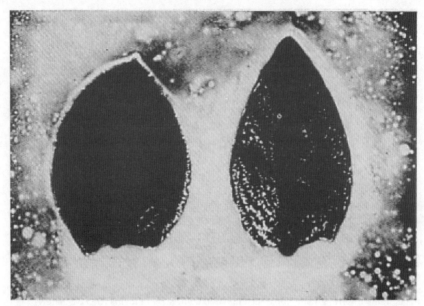

Figura 9.8. Interação entre os campos de uma folha de alfeneiro recém-cortada (à direita) e uma folha moribunda (à esquerda). A tendência é formar um campo único (de L. Galateri).

A luz do DNA

O trabalho de Gurwitsch e outros com as emissões de sinais fotônicos de células foi retomado na década de 1970 por Fritz Albert Popp, então professor da Universidade de Kaiserslautern e, posteriormente, diretor do Instituto de Biofísica da mesma cidade. Entre 1971 e 1973, Popp realizou pesquisas sobre a origem do câncer estudando um modelo dos isômeros de benzopireno e hidrocarbonetos aromáticos obtidos a partir do alcatrão (isômeros são dois ou mais compostos com a mesma fórmula, mas com propriedades diversas graças a arranjos diferentes dos átomos na molécula). O 3,4-benzopireno causa câncer, o 1,2-benzopireno não. Ao contrário do 3,4-benzopireno, o 1,2-benzopireno não absorve luz entre as bandas visível e ultravioleta. Popp concluiu que o efeito do 3,4-benzopireno poderia estar ligado à sua capacidade de absorver luz.[33]

Popp também pesquisou os *biofótons*, e em 1975, provou sua existência. Os biofótons são minúsculas quantidades de luz que todos os seres vivos são capazes de armazenar e irradiar. Ao atingir um átomo, um fóton (que é um

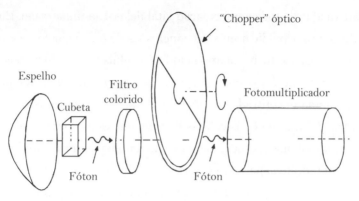

Figura 9.9. Diagrama de um fotomultiplicador. Na câmara escura, a cubeta de quartzo contendo as células é colocada diante do espelho e no foco do fotomultiplicador. O filtro colorido permite a seleção de diferentes cores de luz. O "chopper" óptico é um disco rotativo escuro-claro que torna possível selecionar os sinais fotônicos de fato emitidos pelas células, distinguindo-os do ruído de fundo (de F. A. Popp).

quanta de luz) o estimula, fazendo um elétron saltar para a órbita externa; quando o elétron retorna a seu nível anterior, o fóton é reemitido por radiação (visível ou não). Usando fotomultiplicadores sofisticados (fig. 9.9), Popp descobriu que todas as células emitem esse tipo de radiação eletromagnética ultrafina na faixa entre o ultravioleta e as ondas de rádio longas. No espectro visível, essa emissão se manifesta como uma luminosidade muito débil, cuja intensidade é 10^{18} vezes mais fraca que a luz do dia, comparável — se assim quisermos — a uma vela acesa vista de uma distância de dezenove quilômetros. Ela não deve ser confundida com a bioluminescência emitida por vaga-lumes ou certas espécies de peixes e bactérias.[34]

Vale a pena lembrar que as propriedades luminescentes de certas substâncias que emitem ondas eletromagnéticas (infravermelho, ultravioleta, raios X ou ondas gama) provêm de energia absorvida como radiação eletromagnética. Se o fenômeno dura menos do que oito a dez segundos, é descrito como fluorescência; se dura mais, então é chamado fosforescência.

Popp observou que estresse, enfermidade e sofrimento vêm acompanhados de um aumento de biofótons. A princípio, ele interpretou a bioluminescência como algo resultante do metabolismo celular, algo análogo às faíscas que saem dos cabos elétricos de um bonde. Posteriormente, um de seus alunos, de nome Rattemeyer, pensou que os fótons provinham do DNA das células, o controlador de toda a informação vital delas. Ele tinha razão. Em 1981, Popp e Rattemeyer publicaram suas conclusões de que os biofótons são emitidos (embora não exclusivamente) pelo DNA celular e que, durante a mitose, quando a cromatina (uma combinação de ácidos nucleicos, principalmente DNA, e proteína encontrada no núcleo celular) se dissolve, isto é, quando passa da fase G_0 à fase G_1, as células liberam emissões maciças de fótons. A essa altura, a bioluminescência não era uma anomalia, mas constituía sinais de grande significância para as células.[35]

Então, compreendeu-se que os biofótons desempenham um papel importante na regulação de todas as funções fisiológicas celulares; ao excitar as camadas de elétrons das moléculas, são responsáveis pelo começo das reações bioquímicas. Em outras palavras, as ordens são dadas pelo DNA, mas são os biofótons que levam as mensagens e disparam o gatilho metabólico. De novo, é possível que eventos moleculares sejam a consequência de reações físicas baseadas nos quanta de energia. Sem o trabalho contínuo dos biofótons, o metabolismo celular terminaria no caos e arrastaria a vida com ele. Os estudos de Popp sugerem que o mecanismo intrínseco da existência deve ser buscado em modelos físicos e químicos que descrevem efeitos, e não causas. Popp estava convencido de que os biofótons eram emitidos pela heterocromatina, parte do DNA (cerca de 98% da molécula) que não é expressa em genes e parece não ter significado. Poderia, ao contrário, ser a parte mais importante do DNA, armazenando luz para regular as reações bioquímicas celulares.[36]

Popp notou que isso só é possível se os biofótons constituírem um campo eletromagnético de alta coerência. De fato, quanto mais numerosas as frequências, maior o grau de informação e menor a possibilidade de que outros fótons, mesmo intensos, possam interferir com seus processos. Uma radiação fraca, mas com uma ordem informativa alta, nunca será perturbada por uma radiação mais forte que careça de ordem. A célula sempre tenta se defender de radiações externas caóticas que poderiam confundir suas comunicações. A natureza faz células resistentes a grandes impulsos eletromagnéticos, mas que são suscetíveis a outros, mesmo muito débeis, quando são coerentes, como aqueles de oscilações homeopáticas ou outras técnicas como a eletroacupuntura e a própria acupuntura.

De acordo com Popp, o DNA se comporta como um fotoacumulador: ele é ativado pela absorção de luz. Então, ele imediatamente a emite na forma de fótons coerentes que agem como raios *laser*. Como mencionado antes, num *laser*, todas as ondas oscilam em fase, tornando sua luz monocromática e extremamente pura. Ao contrário da luz de uma lâmpada, que se irradia em todas as direções (caótica), uma luz de *laser* se torna um feixe unidirecional único (coerente). Uma vez mais, consistência é a palavra-chave para entender como uma intensidade muito fraca é suficiente para dirigir funções celulares complexas. A energia absorvida pelo DNA é compensada por radiação celular ultrafina. Assim, o DNA age como uma estação de rádio que regula não somente os processos bioquímicos celulares, mas também a comunicação entre células.

Tentemos juntar todos esses resultados: segundo Popp, o DNA age como uma estação de rádio; Preparata e Del Giudice veem as moléculas como antenas que emitem e recebem sinais; e o aparelho da TFF funciona como uma estação de rádio em que os medicamentos emitem sinais. Juntos, indicam que o corpo humano e o mundo das coisas são governados por transmissões de rádio que constroem uma rede de comunicações bem conhecida. Prigogine afirmou que é a comunicação que eleva a vida acima do caos, permitindo-lhe evoluir. As células são sistemas abertos, estruturas dissipativas que se comunicam por meio de incontáveis feixes de luz que se originam em cada núcleo. Mais até do que membranas, é a ressonância fotônica que une as células. Esse fato tem consequências para o fenômeno do reconhecimento, da resposta imune e da suscetibilidade à degeneração tumoral. É obvio que os biofótons são responsáveis pela comunicação entre células; os transmissores químicos são apenas os instrumentos.

Em 1982, no Instituto Max Planck de Astronomia, em Heidelberg, Popp e Beetz tornaram os biofótons visíveis usando um amplificador de luz residual com uma tela fluorescente.[37] Ao usar primeiro agrião e depois outro tipo de célula mais sensível aos fótons (a alga verde unicelular *Acetabularia acetabulum*), Popp conseguiu demonstrar que as emissões fotônicas flutuam periodicamente segundo biorritmos celulares; são intensas quando as células estão se desenvolvendo mais rápido, e desaparecem com a morte. De acordo com o senhor e a senhora Kirlian e os pesquisadores de Novosibirsk, Popp notou

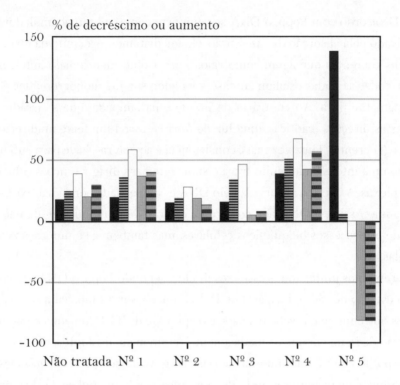

Figura 9.10. Emissão fotônica de *Acetabularia* envenenada com atrazina (Nº 5), reduzida quando comparada ao controle não tratado, uma clara expressão de sofrimento celular precedida por um pico de forte emissão fotônica ("o grito de dor").

um aumento de luminescência no caso de forte sofrimento celular: o envenenamento de uma célula aumentava sua produção fotônica antes da morte, que era reproduzida na tela do computador na forma de explosões luminosas e como picos no gráfico de emissões (fig. 9.10).

Popp foi o primeiro a demonstrar que duas células se comunicam a curtas distâncias por meio de luz coerente emitida por DNA, que também controla as funções das células. De fato, mostrou que se uma *Acetabularia*, em um recipiente de quartzo na câmara escura de um fotomultiplicador, é estimulada com luz branca ou colorida por alguns segundos, suas emissões luminosas aparecerão na tela na forma de explosões pulsantes. Depois de pouco tempo, a intensidade da luz enfraquece, mas se por um segundo colocarmos perto dela algas que emitem sinais luminosos semelhantes, a primeira será reativada com novas emissões de luz; as células parecem dialogar entre si. O tempo usado pela célula para liberar a luz absorvida de seu acumulador (o DNA) é importante. Quanto mais rápido a luz é emitida, menos eficiente é o acumulador.[38]

O DNA representa o sistema iniciador e de controle para funções bioquímicas celulares; ele desempenha um papel na manutenção da homeostase (a habilidade de um sistema de se autorregular para manter seu equilíbrio) e é responsável por comunicações, mesmo a grandes distâncias, entre células. Por meio da luz protegida em seu âmago, o DNA transmite informação com velocidade muito alta por intermédio de um organismo inteiro. Isso explicaria por que a maioria das reações bioquímicas numa célula ocorre pelo menos um bilhão de vezes mais rápido que nos mesmos sistemas *in vitro*. Os biofótons são muito mais numerosos em seres vivos do que em sistemas *in vitro*, confirmando a presença de redes informativas que operam *in vivo*; a eficácia da rede aumenta com a complexidade do organismo.[39] Isso explica por que nos sistemas mais organizados a resposta à estimulação, como na TFF, é mais rápida e eficaz, de acordo com o postulado de Kaiserslautern (que afirma que, quanto mais complexo o sistema, mais completa é a decodificação dos sinais).

Foi observado que existe um equilíbrio entre fótons e crescimento: quando as células se desenvolvem, muitos fótons limitarão a proliferação, enquanto o crescimento aumenta quando os fótons são reduzidos. É possível que nos cânceres essa regulação seja perturbada se os carcinogênicos danificarem o DNA ou interferirem com a coerência da luz emitida. Popp acredita que o câncer pode estar associado à (e talvez seja causado pela) perda de coerência do campo de radiação, que leva à proliferação celular descontrolada.[40] Em geral, toda doença pode estar ligada a perturbações dos campos celulares; talvez o acúmulo de oscilações desordenadas dentro do organismo produza regulações distorcidas. A teoria dos biofótons mostra que impulsos fracos, muito abaixo do limiar da percepção, não têm valor por seu conteúdo energético, mas possuem um significado importante para a transmissão de informação. Isso aponta para a importância de um tipo eletromagnético de sistema de regulação intrínseca nos organismos; pode ser que cada reação química seja precedida por algo físico.

Água, células e luz

Neste ponto, precisamos voltar à água e sua relação com as frequências de luz que emanam do DNA. Dentre suas muitas funções, a água proporciona estabilidade ao DNA: se a porcentagem de água em torno da hélice dupla cai abaixo de 30%, ocorre a desnaturação (mudança estrutural em macromoléculas causada por condições extremas) dos ácidos nucleicos.[41] Sistemas biológicos, sendo abertos, têm um alto grau de ordem porque, ao contrário dos sistemas fechados, estão longe do equilíbrio termodinâmico. Isso lhes permite trocar muita energia e produzir comportamentos coerentes. A vida precisa estar tão longe quanto possível do equilíbrio termodinâmico.

Se aquecermos um líquido por baixo, suas moléculas se agitarão de forma caótica, mas certa quantidade de calor desencadeia correntes de convecção que se tornam mais e mais estáveis até formarem as chamadas células de Benard: estruturas microscópicas ordenadas como pequenas células enfileiradas, compondo um mosaico de tipo dissipativo. Em outras palavras, se nos afastamos do equilíbrio termodinâmico (por exemplo, com uma ação de fervura) para além do caos, as moléculas se reestruturam de forma ordenada. Um sistema só pode ser ordenado quando intercepta um grande fluxo de energia, que não deve ficar aí por muito tempo: uma sobrecarga energética destruiria a coerência.

Frölich propôs o modelo de *oscilações coerentes*.[42] As moléculas de água são ímãs poderosos (já vimos que têm altos valores de dipolo) e tendem a acoplar suas oscilações com a influência de um campo eletromagnético: começam a dançar todas juntas, como num balé. Dessa forma, a energia é transmitida a todo o sistema, como no modelo de estruturas dissipativas. Em determinados estágios de intensidade de campo, as moléculas começam a oscilar de forma coerente, emanando uma onda particular que se comporta como um *laser*. Imagine isto: um *laser* produzido pela água! Essas são *interações de longo alcance*, capazes de controlar todo o sistema. Graças a elas, as moléculas no interior das células são capazes de interagir instantaneamente. E é também graças a esses feixes de *laser* que a água pode receber informação e liberá-la, como na homeopatia, na TFF ou em outros métodos de ativação da água.

Os biofótons são mensageiros celulares, ondas com alta coerência que se enquadram nos modelos de Prigogine e Frölich. Eles não são informação, mas são transportadores. Não são gerados pela célula; são luz captada do ambiente que é então emitida de forma coerente para transportar informação. Os biofótons sugerem a existência de um princípio regulador de controle na célula que pode ser identificado com o próprio campo. Mas vamos deixar as células e começar a explorar os organismos complexos e suas comunicações não sensoriais. Nesse nível de organização, existe um novo elemento que temos de levar em consideração: as emoções.

10
Comunicação vegetal e animal

Sensibilidade vegetal

Na Academia de Polícia de Nova York, em 1966, Cleve Backster ensinou como usar o detector de mentiras, uma forma de polígrafo* que, quando conectado à pele de uma pessoa, mede o potencial elétrico do corpo e as vibrações estimuladas por pensamentos e emoções. Quando a pessoa conta uma mentira ou vivencia as imagens mentais e o estresse emocional comuns a alguém que está em situação de ameaça, são geradas correntes elétricas que alteram o gráfico.

Num fim de tarde, quando voltava para casa, Backster concebeu a ideia de conectar os eletrodos do polígrafo às folhas de uma de suas plantas, uma dracena. Fez isso sem pensar muito, movido por um impulso irracional e aparentemente casual que mudaria toda a sua vida e aprofundaria nosso conhecimento do universo. Ninguém antes dele havia pensado em fazê-lo. Descobriu que as folhas da planta, conectadas ao polígrafo, emitiam correntes elétricas do mesmo modo que seres humanos, gerando um gráfico idêntico. Já que era impossível interrogar a planta para descobrir mentiras, Backster tentou

---

* Um *polígrafo* é um instrumento capaz de registrar sinais biológicos e simultaneamente transcrevê-los em gráficos. O eletrocardiógrafo, o eletroencefalógrafo e o eletromiógrafo são exemplos de polígrafos. [N. A.]

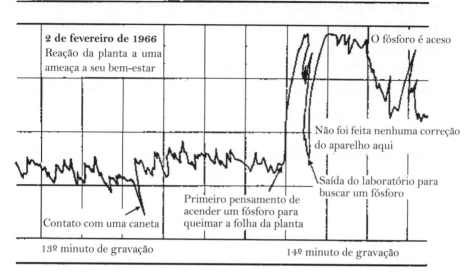

Figura 10.1. Gráfico gravado por Backster em 2 de fevereiro de 1966: a dracena reagiu no exato instante em que Backster pensou em queimar uma de suas folhas.

regá-la. O gráfico da dracena oscilou ligeiramente, como faria uma pessoa que recebesse um estímulo emocional. Então, Backster teve a ideia de queimar uma folha para induzir uma reação de estresse, mas, antes que pudesse tentar, só o ato de pensar naquilo disparou uma resposta alarmada da planta. Ela produziu um padrão semelhante ao de uma reação intensa num ser humano: um pulo para o alto do gráfico, o sinal de uma típica reação de ansiedade (fig. 10.1).

Backster tentou reproduzir o experimento e descobriu que os gráficos registrados de reações de plantas eram exatamente como os de seres humanos e que as plantas podem perceber um sinal emitido por uma pessoa antes que qualquer ação seja tomada. Quando ele pensou em queimar uma folha sem uma real intenção de fazê-lo, não houve reação da planta. Dessa forma, ele veio a compreender que as plantas só respondem a intenções reais, que emitem vibrações emocionais percebidas pela planta.

O trabalho de Backster foi rejeitado. A imprensa recebeu suas publicações com ceticismo, e surgiram piadas sobre plantas que liam pensamentos. No entanto os resultados não se deviam à telepatia, mas à ressonância entre campos. Dado que pensamentos nocivos não induziram respostas a não ser se acompanhados de intenção, é evidente que a planta percebeu a variação do campo causada pela intenção. As plantas não são capazes de ver um fósforo sendo aceso; em vez disso, percebem a intenção e a variação emocional que as acompanham.

Mais tarde, Backster descobriu que nem uma gaiola de Faraday nem um anteparo de chumbo podem bloquear esse tipo de comunicação. Mediu para verificar se o fenômeno também ocorreria com uma grande distância entre ele e a planta: aconteceu mesmo quando ele estava em outro aposento ou em outra casa. Uma vez que a harmonia entre planta e pessoa era estabelecida, a comunicação era possível mesmo a quilômetros de distância. Também descobriu que na ausência de uma conexão *emocional* com a planta, o experimento mal podia ser feito, mesmo a curta distância. Se há indiferença, as correntes emocionais são bloqueadas. Comunicações pessoa-planta são mais fortes com certos estados emocionais ou com certas pessoas, como aquelas que se diz terem "dedo verde", uma expressão adequada para perfeita ressonância.

Backster relatou um caso de falta de reação das plantas aos estímulos costumeiros quando uma fisiologista que fazia cortes botânicos testemunhou os experimentos. No campo dessa mulher estavam gravadas emoções violentas que "paralisaram" as plantas; elas só começaram a reagir 45 minutos depois que a cientista havia partido. Backster interpretou aquele silêncio como sendo uma "perda de consciência" ou "desmaio" em defesa contra um perigo em potencial.[1]

Posteriormente, Backster observou que os cenários das reações das plantas não eram fáceis de definir; alguns episódios emotivos que aconteciam a apenas três metros de distância não eram registrados, mas a setenta metros, sim. As plantas respondiam não somente às intenções agressivas dos humanos, mas também a ameaças não expressas como o pulo de um cachorro ou alguém que não as amava; ressonaram até com as ações de uma aranha tentando evitar a interferência humana.[2]

Para demonstrar a transferência de informação do campo de uma pessoa para o de uma planta, Backster trabalhou com um jornalista a quem foi perguntado seu ano de nascimento, que foi registrado. Então, na presença da planta, Backster propôs uma série de datas como resposta. O jornalista sempre disse não, portanto mentindo quando a verdadeira data foi mencionada. O filodendro conectado ao galvanômetro registrou o momento exato da mentira do jornalista. A experiência, relatada na revista *Seleções do Reader's Digest*, sugere que uma planta pode responder às mentiras de um ser humano com a mesma reação que seria registrada por um galvanômetro conectado à pele dele.[3] Isso é consistente com a hipótese de uma rede de comunicação universal.

Backster notou vestígios de "sofrimento" em plantas quando algumas bactérias de iogurte morreram, o que lhe sugeriu uma nova série de experimentos, que levaram à sua famosa experiência com plantas e camarões. É esta: um aparelho jogava camarões vivos numa panela de água fervente, de forma aleatória, sem conhecimento do pesquisador. Em três recintos diferentes, havia plantas conectadas a galvanômetros. Os resultados foram gravados com e sem camarões e por um galvanômetro não conectado a nenhuma planta para excluir interferências ambientais e variações de corrente. O resultado foi que todas as plantas reagiram de forma intensa e sincrônica à morte dos camarões.[4] Dessa observação, Backster concluiu que, durante o sofrimento físico e na hora da morte, não só as bactérias e os crustáceos, mas todas as formas de vida emitem um grito de dor — como ele descreveu — que outras formas vivas podem captar. Mais do que um "grito", é talvez uma súbita variação da intensidade do campo, que galvanômetros, fotomultiplicadores e a eletrofotografia são capazes de registrar.

O experimento do camarão concedeu a Backster fama e fortuna para continuar suas pesquisas com equipamentos mais refinados, como cardiógrafos e eletroencefalógrafos. Ele confirmou que uma planta reage violentamente à quebra de um ovo não fertilizado de galinha e que isso poderia ser estendido ao Reino Animal, dado que um ovo conectado a um cardiógrafo registrava a morte de um ovo atirado em água fervente. Esperma humano num tubo de ensaio respondia ao sofrimento físico vivenciado por seu doador a uma distância de mais de dez metros. Backster relatou o resultado desse experimento em 1975 nas May Lectures, em Londres. Na ocasião, ele relatou também que o ceticismo de um indivíduo presente durante os experimentos poderia afetar negativamente os resultados, do mesmo modo que um comportamento de confiança agiria como um catalisador para a reação investigada. Parece que os seres humanos podem interferir com o que observam. Se uma pessoa, ou qualquer outro ser, inconscientemente dá sinais emocionais que interagem com o ambiente, o sistema de comunicação é muito sensível a interferências de outras ondas capazes de catalisá-lo ou inibi-lo.

Outros pesquisadores também realizaram experimentos com plantas. Pierre Sauvin, um eletrotécnico de Nova Jersey, descobriu que uma pessoa é capaz de se comunicar a distância com as plantas, mesmo que apenas recordando um acontecimento dramático. Quando a pessoa se lembrava do acontecido, a planta registrava uma alteração no campo emocional da pessoa (o espaço no qual as emoções são transmitidas) semelhante àquela causada pelo próprio evento. Em outras palavras, a memória ou a imaginação, do mesmo modo que a realidade, parecem induzir efeitos de campo mensuráveis.

Sauvin documentou uma melhor comunicação com plantas às quais dava um tratamento mais atencioso. Ele confirmou as respostas de plantas a todo tipo de emoção: sofrimento, dor, choque, prazer, bem como a morte de células no ambiente. Cansado de expor as plantas à dor para medir suas respostas, Sauvin investigou como elas reagiram a um de seus orgasmos a mais de noventa quilômetros de distância: a reação foi imediata e sincrônica com o momento de prazer.[5]

Eldon Byrd, um técnico de laboratório de Silver Spring, Maryland, confirmou tanto os estudos de Backster quanto os de Sauvin, e demonstrou na TV a reação de uma planta a diferentes estímulos, incluindo a intenção de queimá-la.[6] O japonês Ken Hashimoto, doutor em filosofia e técnico em eletrônica dos arredores de Yokohama, então diretor administrativo e chefe de pesquisas na Fuji, chegou mesmo a "falar" com seu cacto. Antes disso, ele havia desempenhado uma função na polícia equivalente à de Backster e tinha lido os relatos desse. Hashimoto decidiu tentar "ouvir" suas plantas transformando os movimentos do polígrafo em modulações sonoras, dando-lhes assim uma "voz". Seus primeiros experimentos não tiveram êxito, mas quando sua esposa, que tinha muito jeito com plantas, foi amorosa com o cacto, a planta reagiu de imediato. O som que veio do equipamento era semelhante ao zumbido de fios elétricos de alta voltagem, com ritmos e tons que variavam, que se tornaram quase uma agradável canção, por vezes animada e por vezes feliz.[7] Em seu livro sobre a quarta dimensão, *Mystery of the Fourth World*, Hashimoto declarou estar convencido da existência de um mundo além daquele percebido por nossos sentidos físicos, uma dimensão da qual nosso mundo sensível é só uma sombra. O que nos leva de volta a Platão... e ao outro lado das coisas.

O mais famoso seguidor de Backster foi Marcel Vogel, um químico californiano de Los Gatos, que melhorou a condutividade dos eletrodos de polígrafo espalhando uma geleia especial de ágar-ágar, uma base de gelatina, sobre as folhas. Vogel começou suas pesquisas em 1971 tentando encher seu filodendro de amor e registrando seus resultados. O pesquisador comparou o fenômeno à comunicação não verbal que, por exemplo, ocorre entre duas pessoas apaixonadas, ou ao momento em que um conferencista ou ator sente hostilidade ou carinho da plateia. Essa hostilidade pode deixar um ator bloqueado, como as plantas de Backster na presença da fisiologista. Vogel defende a existência de uma *força vital* que permeia todos os seres vivos, vegetais ou animais, facilitando a comunicação não verbal entre as diferentes formas de vida.[8] Vogel se colocou diante de sua planta, conectado ao galvanômetro, relaxado, e tocou as folhas enquanto lhe passava emoções afetuosas, como a um amigo. A planta respondeu com uma série de oscilações cada vez maiores que pararam depois de alguns minutos, independentemente de Vogel continuar as manifestações de afeto. Era como se a planta tivesse descarregado suas energias e precisasse se recarregar.[9] Em outro experimento, ele conectou duas plantas ao mesmo galvanômetro e cortou uma folha da primeira planta; notou que a segunda só reagia se ele lhe desse atenção: em suma, Vogel precisava estar conectado à planta para obter resultados.[10] Em uma conferência, ele disse:

> É fato: o homem pode se comunicar, e se comunica, com a vida vegetal. As plantas são objetos vivos, sensíveis e enraizados no espaço. Podem ser cegas, surdas e mudas no sentido humano, mas não tenho dúvida de que são instrumentos extremamente sensíveis para medir as emoções humanas. Elas irradiam energia e forças benéficas ao homem. E você pode sentir essas forças! Elas alimentam o campo energético humano, o que por sua vez regenera a planta.[11]

Uma amiga de Vogel com habilidades extrassensoriais pegou duas folhas de uma planta saxifragácea: a uma, ela deu amor todos os dias, enquanto a outra ficou abandonada. Um mês depois, a segunda estava murcha e quase podre, enquanto a primeira estava verde e cheia de vida, como se acabasse de ser cortada. O experimento foi repetido e reproduzido por Vogel.[12] Parece que nossos campos emocionais transferem informações de amor e saúde que afetam a matéria. Vogel e Backster anteciparam em anos as experiências de Emoto com a cristalização da água sujeita a estados emocionais como amor e ódio.

Ao microscópio, Vogel estudou a dinâmica sutil dos cristais líquidos; ele concluiu que os cristais são levados a um estado sólido ou líquido por pré-formas (ou imagens fantasmas) feitas de pura energia, que precedem a formação do sólido ou dos líquidos. Nisso, ele antecipou a ideia do código básico e de seu campo informado como um mapa para a construção do corpo.

Os primeiros experimentos realizados com plantas na União Soviética datam da década de 1970. Na Academia de Ciências Agrárias de Moscou, foram gravados sinais de sofrimento emitidos por brotos de cevada na hora da morte. Na Universidade Estadual de Alma Ata, em Kazan, usando a técnica pavloviana de reflexos condicionados, um fenômeno de memória de curto prazo foi observado em plantas: estimulada com eletrochoques cada vez que tocava um determinado mineral, uma planta aprendeu a reconhecê-lo e a reagir à sua presença, mesmo sem o choque elétrico.[13] Em 1972, Vladimir Soloukhin, do Centro de Pesquisa Akademgorodok, na Sibéria, publicou no periódico *Nauka i Zhizn* suas descobertas sobre o fato de que as plantas parecem recolher ideias e preservá-las por certo tempo. As plantas manifestaram reações de medo na presença de pessoas que as torturaram, enquanto expressaram um gráfico suave na companhia de pessoas que cuidavam delas. Estudos sobre o *Efeito Backster* prosseguiram em várias partes do mundo, e todos confirmaram que as plantas (bem como qualquer outro ser vivo) percebem sinais de natureza emocional emitidos por outros. Os sentimentos e as emoções no interior do corpo podem ser captados por outros seres, mesmo a grandes distâncias. Em especial, a morte celular pode ser vivenciada com intensidade dramática.

Resumindo: as emoções humanas produzem variações de campo com as quais as plantas ressonam; elas reagem, modificando seu próprio campo e emitindo determinadas correntes. Se houver uma relação de intimidade entre planta e pessoa, a comunicação emocional pode ser imediata, mesmo a grandes distâncias. Os campos das plantas também podem ressonar com outras espécies animais e responder ao sofrimento e à morte. Enfim, o ato de imaginar produz, nas plantas dentro de nosso campo emocional, efeitos idênticos aos causados por acontecimentos reais.

Emoções e animais

É uma observação comum a de que animais respondem a sentimentos fortes de seres humanos. Se uma criança tem medo de um cachorro, a variação do campo emocional da criança na presença do cão é transmitida ao animal, que levantará a cabeça e as orelhas na direção da criança. Desde a década de 1980, o biólogo britânico Rupert Sheldrake vem estudando o comportamento dos animais e seus poderes de comunicação extrassensorial. Muitas espécies são capazes de captar mudanças nas emoções emitidas por seres humanos com quem estabeleceram uma relação particular ou com animais de seu próprio grupo. Isso ocorre em manadas, bandos de aves, grupos de insetos e cardumes, desde que haja um sentimento de pertencimento ao grupo ou uma ressonância emocional particular, como a que existe entre dono e animal.

Cães e gatos reagem à intenção de seu dono de voltar para casa, assim como as plantas reagem à intenção de cometer maldades: suas reações são sincronizadas com a onda emocional emitida pela pessoa. Sheldrake usou câmeras de circuito fechado para documentar o momento exato em que um cachorro indicava, por seu comportamento (como aproximar-se da porta ou olhar pela janela), que sentia a chegada iminente do dono à soleira da porta; ainda que o dono viesse para casa em horários variados, o cão todas as vezes sentia o momento preciso em que ele chegaria. Às vezes, mudanças comportamentais ocorriam no momento em que o dono ativava a intenção de retornar, mesmo que a grande distância. O aumento da ocorrência desses comportamentos era bem evidente e estatisticamente significativo.[14]

Essas são interferências de campo, trocas de informação entre pessoa e animal, mesmo a distância. Se uma pessoa libera determinada onda emocional, ela pode influenciar o comportamento de seu animal. Por exemplo, quando o dono de um cachorro pensava em salsichas ou biscoitos, o cão sentia o pensamento e aparecia na frente do dono: não estava respondendo à palavra, mas à alteração no campo emocional da pessoa. Assim como as plantas percebiam as intenções de Backster, os animais são capazes de captar emoções e imagens mentais transmitidas por seres humanos. Também existe uma evidência clara de comunicação entre animais, como um cão que percebe a morte de um amigo canino a distância. Cito dois experimentos interessantes relatados por Sheldrake.

O primeiro foi realizado com cães por um psiquiatra do Hospital Estadual de Rockland, em Nova York. Foram separados uma mãe e seu filhote, e em seguida o filhote foi ameaçado. No momento exato em que o filhote foi ameaçado, a mãe reagiu como se ela própria tivesse sido ameaçada, mesmo estando longe. Do mesmo modo, em outra experiência, os batimentos cardíacos de um cachorro conectado a um eletrocardiógrafo aumentaram no momento exato em que seu dono foi ameaçado.[15]

No segundo experimento, o pesquisador francês René Peoc'h comparou o comportamento de pares de coelhos da mesma ninhada, criados juntos por meses, e outros coelhos criados separadamente. Cada animal estava em um local confinado, com isolamento acústico e eletromagnético; o estresse ao qual estiveram sujeitos foi avaliado pela medição do fluxo sanguíneo. Notou-se que quando um coelho do par criado junto tomava um choque, o outro imediatamente manifestava tensão. Isso não ocorreu entre pares que haviam sido criados separadamente.[16]

Os animais estabelecem ressonâncias até com os lugares onde vivem, o que lhes permite encontrar outra vez o caminho de casa sem cometer erros. A memória de um lugar é um grande mistério: como podem espécies migratórias, como de insetos, aves, tartarugas e outros animais, voltar ao mesmo lugar? As borboletas-monarcas que passam o inverno no México requerem de três a cinco gerações para completar a jornada. Embora nenhum exemplar possa realizar a jornada completa, todos parecem estar dotados com um programa inato contendo a memória do itinerário. Nos anos 1950, o biólogo holandês A. C. Perdeck mostrou que, forçando os jovens de uma espécie migratória* a mudar de rota, novos padrões de migração podiam ser estabelecidos numa única geração.[17] Alguns bandos que migraram da Holanda para a

---

* Perdeck conduziu seu experimento com estorninhos, um pássaro comum na Europa. [N. T.]

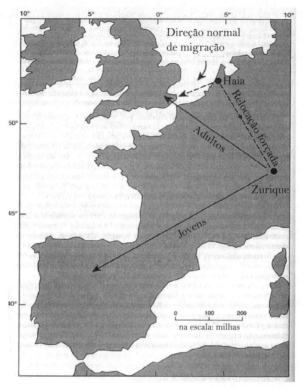

Figura 10.2. Os bandos transportados da Holanda à Suíça tomaram duas direções diferentes: os adultos retornaram à Inglaterra, enquanto os jovens voaram numa rota paralela, que os levou à Espanha.

Inglaterra foram capturados e levados à Suíça. De lá, os adultos encontraram o caminho de volta à Inglaterra, enquanto os jovens prosseguiram em uma rota paralela à que teriam seguido desde a Holanda e chegaram à Espanha. Um programa interno que lhes dava instruções os guiou. Alguns deles retornaram a seu país de origem mesmo tendo partido de um local novo, e no ano seguinte eles voltaram para a Espanha (fig. 10.2). Nesses casos, se uma informação diferente anula a anterior, não é devido à mutação genética, mas a ressonâncias entre campos.

Por fim, existem relações entre animais que dão suporte à organização de sociedades complexas (como abelhas, cupins e formigas) ou que dirigem ações complexas de grupos como cardumes ou bandos de aves. É como se houvesse uma alma grupal ou, segundo Sheldrake, um *campo mórfico* servindo como guardião da forma. Tomemos o caso de cupins que constroem ninhos de vários metros de altura com câmaras subterrâneas e túneis, uma rede de conexões que exige o trabalho de gerações de operários que devem interagir de maneira precisa e ordenada. Ainda não está bem entendido como esses insetos se comunicam por períodos tão longos. Sheldrake sugeriu a existência de um campo social contendo o plano de construção, assim como o código básico e seu campo informado. A construção do cupinzeiro depende de seu campo mórfico, do mesmo modo que a orientação de fragmentos de ferro em torno de um ímã depende de seu campo magnético. Quando os cupins constroem arcos, fazem as colunas primeiro, inclinando-as a seguir, uma na direção da outra, até se encontrarem. Como o fazem é incompreensível, já que não podem ver. Não são guiados pela visão, pelo som ou pelo olfato: os cupins sabem o caminho e obedecem a um *design* invisível.[18] De quem é o *design* desses grupos de animais?

O naturalista alemão Günther Becker demonstrou que os cupins são guiados por um biocampo que pode penetrar barreiras materiais, assim como um campo magnético. Esses insetos têm consciência de todo o território e de seus limites. Nos cupinzeiros, os túneis verticais só são construídos nas paredes periféricas; o mesmo ocorre em experimentos nos quais os cupins são divididos em vários recipientes (fig. 10.3). Em uma fila de recipientes retangulares, túneis verticais foram construídos apenas nos dois recipientes externos (e não nas paredes adjacentes a outros recipientes), para delinear o

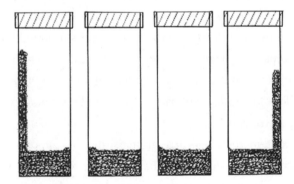

Figura 10.3. A construção de túneis verticais por cupins em cativeiro dentro de recipientes plásticos só ocorre nas paredes externas, não nas paredes adjacentes a outros recipientes. As barreiras das paredes internas não barram o campo que é transmitido de um recipiente a outro.

começo e o fim do ninho.[19] O que confere ao todo seu conceito? Um campo unificado produzido pelos cupins, que os domina e os ordena de forma que se comportam como um único organismo.

Esse tipo de campo foi postulado na década de 1920 pelo naturalista sul-africano Eugène Marais, que realizou experimentos quanto à habilidade dos cupins em reparar qualquer dano em seus cupinzeiros. Isso foi durante os mesmos anos prolíficos em que Gurwitsch descobriu as ondas mitogenéticas, os campos morfogenéticos das plantas foram descritos, e percebeu-se que as plantas têm campos equivalentes aos dos grupos animais. Sem contato entre eles (como os pesquisadores que estavam obtendo os mesmo resultados sem saber sobre os demais: também graças às ondas mórficas!), mesmo com um diafragma de aço no meio, os insetos construirão de modo idêntico os dois lados de suas estruturas,[20] como se houvesse um plano predeterminado, um campo de organização conectado à rainha.

De forma semelhante, o campo de um bando de aves ou de um cardume ajusta e regula o campo de cada criatura de forma que o grupo se comporte como uma única unidade. Os seres se anulam mutuamente na unidade, e isso torna possível a sincronicidade perfeita das manobras velozes de centenas de peixes ou aves, em que a cada instante cada um sabe em qual direção seus vizinhos se moverão. Na reação de fuga súbita dos peixes, na qual eles parecem desaparecer instantaneamente, cada um dispara de seu lugar a uma velocidade de dez a vinte vezes igual a seu comprimento por segundo. No caso das aves, o movimento muito rápido ocorre ao longo de ondas que se propagam com um intervalo de quinze milissegundos entre cada uma delas. Cada movimento individual de todo o cardume ou bando está perfeitamente coordenado com os outros do mesmo grupo e, portanto, é uma única entidade, uma *superentidade* capaz de direcionar cada aspecto particular de seus componentes.[21]

Algo parecido ocorre entre os seres humanos. A psicanálise refere-se à *alma de grupo*, termo utilizado na chamada análise de grupo, em que o grupo não é considerado como uma série de indivíduos (por exemplo, pessoas numa parada de ônibus), mas como uma realidade única funcionando segundo o que a psicologia chama de inconsciente coletivo, um campo de grupo. Entre os participantes, há relações particulares que resultam numa homogeneidade de frequências; fica evidente que certos estados de espírito com frequência estão presentes em todos os membros do grupo ao mesmo tempo. Algumas memórias podem emergir coletivamente, bem como certos aspectos de amnésia que podem subitamente ocorrer no grupo todo. Esses princípios fornecem uma base, por exemplo, para terapias como as "constelações familiares" desenvolvidas por Bert Hellinger.[22] Nesses casos, a alma do grupo permite ao indivíduo interpretar outras pessoas como sendo iguais a ele; mesmo sem conhecer um ao outro, eles são capazes de ler o caráter, as memórias e os segredos como se já fossem "magicamente" conhecidos. Esse fenômeno de ressonância pode ser atribuído às forças de um campo mórfico coletivo.

Comunicação entre seres humanos

A comunicação humana extrassensorial é possível; há uma extensa literatura sobre esse tópico, mas não vou me aprofundar nisso agora. Só quero destacar que é mais comum em pessoas vivendo em contato próximo com a natureza, não contaminadas pela tecnologia. Quando o pensamento analógico não está sujeito ao rígido paradigma lógico, certas pessoas são mais capazes de aceitar experiências além da barreira dos sentidos; refiro-me aos povos descritos como primitivos. Exemplos de comunicação telepática foram relatados entre muitos povos nativos da África, do Extremo Oriente e da América. Os bosquímanos, por exemplo, sabem exatamente quando os caçadores de sua tribo mataram um antílope, mesmo a uma distância de nove quilômetros, e sabem de antemão quando retornarão.[23]

Quando eu estava nos Andes peruanos, conheci os Q'eros, os mágicos dos Andes. Os Q'eros representam uma minúscula nação de raça inca pura que, por séculos, têm vivido em vales inacessíveis a altitudes de quase 6 mil metros. Citarei um dos muitos episódios que tive a oportunidade de testemunhar. Nosso grupo estava no Vale Sagrado na companhia do chefe espiritual da comunidade Q'ero, Don Mariano, quando um dos guias, Raoul, teve que ir para sua casa em Cuzco. Ele nos disse que voltaria a tempo para o jantar. Nossa cabana na floresta a 3.900 metros não tinha telefones, e naquela época não havia celulares, sobretudo nos Andes. Algo devia ter acontecido, pois Raoul não voltou e permaneceu ausente a noite toda. Na manhã seguinte, como estávamos todos preocupados, alguém pediu a Don Mariano para perguntar a Apu, o Grande Espírito, sobre o que havia acontecido com nosso amigo. Isolando-se, o chefe dos Q'eros pediu a Apu que nos desse notícias (talvez tenha "sintonizado" seu campo com o de Raoul), e esse anunciou que não havia nada com que se preocupar, pois nosso amigo havia ido levar sua mãe doente ao hospital no dia anterior, mas ela agora estava melhor, e Raoul voltaria à noite. De fato, nós o vimos pouco antes do pôr do sol, e ele pediu desculpas pelo atraso causado pela hipertensão de sua mãe, que àquela altura havia retornado do hospital para casa. Se de fato Don Mariano "leu" o campo de Raoul, isso significa que as emoções podem ser escritas como se fosse numa lousa ou podem ser gravadas numa chapa fotográfica. Elas não atingem o limiar da consciência, mas podem ser "lidas" por quem é capaz de percebê--las, especialmente quem possui laços genéticos e emocionais.

Para incas mais avançados, tudo isso é normal: de outra forma, como poderiam eles se comunicar, quando vivem a semanas de caminhada de distância das cidades? Pessoas assim desenvolveram faculdades para ressonar umas com as outras a grandes distâncias, de forma a poder se comunicar (e sem computadores).

Os mais avançados celtas das Terras Altas escocesas também podem ter tido visões de visitantes que só viriam a aparecer mais tarde. Na Noruega, o mesmo fenômeno é chamado de *vardøger*, literalmente "espírito que percebe", e de novo estamos falando de uma percepção de intenções. A esposa pode "sentir" o marido vindo para casa tão logo é avisada pelo *vardøger* e, na mesma hora, ela põe a chaleira no fogo para fazer o chá.[24] Eles o chamam de "o espírito". Quantas vezes o campo foi considerado espírito, e a ressonância de campo foi atribuída a forças divinas! Como os neoplatônicos do Renascimento chamavam o campo? Espíritos! A magia é a física dos campos.

Algumas pessoas usam pensamentos ou correntes emocionais para se comunicar com seus animais enquanto esses dormem. Imaginam-se dando ordens, por exemplo, a seu cão, e o cachorro obedecerá depois de acordar, como um comando pós-hipnótico. Vladimir Bechterev, um cientista soviético, estudou na década de 1920 muitos fenômenos de ordens dadas mentalmente a cães, algo que também pode ser eficaz a grandes distâncias.[25] Isso é semelhante a uma técnica usada pelos índios norte-americanos chamada sussurrar para cavalos, ou a vasta gama de experiências coletadas por Carlos Castaneda sobre seu aprendizado com Don Juan e os feiticeiros da América Central.[26]

Entre todos sempre existe um

Cardumes e bandos de aves se comportam como um organismo formado por milhões de células. O organismo realiza a mais perfeita harmonia do todo, de forma que o interesse coletivo prevalece sobre o individual. O fígado faz o que deve fazer porque é um fígado; ele não faz o que cada célula individual gostaria que fizesse (isso com certeza reflete a vontade coletiva em fisiologia, mas não em patologia). Células do fígado desaparecem como identidades individuais e unidades independentes, e só o fígado como um todo existe.

Cada ser humano é um exemplo de como bilhões de células deixam de ser indivíduos para existir em uma entidade chamada pessoa. Senão, cada célula existiria por si só: as células do fígado de um lado, as do pâncreas do outro, e a tireoide iria embora para crescer de outras formas. Para cada sistema existe uma única direção, que por sua vez falhará se o sistema for reduzido a unidades separadas. Numa parede de tijolos, os tijolos já não são tijolos; perdem individualidade, e a entidade remanescente é a parede. O tijolo funde-se à parede, como as células no órgão, o peixe no cardume, a ave no bando, ou o hidrogênio e o oxigênio na molécula de água. Desaparecem do mundo para reaparecer como uma entidade.

A lei fundamental, do micro ao macrocosmo, é que o campo de um grupo tem precedência sobre o de um indivíduo. No mundo das partículas, um campo que organiza estrutura e identidade governa cada átomo. Os átomos sacrificam essa identidade agrupando-se em moléculas. O campo da molécula (que precede a molécula) prevalece sobre o dos átomos e os incorpora em si, assim como o construtor que tira a identidade dos tijolos para dá-la à parede. Quando as moléculas são organizadas em agregados (proteínas, vírus, cristais, e assim por diante), os campos organizadores dessas estruturas prevalecem sobre as moléculas. O mesmo se aplica àqueles que compõem as células e aqueles incorporados a sistemas mais complexos, como órgãos e corpos que podem ser estruturados em grupos.

Indivíduos suspendem suas individualidades se são chamados para formar um sistema organizado: é uma regra universal que a entidade superior prevalece sobre a inferior. A célula se perde no órgão, como o peixe no cardume ou a ave no bando; formar um todo é sua função primordial. A função é o sistema de regulação intrínseca. Se a unidade do todo se perdesse, seria uma catástrofe: o crescimento celular descontrolado pode levar a um neoplasma, assim como numa rebelião social um único homem de uma sociedade pode causar crime e subversão da ordem.

Pertencer a um grupo promove comunicação extrassensorial em organismos superiores assim como em células isoladas; um esperma emite ondas de dor quando seu doador é maltratado; as células moribundas de Novosibirsk induzem a morte de suas companheiras; os coelhos são capazes de transmitir seu choque aos parceiros. É possível que a ressonância entre campos frequentemente ocorra junto às comunicações sensoriais normais, e assim não é notada porque está mascarada, assim como em medicamentos quando a ação do campo é concomitante com a molecular. Como resultado, a ressonância de campo pode ser mais prontamente observada em fenômenos distantes que os sentidos não alcançam.

Ações de campo desempenham papéis fundamentais na sobrevivência de um indivíduo, como foi provado pelos estudos de comportamento animal. No decurso da evolução, para comunicar-se a distância, os humanos inventaram o rádio, o telefone, o fax e o correio eletrônico, mas isso fez propriedades comunicativas mais naturais se fossilizarem. Quando um animal e seu dono *sentem* um ao outro a grandes distâncias é como se houvesse um vínculo entre eles, como duas antenas sintonizadas na mesma frequência; eles podem se encontrar entre milhões de outras frequências. Foi a partir dessas observações que Sheldrake desenvolveu a teoria dos campos morfogenéticos. É a mesma teoria que a da super-radiância: o campo gerado por oscilações de partículas regula-as por um mecanismo homeostático, permitindo às moléculas conectar-se em interações de longa distância.

A informação quântica, a física de ondas e as comunicações de campo expressam a ideia de que no decorrer do século passado estivemos indo de um mundo de sólidos e massas para um mundo de vazio e informação: não há nada molecular na comunicação pela Internet. Modelos teóricos foram afetados, pois há certos panoramas em que as noções de interações moleculares estão sendo substituídas pela hipótese de interações de campo. A super-radiância nos fornece um modelo em que cada célula está equipada com um campo supervisor, que controla o sistema e governa os processos vitais. Podemos prever o mesmo para cada organismo e, de modo mais geral, para cada arranjo. Com autorregulação incessante, o campo superior mantém em ordem os campos que pertencem ao conjunto, o que por sua vez contribui para a manutenção do campo complexo. Podemos aplicar os modelos de super-radiância às plantas e aos animais descritos por Sheldrake, bem como a objetos. A organização de sistemas sempre incluirá um único diretor e a subordinação do indivíduo à prosperidade do todo.

Campos à frente de seu tempo

Curiosamente, dentre as maiores mentes humanas, o teólogo e filósofo do século XIX Antonio Rosmini Serbati, de Rovereto, na Itália, pareceu antecipar a ideia dos códigos básicos e campos informados na sua *Doutrina dos Princípios Corpóreos*. Embora não conhecesse física quântica, adivinhou a existência do código básico com algo que denominou de "princípio corpóreo". Rosmini sentiu a necessidade de "discutir que, aquilo que percebemos, alguma outra virtude precede" (os neoplatônicos renascentistas usavam essa terminologia), já que o princípio do corpo é um princípio "que não está presente na percepção, mas parece se esconder por trás da cena" (*Psicol.*, n. 747). De fato, o corpo físico considerado em si mesmo, "não como o percebemos, poderia ser uma entidade em si mesma" (*Psicol.*, n. 775). Ele sentia que havia algo oculto por trás da aparência do corpo: "O *princípio corpóreo*, portanto, não é a substância corpórea a que a humanidade se refere quando usa o nome *corpo*; é um princípio desconhecido que jaz além dessa substância" (*Psicol.*, n. 777).[27]

Esse algo, Rosmini declara explicitamente, é a própria causa do corpo que é regenerada pelo princípio corporal: "o princípio corpóreo é o que determina o corpo" (*Teos.*, vol. VI). Parece que ele poderia estar falando sobre o código básico das coisas e seu campo informado: "o princípio corpóreo e material em um sujeito que já está informado pelo espaço" (*Teos.*, vol. VI). Rosmini também escreve sobre a natureza de seu código; ele soa como Pannaria quando fala sobre a matéria básica. Vamos ouvi-lo:

> Ainda estamos num estado de ilustrar o conceito de princípio puro. Distinguimos o conceito de princípio puro do conceito de princípio não identificado. O segundo é a verdadeira entidade, mas o princípio puro é um conceito muito abstrato [...] potencial. [...] Dado que pensamos em um princípio identificado, esse princípio tornou-se uma criatura e já não é um princípio, e assim já não é o que era antes: dado que o princípio puro é entidade pura, e entidade pura é Deus. (*Teos.*, vol. VII)[28]

Esse princípio — o qual *não* se tornou uma criatura (que já não é um princípio puro) — é o campo. Originalmente matéria pura, quando é identificado como criatura, perde sua pureza. Ao mesmo tempo adquire informação e se torna matéria informada, que por sua vez força a matéria pura a se combinar. Intuição à frente de seu tempo? Ressonâncias? Precognição?

11
Campos emocionais

Quem já não teve a experiência de perceber o estado emocional de outra pessoa, a impressão de sentir o que mais alguém está pensando ou sentindo, a certeza de saber que alguém está ou não mentindo? Quem nunca ligou para alguém e descobriu que aquela pessoa estava pensando na que ligou naquele momento? Não são coincidências. E quando nos descobrimos dizendo "Sabia que isso ia acontecer" ou "Algo aqui dentro me dizia"? Ou a situação em que alguém que está distante parece perceber o sofrimento de um ente amado, ou seu medo, ou a sensação de perigo? É como se algo nos inspirasse, nos falasse. Esses são exemplos de comunicação entre o campo de outra pessoa e o nosso.

As emoções também vibram nos campos dos organismos e são responsáveis pelos fenômenos anteriormente descritos para plantas e animais. Um campo pode variar como resultado de estímulos emocionais e também pode ressonar com as emoções de outros seres, porque estados emocionais também são informação. Assim como o campo informado de uma entidade afeta sua forma, variações emocionais produzem reações físicas: riso, choro, coração acelerado, excitação, fúria e outras. Da mesma forma que o campo informado se comunica com o ambiente, suas variações emocionais são transmitidas para outros seres. Nossas emoções afetam os campos de nosso cão, nosso gato, a planta de nossa sala, o fruto em nossa mesa, a bactéria de nosso iogurte, o vinho na garrafa, a própria garrafa, a mesa, as paredes, o ar, e assim por diante. Por meio dos campos, comunicamos emoções a tudo ao nosso redor: variações infinitesimais que os sentidos, em geral, nem conseguem perceber.

Não apenas a água, mas toda matéria tem uma "memória". Todos os tipos de matéria registram eventos em seus campos. Os lugares podem absorver ondas emocionais de eventos dramáticos e reter memórias, mesmo ao longo dos séculos. As emoções assustadoras que acompanham um crime, por exemplo, podem ficar impregnadas no ambiente: casa, plantas, pedras, terra etc. Entretanto é plausível que comunicações emocionais tendam a ocorrer sobretudo com formas de vida com as quais já temos uma ressonância afetiva intensa (são mais prováveis com seu próprio cachorro ou a planta do que com as bactérias no iogurte).

Harold Saxton Burr observa que um sofrimento agudo gera ondas emocionais intensas, as quais facilmente influenciam o campo de outro ser, enquanto uma agonia lenta, parte de um processo mais natural, fica gravada com menor intensidade.[1] Em geral, a natureza tende a "adormecer" na presença de ritmos contínuos, enquanto é despertada por variações abruptas de ritmo, de tom, de intensidade. O mesmo acontece com a TFF: as frequências de um medicamento são gravadas com mais eficácia se forem transferidas de forma pulsante, com impulsos e pausas. As células respondem melhor a estímulos descontínuos. A matéria adora o ritmo e teme a monotonia; os campos palpitam interminavelmente. Certos ritmos tornam a transmissão emocional mais fácil de um campo a outro.

No caso de conexão emocional ou genética, transmissões emocionais não estão sujeitas a regras espaciais e podem ocorrer instantaneamente, mesmo a grandes distâncias, como veremos no próximo capítulo. Transmissões emocionais também não estão limitadas pelo tempo. Os campos retêm informação, como gravações num CD de capacidade ilimitada, ou o que Giordano Bruno definiu como "recipiente capaz de se acomodar à infinita substância".[2] Um evento emocional que foi particularmente intenso pode permanecer memorizado por anos e ser "lido" muito tempo depois por um vidente, assim como no caso de objetos.

A emoção pode afetar até a atividade de equipamentos eletrônicos. Um experimento com pintinhos publicado por René Peoc'h demonstra a influência de campos emocionais sobre um aparelho mecânico.[3] Vejamos como. Os pintinhos,

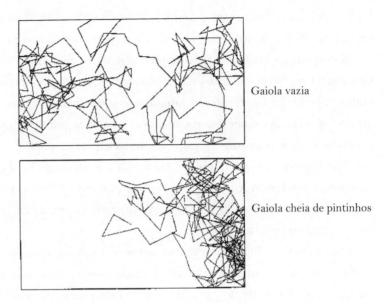

Figura 11.1. Experimento de R. Peoc'h: o primeiro diagrama mostra o percurso do robô na ausência dos pintinhos; o segundo diagrama mostra o mesmo na presença dos pintinhos. As correntes emocionais dos pintinhos afetam o movimento do robô.

por natureza, demonstram o fenômeno de *imprinting* ("estampagem"): assim que saem do ovo, eles passam a seguir o primeiro objeto móvel que encontram, como se fosse sua mãe. No experimento, um robô, cujos movimentos e ângulos rotativos eram escolhidos aleatoriamente por um gerador de números contido no próprio robô, era colocado em uma gaiola com os pintinhos. Os pintinhos, ligados emocionalmente ao robô como se este fosse sua mãe, tentaram segui-lo. Peoc'h demonstrou que, quando a gaiola estava vazia, o robô se movia de forma aleatória, mas quando os pintinhos estavam na gaiola com ele, a presença das aves influenciava seu movimento (fig. 11.1).

O impacto da onda emocional dos pintinhos sobre o gerador de números aleatórios demonstra que o campo emocional pode influenciar matéria não orgânica e objetos. O mundo das "coisas" deveria ser estudado com atenção renovada. A possibilidade de que certas emoções influenciem a matéria também pode ser vista no impacto das emoções intensas sobre o corpo físico (como um ataque de coração), sobre a mente (loucura súbita) e mesmo sobre o ambiente (mudanças abruptas no campo, sentidas a curta e longa distância). Literatura médica recente relata que emoções intensas e contínuas — experimentadas por pessoas que tomam parte em conflitos prolongados — parecem criar irritações que, com o tempo, podem desencadear doenças no corpo.[4]

Enquanto certas emoções causam doenças, outras curam. Para curar, a emoção tem de agir de forma espontânea, independentemente da razão e da vontade. É a intenção que faz a diferença. A vontade de cura — a verdadeira — não vem da mente, mas do inconsciente, que pertence ao campo. É assim que correntes emocionais intensas podem gradualmente destruir um tumor; se o fazem num tempo muito curto, falamos em cura milagrosa. Talvez milagres de fato aconteçam (mas não são reproduzíveis) porque nessa situação a fé e a aceitação podem emitir correntes emocionais tão poderosas que fragmentam, desintegram e depois refazem a matéria de novo. Estas são ações de campo. Se imagino agir impulsivamente sobre um de meus órgãos, nada acontece, mas se induzo um relaxamento profundo, e depois visualizo o órgão até "sentir" que estou entrando nele para transformá-lo, então a transformação do órgão imaginado influencia o verdadeiro órgão. Isso não se parece com o que Backster observou nas respostas de plantas a intenções humanas? Não são apenas as situações reais que provocam emoções, mas também pensamentos, ideias e imagens — qualquer estímulo vindo de dentro ou de fora de nós, qualquer experiência, real ou não.

De novo, Parmênides ao resgate: "o que pensamos existe" (τὸ γὰρ αὐτὸ νοεῖν ἔστιν τε καὶ εἶναι). Quem já não notou como o corpo é capaz de responder ao que imaginamos ser verdade? O estudante tímido, convicto de que a garota de quem gosta está olhando para ele, começa a suar, com o coração batendo rápido, mesmo que ela não esteja ali. Acreditar é suficiente. Se estivermos convencidos de que podemos passar num teste, passaremos; da mesma forma, o oposto pode ocorrer. Se estivermos convencidos de estar na borda de um abismo, podemos ficar paralisados de medo, mesmo que nossos pés estejam plantados em chão sólido. O que faz a diferença é a convicção, espontânea e incontrolável. A razão pode convencer a mente, mas não o inconsciente, e menos ainda o campo. Tanto a medicina quanto a física deveriam estudar essa faculdade humana extraordinária e imprevisível que chamamos de convicção.

A importância da convicção

Há mais coisas no céu e na Terra, Horácio, do que sonha tua filosofia.

Hamlet

Nestas páginas, gostaria de sugerir que a convicção é a chave para o sucesso de um fenômeno que, de outra forma, permaneceria sem explicação: o *placebo*. Um placebo é um tratamento médico que não tem uma ação específica de droga, mas possui um efeito terapêutico devido à convicção. Pode ser usado para tratar um paciente ou como controle em experimentos farmacológicos. O efeito placebo será obtido se o paciente estiver *realmente* convencido de que o medicamento pode curá-lo. Se o medicamento for apropriado, o placebo aumentará o poder; se não for apropriado ou se sequer for um medicamento, haverá um efeito, de qualquer forma. Basta para o paciente estar convicto e ter fé no médico e na terapia; a expectativa age sobre o campo emocional com efeitos inexplicáveis que advêm não da química, mas das ações de campo. Porém convicção é algo que vem da alma e não da mente. Você não pode se forçar a ter fé.

É sabido que a expectativa pode influenciar experimentos de laboratório: temos a tendência de ver o que queremos, e pode acontecer de a prova ir precisamente naquela direção. Mas de que força nós estamos falando? Mesmo os experimentos científicos mais controlados sempre podem ser influenciados, embora nunca sejam repetidos exatamente do mesmo modo. Precaução alguma consegue excluir o efeito placebo, justamente por conta da relação entre convicção e o componente inconsciente do campo. Se o cientista tem fé no resultado, mesmo se puser uma distância psicológica entre si mesmo e o resultado desejado, ele tem uma frequência que pode já ter agido sem que ele saiba, deixando sua marca no equipamento, no ambiente e no próprio evento. Inconscientemente, podemos influenciar qualquer experimento, mesmo a distância, mesmo se for um experimento "cego", e o efeito placebo pode se imiscuir até na psicocinese. Em um artigo da revista *Nature*, David Böhm escreveu:

As condições necessárias para a manifestação de fenômenos paranormais são as mesmas consideradas ótimas para uma investigação científica eficiente. A tensão, o medo, a hostilidade inibem o efeito paranormal, assim como prejudicam os experimentos científicos em geral, e as probabilidades de êxito diminuem consideravelmente.[5]

As estatísticas mundiais sobre medicamentos placebo fornecem porcentagens de respostas que podem ser comparáveis às de medicamentos verdadeiros. Por que não ser curioso (e se os pesquisadores não forem, quem há de ser?) e perguntar como é possível que um comprimido de açúcar cure como um medicamento real? É uma lástima que essa pesquisa não esteja alinhada com os objetivos econômicos da indústria, ou os fundamentalistas da ciência seriam forçados a explorar os campos cognitivos que tanto temem. O efeito placebo é um medicamento, o mais interessante de todos.

Não só o placebo depende de convicção, mas também seu oposto, o *nocebo*: a convicção de que um medicamento não é o correto pode inibir o efeito, mesmo quando o medicamento é apropriado. A fé ou a falta de fé no médico e na terapia desempenha um importante papel no resultado, de um jeito ou de outro, e nossos colegas médicos sabem disso. Isso é válido não só para os pacientes, mas também para aqueles que ministram as medicações, pois os efeitos placebo e nocebo também correspondem à fé que o médico tem no medicamento. Todo médico já teve essa experiência. O *campo de fé* altera o campo para vibrar em frequências saudáveis. Se os campos de fé do médico e do paciente se combinam, criam um campo de êxito mais eficiente do que qualquer placebo. As frequências desse campo, então, começam a influenciar as vibrações das partes doentes do campo e modificam-nas, como no esquema da interação prevalente. Se a fé recíproca for forte o suficiente, o campo de êxito será muito mais poderoso do que o próprio medicamento e poderá agir tão rápido quanto uma recuperação milagrosa.

A TFF é o primeiro passo para entender fenômenos como os efeitos placebo e as curas "espirituais". É difícil reproduzir de modo experimental a frequência curativa apropriada, pois ela surge espontaneamente da fé de uma pessoa e do desejo de curar-se ou de ter êxito em algo. Repito: se a frequência preciosa age num instante, gritamos "milagre!". Talvez o placebo e o milagre não sejam tão diferentes.

Um médico relatou que, para curar um paciente asmático, encomendou um novo medicamento de uma companhia farmacêutica, com o qual tratou com êxito o paciente em questão. Subsequentemente, deu ao paciente um placebo, que não teve efeito. Quando o médico pensou que havia provado a eficácia do medicamento à custa do placebo, foi informado pela companhia farmacêutica de que eles, por engano, lhe haviam enviado um placebo no lugar do medicamento da primeira vez que ele o encomendara. É óbvio que nesse caso foi o placebo do médico que desempenhou um papel terapêutico.[6]

Às vezes, os placebos são usados até em cirurgias. Nos anos 1950, alguém tentou "simular" operações cirúrgicas abrindo e costurando o peito de um paciente para tratar angina. O resultado foi que a pessoa submetida à falsa cirurgia experimentou os mesmos benefícios que as pessoas que realmente eram operadas. Recordo de um colega que teve de tratar o dente saudável de um paciente que se queixava de dor. Só uma cirurgia falsa fez cessar a dor do paciente neurótico, que estava convencido de sua dor e da eficácia da cirurgia — na verdade inútil — na qual ele insistia.

Os rituais comuns usados para remover verrugas da pele são vários, com frequência são eficientes, mesmo sem base científica, e têm um séquito de usuários convictos. O ritual serve apenas para despertar a fé na cura. E se funciona para verrugas, por que não funcionaria para um tumor? Mesmo o comprimido placebo é em si um ritual para induzir certeza, aquela onda emocional exata capaz de transformar a matéria. É uma "enganação honesta".

Já fiz mais de um experimento com placebos provenientes de ondas emocionais. Um vizinho, meu paciente, certa noite me pediu para curar sua dor de garganta insuportável, pois quase não conseguia falar. Eu não tinha em casa nada que servisse, mas sabendo de sua fé em mim pensei em transmitir a uma garrafa de água minha intenção de curá-lo. Algumas horas depois de tomar a água, meu vizinho me ligou com a voz recém-recuperada: a dor tinha desaparecido. Em outra ocasião, eu estava levando minha filha para o pronto--socorro. Ela estava assustada e com dor por causa de uma pequena fratura. Não tendo nenhum medicamento comigo, enviei a mensagem de sedá-la e acalmá-la a uma garrafa de água, que dei a ela. Alguns minutos depois, a dor diminuiu, e ela se acalmou, acabando por adormecer antes de chegarmos ao hospital.

O que ocorre com o placebo? A convicção dá início a transformações no nível celular que podem, por exemplo, deter uma inflamação. Ou você pode informar a água, modificando sua estrutura, para que carregue a mensagem. Você pode indagar por que há necessidade de fazer a gravação na água, se a causa ativa é a intenção. O ritual é necessário para criar convicção. O médico *precisa* dar algo, água ou comprimido, mesmo sabendo que é um placebo, para não parecer um charlatão perante si mesmo ou o paciente. O gesto com frequência dá início ao mecanismo da convicção. Nos Evangelhos, podemos ler sobre rituais simples que Jesus usava ao fazer milagres. Por exemplo, quando devolveu a visão a um cego, ele cuspiu no chão, fez uma pasta e a espalhou sobre os olhos do homem, dizendo: "Vai e lava-te no tanque de Siloé" (João 9:6-7). Jesus não precisa de nenhum ritual; ele não precisa ser convencido. É o cego que precisa ser convencido, e a encenação é para ele.

Se estou convencido de que não vou queimar os pés, posso andar sobre carvão em brasa. Se estou convencido de que a barra de ferro apoiada sobre meu pescoço e o de meu vizinho é manteiga, um simples esforço coordenado de nossos pescoços será suficiente para dobrá-la. O próprio Jesus, falando aos discípulos que o acompanhavam, disse: "Aquele que crê em mim também fará as coisas que faço e fará até mais" (João 14:12). A chave é acreditar de forma intensa e completa. Isso permite à convicção surgir e tornar-se uma força que nunca recua, sequer à luz de evidência contrária. "Se acreditares e não duvidares", disse Jesus. O mestre indiano Paramahamsa Yogananda escreveu: "O mundo é apenas um sonho coisificado, e qualquer coisa em que sua mente acredita intensamente ocorre num instante".[7]

Parece que as ondas de um campo emocional-intencional podem informar a água, que pode transferi-las para outra pessoa. Isso é feito em alguns *ashrams* indianos, em que grandes quantidades de água são ativadas durante horas de meditação em grupo; essa água de fato tem alguns poderes terapêuticos extraordinários.[8] A água "memoriza" informação do campo emocional-intencional de uma forma semelhante à TFF; também é capaz de armazenar e irradiar infravermelho (IV), UV, luz de *laser* ou outras ondas eletromagnéticas.

O mecanismo placebo sempre é a convicção — a *onda perfeita* que pode ser gerada no médico ("Acredito no que faço") ou no paciente ("Acredito no que o médico faz" ou "Acredito que ficarei bom") —, ou uma combinação de ambos. Se isso falta, os efeitos também podem faltar. Mais de uma vez tive a seguinte experiência: depois de obter bons resultados com um novo tratamento, minha convicção de sua eficácia levou-me a repetir o êxito com outros pacientes; então, quando meu nível emocional baixou, os sucessos abruptamente se reduziram. Depois disso, o tratamento continuou a ser menos eficiente; pareceu ter-se "esgotado". Quando uma série de sucessos com um medicamento é seguida por alguns fracassos, o componente placebo da convicção diminui e inevitavelmente desaparece; daí em diante, o medicamento age apenas de acordo com suas próprias características.

Um efeito placebo coletivo também foi observado. Quando uma quimioterapia anticâncer foi anunciada inicialmente quase como um remédio milagroso, o êxito ocorreu em aproximadamente 75% dos casos tratados. Mas quando a onda de entusiasmo se tornou mais habitual, a taxa de sucesso caiu para 25% ou 30%. Quando a onda arrefeceu, o efeito se reduziu.[9]

A convicção também atua no campo emocional por meio da *hipnose*; a hipnose é um tipo de convicção compulsória, uma "interação prevalente" de mensagens sendo enviadas a uma pessoa por meio do estado hipnótico. Sobre essa literatura vale a pena mencionar um caso no qual o comando pós-hipnótico ao sujeito em transe era de que sua filha se tornaria invisível para ele. Foi exatamente o que aconteceu: uma vez "desperto", o sujeito não podia ver sua filha sentada diante de si. Ela ficou tão completamente invisível para ele que um objeto oculto por trás do corpo dela pôde ser visto por ele, que conseguiu até ler o que estava escrito no objeto.[10]

Os sentidos são enganados durante a hipnose. É possível para um hipnotizador transferir sensações, como gostos, ao sujeito hipnotizado: se o hipnotizador colocar açúcar ou sal nos próprios lábios, a pessoa hipnotizada imediatamente sentirá um sabor doce ou salgado.[11] O hipnotizado pode espirrar se o hipnotizador cheirar amônia, pode sentir dor se o dedo do hipnotizador receber uma picada, piscar se uma luz brilhar nos olhos do hipnotizador, e assim por diante.[12] Essas são transferências de informação que agem da mesma forma que a TFF, interações entre dois campos que naquele momento estão unidos um ao outro, como aqueles da imagem Kirlian das duas folhas próximas (ver fig. 9.8).

Vemos a hipnose como um tipo de interação prevalente porque as influências virtuais são aceitas como reais e são capazes de modificar a matéria, como em outros casos de ação de campo. Um sujeito hipnotizado a quem é dito que um lápis que toca sua pele é um cigarro aceso produzirá, horas depois, naquele ponto exato, marcas reais como de queimaduras de cigarro.[13] Ao cancelar a vontade e, portanto, a faculdade da dúvida, a hipnose permite a aceitação de qualquer mensagem como sendo real. O mesmo ocorre com crianças pequenas a quem é dito "olhem, há um gnomo lá fora", e elas o verão e ficarão convencidas disso. (Reflita: o mundo todo poderia ser uma realidade virtual, e poderíamos estar como que hipnotizados desde que nascemos, poderíamos ser capazes de ver e ouvir só o que nos é permitido.)

Se um diabético que estiver hipnotizado aplicar em si mesmo uma injeção subcutânea de solução fisiológica em vez de um medicamento real na hora costumeira, e se disser convictamente que é insulina, o açúcar no sangue será reduzido como na ação típica do medicamento.[14] A convicção age da mesma forma que o medicamento, que é apenas um transportador molecular. O verdadeiro medicamento é a informação, que pode agir mesmo sem moléculas. É uma mensagem na forma de sinais gravados nas ondas, que pertence ao mundo físico, não à química.

Os santos manifestavam estigmas nas palmas das mãos e não nos punhos, onde as feridas de uma pessoa crucificada de fato estariam (pregos nas mãos não poderiam suportar o peso de um corpo dependurado na cruz). No entanto, a partir do século VIII, as feridas de Jesus foram mostradas nas pinturas como sendo nas palmas das mãos, de forma que a imaginação coletiva põe as chagas no centro das mãos. Isso sugere não tanto atividade paranormal, mas informação proveniente de seres humanos, introduzida em nosso inconsciente coletivo. Os estigmas que foram observados são quase sempre profundos; é comum que se abram periodicamente e sangrem. Algumas vezes podem se abrir e fechar por comando, como no relato de uma abadessa da Umbria no século XVIII.[15] O mecanismo de produção seria semelhante ao que dá origem a queimaduras de cigarro durante uma sessão de hipnose. Em ambos os casos, existe relação com imagens vindas de fora (como na hipnose) ou de dentro (como nos estigmas), capazes de ativar a informação. A intensidade extraordinária do campo emocional de uma pessoa que manifesta os estigmas é capaz de recombinar a estrutura da pele e as camadas subcutâneas e musculares para se conformar à imagem prefigurada. Desenhos, imagens, números e palavras podem aparecer no corpo de uma pessoa, transformando a realidade de imaginária para real.[16]

Algumas pessoas têm demonstrado a habilidade de viver sem comida ou água. Dentre muitos casos, citarei o de uma santa alemã, Teresa Neumann, que, além de ostentar estigmas, não comeu ou bebeu nada por 35 anos. Tudo isso foi rigorosamente documentado por um comitê de investigação enviado pelo bispo de Regensburg: a santa não ia ao banheiro, não se desidratava nem perdia peso, e até mesmo regenerava espontaneamente o sangue perdido em decorrência das chagas. Além disso, regularmente materializava a água e os nutrientes necessários para a vida.[17] Esses fenômenos deveriam ser estudados, em vez de considerados milagres ou feitiçaria, mas no fim preferimos ignorá-los, e uma vez mais a pesquisa é derrotada.

Alguns seres humanos têm habilidades psicocinéticas; em muitos casos, movem objetos inconscientemente a distância, erguem-nos ou os destroem. Sua mera presença pode quebrar um aparelho ou causar explosões, incêndios ou outros desastres. Essa psicocinese inconsciente pode resultar da liberação de correntes emocionais intensas acumuladas em uma pessoa muito sensitiva.

Assim, parece que a convicção, combinada com a imaginação e a visualização, pode transformar a matéria por meio de diferentes manifestações; tudo isso está relacionado ao mesmo fenômeno.

Terapias com campos emocionais

O fluxo ininterrupto do devir é uma sucessão de imagens confinadas no tempo e no espaço (não fosse assim, seriam incompreensíveis). Precisamos de referências para distinguir as relações entre uma coisa e outra, desse modo construindo uma realidade de classificações e postulados: minuto, metro, zero, infinito. Assim, a vida se torna um teatrinho que é representado pelos limites da mente: "aqui começa, aqui termina". Se pudéssemos alterar os termos, os ângulos, os polos, então novas realidades emergiriam. Não se preocupe: não há perigo de descartarmos nosso mundo e nossas falsas certezas. Continuaremos presos em categorias para sermos capazes de continuar a investigar, a refletir e a nos comunicar. Esta minha explanação é apenas aproximada e simbólica, porque algumas categorias de matéria ainda estão faltando: podemos perceber o fenômeno da não localidade, mas não somos capazes de representá-lo. Devemos retornar às parábolas.

Um campo termina (na verdade não termina, apenas já não o percebemos) onde outro começa, dando continuidade à rede de matéria pura — a cartola do mágico, a cornucópia que nunca se esgota — em que podemos encontrar qualquer coisa. Existem arquétipos, ideias e campos informados; existe o que é expresso em nossa dimensão e o que permanece sem se expressar. A rede do universo tudo abarca.

Em consequência, se você deseja materializar algo, basta construir um campo informado. Como? Uma maneira é imaginá-lo. Isso pode parecer simples, fantástico e banal, mas não é fácil visualizar de forma correta para gerar uma onda em particular. Se quisermos dominar os campos e a matéria, teremos de agir com imagens. A *visualização* é mais concreta do que o nomear; as palavras podem sugerir imagens, mas a visualização tem o poder de produzir emoções que podem ser transferidas ao campo e atingir ressonância. No entanto, se você a deseja demais, a emoção curadora não é obtida (como diz o sábio chinês, "Busque uma coisa e você não a encontrará; sente-se tranquilamente, e ela o encontrará"). Se você tentar visualizar quando estiver tomado pelo medo, fracassará, porque o medo do fracasso bloqueia o êxito: uma emoção neutraliza a outra. Se você tentar sem convicção, também falhará. E, no entanto, é difícil não duvidar ou não temer. "Não temais e não duvideis", disse Jesus, identificando as chaves dos milagres dos campos emocionais.

A fé, que opera curas milagrosas, é uma emoção tão intensa que age sem nenhuma necessidade de visualização, a não ser talvez a verdadeira, instantânea e real, da pessoa sendo curada. Não vem da cabeça, mas por meio de algo que todos já tentaram ao menos uma vez e que é muito difícil de descrever. A *visualização terapêutica* pode mudar a natureza das coisas. Pode levar meses, anos ou instantes: ela depende da intensidade da fé. No sufismo, a imaginação é vista como uma espécie de percepção. Indo além dos limites da lógica, entramos nas dimensões analógicas em que nada é impossível e nas quais uma simples imagem mental pode exercer sobre os sentidos um impacto idêntico ao da própria coisa.

Um estado de transe permite à pessoa sair das regras do devir e ingressar nas de "outro lugar", assim tornando-se o que o médico Alberto Sorti, de Bérgamo, descreve como "uma mente espalhada pelo universo, que armazena e memoriza cada evento (as formas, as frequências encontradas); ela compara eventos similares e se decide pelo melhor".[18] Para a cura, Sorti passou a induzir um estado parecido ao da hipnose (ritmo cerebral alfa, o mesmo do relaxamento profundo), que permite ao inconsciente do paciente receber mensagens terapêuticas. É assim que costumavam curar nas Escolas de Hipócrates na Grécia Antiga: depois que a sonolência era obtida, induzida por infusões de ervas hipnóticas, os médicos conversavam com os pacientes durante o sono, enviando mensagens reconfortantes, persuasivas e curadoras; o doente, então, tinha a sensação de ter sonhado com essas mensagens. Às vezes, as mensagens eram colocadas na boca de divindades para aproveitar a autoridade do Verbo. Os psicólogos falam no superego, mas de fato a psicologia tem raízes muito anteriores ao século XIX!

Um paciente pode aprender técnicas de relaxamento e visualização e praticar o envio de informação para o próprio corpo. O segredo do fenômeno milagroso não está no pensamento ou na palavra, mas nas imagens que evocam emoções. Por si só, a palavra nunca será tão eficaz quanto a visualização. O paciente também necessita ter um desejo real de curar-se e de viver, o que não é fácil, já que ele adoeceu precisamente porque seu próprio campo emocional iniciou um programa de autodestruição. Inconscientemente, a pessoa não quer ficar bem; ao invés disso, deseja morrer, embora afirme o contrário. Esta é a triste realidade da maioria dos pacientes com câncer. Reencontrar a vontade de viver não se dá racionalizando com a mente, mas com o coração, o irracional, o campo. Às vezes, essa nova força, poderosa, perturbadora e incontestável, pode ser percebida até mesmo a partir do lado de fora. É a convicção absoluta.

Testemunhei a cura de um tumor em estado avançado com o uso dessa técnica. Era um caso do segundo relapso de um câncer de cólon. Mirella, de 43 anos, havia feito apenas uma operação parcial. Também havia sido tratada com quimioterapia e radioterapia de terceira linha. Tinha um prognóstico de vida de cerca de seis meses. Àquela altura, ela decidiu transformar sua vida, resolveu que não sofreria mais os conflitos emocionais que haviam permitido à doença se desenvolver. Ela se rebelou contra sua própria escravidão emocional; foi uma verdadeira guerra de libertação. Começou um programa de relaxamento com visualização duas vezes ao dia, por pelo menos uma hora, em que imaginava atingir as células do tumor com raios de luz para destruir o câncer. Era como usar radioterapia em sua imaginação. Os resultados foram extraordinários e ficaram claramente evidentes nos testes radiográficos que se seguiram: a massa tumoral reduziu cada vez mais e ficou mais plácida. Em poucos meses, desapareceu. Os exames feitos nos dois anos seguintes confirmaram a ausência da doença.[19] Três anos depois, ela voltou ao conflito emocional anterior. Tentou usar as visualizações outra vez, mas já não pôde fazê-lo (dessa vez, o novo programa de morte não se alterou): passou por outra sessão de quimioterapia, dessa vez inútil, e em menos de um ano morreu.

Pode parecer não científico curar tumores por visualização terapêutica, mas o procedimento tem lógica própria, bem como dificuldades: quando falta convicção, como aconteceu com Mirella da segunda vez, ele não funciona. Esse é um caso isolado, sem valor estatístico, mas ainda assim é *um* caso e merece o peso de um estudo sério. Os campos emocionais da paciente agiram como uma radioterapia "imaginária", usando os campos de baixa frequência. De modo semelhante, uma equipe de pesquisadores italianos liderada pelo físico Santi Tofani e pelo engenheiro Fausto Lanfranco obteve, por meio do uso de campos magnéticos, reduções significativas da massa do tumor, *in vitro* e em ratos, a qual com o tempo se estabilizou.[20] Sejam geradas por visualização ou por um aparelho, existem frequências que podem ajudar a química em terapias médicas, mas é necessário haver uma mudança de paradigma no pensamento científico para aproveitá-las. Fazê-lo é preciso, tendo em vista a informação que já existe.

Sexto sentido

Vimos que as sensações nos permitem distinguir o sólido do vazio e que a percepção é parcial e subjetiva. São os sentidos que determinam onde o sólido termina. No entanto podemos estar seguros de que o vazio começa no lugar em que os sentidos não conseguem "sentir" nada? Quais são os verdadeiros limites do corpo? Se observarmos qualquer superfície pelo microscópio, não poderemos estabelecer esses limites com exatidão. Os sentidos não são o critério para uma avaliação científica e segura.

Os corpos se estendem além dos limites do sensível, mas na forma de campos. Até onde esses campos se estendem, é difícil dizer. Além disso, sua extensão muda constantemente, porque os corpos vivem, as moléculas dançam e os campos pulsam. Como podem os campos ser medidos? Como podemos estabelecer os limites das coisas? Quando termina um som? Quando é que o ouvido deixa de ouvir? Quando é que um aparelho já não é capaz de fazer registros? Por que deveria a morte de um som coincidir com o limite de um aparelho? O som tende a zero, mas não é cancelado. Os perfumes, os cheiros estão exauridos quando já não conseguimos senti-los? E as coisas que vemos? O invisível não está vazio, mas é uma movimentada encruzilhada de trocas de informação e de todo tipo de campo; alguns campos são representados por corpos físicos, e outros existem como "pura forma sem substância". O universo se estende além dos limites de nossos aparelhos de medição; o mundo certamente é mais vasto do que nossos sentidos apreendem.

O campo pode se manifestar de várias formas. Todos nós já sentimos o impulso de virar e olhar porque, mesmo sem ver a outra pessoa, sentimos seu olhar sobre nós. Dizemos que isso acontece em virtude de um "sexto sentido", mas esta não é de fato uma explicação. O termo *sexto sentido* é somente uma expressão usada para o campo, para *algo* que nos fala por meio de uma grande distância. Ele pode nos alertar para um perigo e com frequência precede nossos sentidos. Podemos vê-lo funcionando para gatos, cães e crianças; se olharmos fixamente para um cachorro, ele virá em nossa direção. Se me esqueço da carne assando no forno e vou fazer outra coisa, de repente *sinto* que tenho de correr para a cozinha para salvar o almoço no último minuto: foi meu campo ressonando.

Pensar nessas ocorrências como ressonância de campos pode parecer estranho porque ainda não estamos acostumados a pensar na matéria condensada como sendo um concerto de frequências. Então, em vez disso, chamamos de instinto, ou sensibilidade, esse campo que ressona com tudo que nos diz respeito. Ainda, toda vez que "temos uma sensação", é o campo nos alertando.

O verdadeiro conhecimento é muito maior do que aquele que aparece no limiar da consciência. Há quem o chame de inconsciente, mas é uma expressão do campo.

O equilíbrio psicofísico é importante para transmissões de campo de boa qualidade. Quando os mecanismos de transmissão são mantidos em bom funcionamento, a informação do campo fica registrada na consciência. De outra forma, não pode cruzar o limiar. Embora tenhamos um campo que é continuamente informado, mesmo a distância, sobre aquilo que nos diz respeito, é difícil percebermos isso. Com o tempo, fomos perdendo a capacidade de sentir por meio do campo, não pelos sentidos. Só quando a água do lago está tranquila, e não quando está instável ou agitada, é que podemos ler o que está escrito no fundo.

Os Q'eros, por exemplo, percebem mais do que nós porque vivem longe do estresse psicológico e tecnológico. Quando fazem divinações com as folhas de coca, antes mesmo de jogá-las na *mesa* (tecido que faz as vezes de um altar portátil), já sabem o que estão a ponto de ler: seu campo já ressonou. Eu pessoalmente os ouvi, mais de uma vez, anteciparem a resposta das folhas. Os campos ressonantes estão em ação quando uma pessoa lê cartas de tarô, borra de café, o óleo que gotejou na água ou a própria água em si, usa o I Ching, uma tábua Ouija ou uma bola de cristal, ou quaisquer dos meios possíveis e impossíveis utilizados ao longo da história humana. Quantas vezes, sem perceber, lemos os campos dos outros! Quando duas pessoas se sentem atraídas ou repelidas, é seu campo. Simpatia, antipatia, sentimentos, a sensação de ser capaz de entender e a de ter uma "parede" entre nós e o outro — todas essas são ressonâncias de campo.

12
O manto de obscuridade
da Grande Mãe

Apenas fechei os olhos e do meio do mar ergueu-se um rosto divino que voltou em minha direção um semblante que os próprios deuses devem venerar. Então, pouco a pouco, pareceu-me ver uma imagem brilhante emergir do mar e postar-se diante de mim. [...] Abundantes cabelos longos e ondulados caíam com suavidade pelo [...] pescoço divino. O alto da cabeça estava adornado com uma coroa de guirlandas entrelaçadas e flores variadas. Bem no meio, justo acima da fronte, reluzia um disco redondo, branco e fulgurante, como um espelho ou uma lua em miniatura. Em uma das mãos ela trazia serpentes, e, na outra, espigas de trigo. As vestes tinham muitas cores, ora fulgindo com o brilho da neve, ora amarelas com um matiz de açafrão, ora flamejante como uma rosa vermelha. Porém foi o manto no qual estava envolta que ofuscou-me os olhos muito mais que o resto, pois era de um negro profundo, que resplandecia com um brilho escuro. [...] Na barra bordada e em sua superfície também estavam espalhadas estrelas reluzentes, e, entre elas, a lua cheia brilhando em fogo [...]

Apuleio de Madaura, *O Asno de Ouro*

Foi assim que Apuleio de Madaura descreveu a matéria pura no século III a.C. Lúcio, o protagonista de *O Asno de Ouro*, narra um sonho no qual vê Ísis, Deusa Mãe de todas as coisas e nutriz dos seres vivos.[1] Ela tem os atributos de todas as Grandes Mães: lua e cobras, o trigo que alimenta, rosas vermelhas e o manto divino adornado com estrelas. Todos eles são encontrados também nos mitos de deusas celtas de Avalon e nos mitos cristãos da Madona. O manto é ofuscante não tanto pelas estrelas, mas porque resplandece com um brilho escuro. O paradoxo tem o sabor da iniciação: a Mãe divina é negra *luminosamente* negra.* Ser humano algum suporta a visão, porque é luz negra, a energia interior da matéria e a luz secreta que os alquimistas tinham a esperança de encontrar. Negra porque é invisível, e a verdadeira cor da luz é negra. O Cosmopolitano,** um alquimista do século XVI, escreveu que, na realidade, o sol é uma estrela fria e que seus raios são negros.

O manto da Deusa é a matéria obscura que os sentidos não percebem, um mar de energia que não se originou do Big Bang e não desaparece mesmo se uma pequena parte se combina em massa. Não é matéria pesada, "sujeita a leis gravitacionais diferentes das conhecidas".[2] A luz negra é pura e poderosa porque seu brilho escuro oculta a essência de todas as coisas: informação, códigos. É o manto negro *luminoso* da Deusa.

Matéria pura e o princípio da troca

Você se lembra de como nossa jornada começou? Há dois estados de matéria: um que se combina em corpos e é perceptível, definível, mensurável e que muda constantemente (massa); e o outro, indeterminado, *puro*, não combinado, que não toma parte no devir, no tornar-se; é invisível e não pode ser medido ou imaginado. A matéria pura é um *continuum*, a matriz de todas as massas, o tecido conectivo invisível entre elas. Assim como no mundo microscópico os campos permitem a troca de informação entre corpos, no mundo macroscópico o tecido onipresente da matéria pura torna toda comunicação possível.

Vejamos como. Você se lembra de que a matéria pura está livre do tempo (porque não tem massa) e do espaço (porque o preenche completamente); é o *continuum* de Parmênides, onipresente e eterno. Ao se estender a todas as áreas, do atômico ao sideral, a matéria pura é uma rede que mantém o universo em ordem e o faz existir. "Criado para sustentar os corpos", Giordano

---

* *Splendescenes atronitore*, "reluzindo em luz negra". [N. A.]

** Apelido do alquimista escocês Alexander Seton (?-1604). [N. T.]

Bruno escreveu sobre o espaço único e contínuo. A matéria pura permite a troca de informação ao conectar todas as partes e estar em todos os lugares ao mesmo tempo. Cada parte se comunica com tudo, e tudo se comunica com cada parte. A rede não tem limite de capacidade e pode armazenar e transmitir informação infinita simultaneamente, sem nunca ficar saturada. Bruno escreveu:

> O substrato desses princípios é um espaço infinito único, capaz de armazenar em si mesmo substância infinita, na qual algo pode existir. Do mesmo modo, tais entidades visíveis, que vêm tocar nossos sentidos, preenchem inteiramente este espaço, cuja extensão é igual ao tamanho dos corpos; esse novo espaço, que prossegue além dos limites deste espaço e se estende ao infinito, certamente está dotado de um poder receptivo que não é menor que o do outro, e ninguém, se não for de todo ignorante, questionará a verdade desta afirmação.[3]

As áreas em que as duas dimensões (espaço-tempo, e a não espacial e não temporal) interagem são os campos. O *princípio da troca* de Pannaria estabelece que toda interação física tem um campo mediador, o espaço entre os corpos, por meio do qual a matéria se comunica com outra matéria, e que os sistemas vivos são continuamente percorridos por fluxos de matéria e energia: "Um fluxo contínuo de partículas trocadas já é um campo, o que significa que as partículas geradas por um corpo se dirigem uma em direção à outra, a presença de cada uma influenciando a outra".[4]

Mesmo quando parece ocorrer por contato, a troca de matéria e informação é sempre feita a distância, pequena ou grande; ela ocorre na chamada *zona intermediária*, o espaço que parece vazio. Segundo Pannaria, o campo é uma ocorrência contínua de troca, que gera partículas constantemente. Os corpos sempre trocam "entre os dois"; o estado de troca é o "entre", no meio. A troca é então evidente porque algo se extingue em um dos lados e começa de novo do outro, proporcionalmente.

Pannaria acreditava que o campo pertence ao mundo físico da matéria pura, e ele observou em 1992, pouco antes de morrer, o seguinte: "Segue-se daí que o vácuo é matéria pura. Os vazios pequenos e infinitesimais são matéria pura, lar de pequenas e infinitesimais trocas entre elementos e partículas subnucleares". Os corpos estão imersos em matéria pura que, mantendo as partes unidas, permite comunicação de modo que tudo participa de tudo. O universo é uma troca que se move, gera, renova e reproduz. O campo informado é "aquele terceiro tipo" (do qual Platão falou), que conecta os dois aspectos do mundo físico: a cena (matéria combinada) e o fundo (matéria pura).

Platão, no Timeu, distinguiu entre o ser, que é imóvel, eterno e inteligível pelo pensamento puro (matéria pura), e o devir, o tornar-se, que é mutante, sujeito ao tempo e objeto de percepção sensorial (matéria combinada); ele definiu o mundo como "um ser vivo, com uma alma e inteligência".[5] Depois, tratou da questão de geração e criação. Entre as duas dimensões (contínua e fragmentada), Platão imaginou um espaço onde os corpos são gerados: "ele não admite distinções e oferece um lugar para quantas coisas forem geradas"; não é perceptível, mas "não dependeria de fé".[6] O Demiurgo (aquele que fez o mundo) misturou as duas essências (o indivisível e o divisível) para formar "*um terceiro tipo* de essência intermediária e a constituiu *no meio delas*, entre o indivisível e o divisível nos corpos [...] *e ela preencheu os intervalos*" (soa como Parmênides). Ele chamou esse *terceiro tipo* de "uma nutriz receptiva de tudo que é gerado". É a mãe de todas as coisas criadas, o molde que dá forma.

Portanto, temos de reconhecer o que é gerado, a partir do que é gerado, e o que é criado em imitação do que é gerado. "O que é gerado" é a matéria combinada; "a partir do que é gerado" é a matéria pura; "o que é criado em imitação do que é gerado" é *matéria informada* da qual são feitos os códigos básicos, que por sua vez informam os campos. O campo informado age como uma ponte entre dois mundos. Ele vem do *continuum* e seleciona a informação para combinar os elementos certos para produzir a massa. O campo é matéria informada que vem à cena graças ao corpo. Organizada e dirigida a partir do campo informado pelo código, a massa por sua vez mantém o campo, trocando com ele e servindo-lhe de suporte na dimensão espaço-tempo. Trocando informação, campo e massa conseguem manter sua identidade e integridade física, e a informação pode irradiar no ambiente, comunicando entre campos.

Harold Saxton Burr já havia descoberto que certas doenças afetam o campo energético, interpretando isso como efeito da própria doença.[7] E se o contrário também for válido? E se a mutação ocorresse no campo antes de ser transmitida ao corpo? E se o código básico decidisse ficar doente e depois se curar? O código conduz tudo; no papel de *designer*, como um holograma, ele abrange mais do que parece. De outro modo, que processo permitiria à salamandra regenerar a cauda? Ou curar um coração que sofreu um ataque? Ou ensinar a células-tronco em que tipo de células se diferenciar? Embora o enfoque mecanicista ainda não seja capaz de explicá-lo, é o campo que recria a forma que foi perturbada ou estabelece como uma célula deve se diferenciar.

As coisas se comunicam a distância

É plausível que as coisas não terminem no ponto em que os sentidos deixam de apreendê-las. Mesmo a Terra está mergulhada num campo eletromagnético (as ondas Schumann e as redes de Curry e Hartmann são expressões disso), que se estende a milhares de quilômetros de nosso planeta: até onde? Campos gravitacionais parecem ainda mais extensos, governando a órbita dos satélites ao redor dos planetas e dos planetas ao redor do Sol, mesmo a grandes distâncias (pense em Plutão). Que força extraordinária tem o campo gravitacional! Onde termina? Constelações a milhões de anos-luz, luzes pálidas no céu noturno, como podem exercer aqui a influência descrita pela ciência astrológica? De que forças nós estamos falando? Ainda há muito o que explorar no conceito de campo.

Imagine duas partículas provenientes da mesma fonte, como dois fótons emitidos pelo mesmo átomo, sendo enviadas a diferentes destinos, distantes entre si o suficiente para não poderem interferir uma com a outra. Então, descobrimos que as duas ainda mantêm uma relação como se estivessem em contato, tanto assim que o que acontece com uma é de imediato transmitido à outra: se uma força é aplicada a uma delas, a outra reage simultaneamente. Este é o paradoxo de Einstein-Podolsky-Rosen (EPR), publicado em 1935. Ele foi o ataque de Einstein à *Interpretação de Copenhague* da mecânica quântica de Bohr, em que este afirmou, oito anos antes, que o mundo, para existir, tem de ser observado.[8] Para Einstein, a existência é independente de quem a observa. Ele sentia que havia algo de fundamentalmente incorreto na mecânica quântica, já que ela previa violações de localidade. Em outras palavras, Einstein negava que um evento pudesse produzir efeitos instantâneos a grandes distâncias.

No entanto o oposto aconteceu, pois eles afirmaram tanto a teoria quântica como o princípio da não localidade. Trinta anos depois, de fato, John Bell, físico teórico no CERN, em Genebra, elaborou uma fórmula matemática, ainda não aceita por todos os físicos, que demonstrou a possibilidade de interação instantânea a distância com o caráter de não localidade (a *desigualdade de Bell*). O *princípio da não localidade* parece ter sido confirmado pelos experimentos de Backster e Sheldrake com plantas e animais. Certos organismos sabem como permanecer em contato com outros de sua espécie ou grupo social, mesmo a grandes distâncias; se esse princípio também se aplica a partículas elementares, é plausível que a não localidade seja uma lei universal.

Para apoiar a teoria de interações não locais entre partículas, em 1982, o físico francês Alain Aspect, do Instituto de Óptica da Universidade de Paris, realizou um experimento. Ele aqueceu átomos de cálcio com um *laser* que produziu fótons gêmeos idênticos, os quais foram forçados a viajar em direções opostas rumo a analisadores de polaridade. Em concordância com a teoria quântica, Aspect descobriu que o ângulo de polarização de cada fóton estava sempre correlacionado com o outro. Isso significa ou que os dois fótons se comunicam mais rápido que a velocidade da luz, ou que a conexão entre eles não é local. O fenômeno Aspect não pode ser explicado pelos paradigmas científicos tradicionais. Ao que se sabe, o mesmo vale para todos os fenômenos relacionados à não localidade.

Se não há correntes eletromagnéticas conectando os fótons, então esses fenômenos devem decorrer de ressonâncias de campo. A teoria de campo pode justificar fenômenos de não localidade em animais (incluindo humanos), em plantas e mesmo em partículas elementares. Ainda há várias situações na natureza que só podem ser explicadas pela não localidade: magia, radiestesia, radiônica e fenômenos paranormais. Na comunicação não local, por exemplo, podemos reconhecer princípios similares àqueles subjacentes à magia por simpatia: entre seus postulados, figura a ideia de que as coisas podem agir juntas a distância, por ressonância, e que a transmissão ocorre por meio daquilo "que concebemos como uma espécie de éter invisível [...] através de um espaço que parece estar vazio", como escreveu Sir James Frazer em seu texto histórico sobre magia e religião. Ele acrescenta: "Coisas que *estiveram uma vez em contato* umas com as outras *continuam a agir* umas sobre as outras a distância *depois* que *o contato físico foi* perdido".[9]

Essa lei de contato rege o que se chama de "magia por simpatia". Um exemplo é a relação entre uma pessoa e as partes corporais que foram separadas dela (cabelo, unhas, dentes, placenta, cordão umbilical, e assim por diante). Pense no costume de guardar os dentes de leite de uma criança para serem levados por uma fada imaginária (para permitir o crescimento de dentes muito mais fortes). Essas relações mágicas também se formam com coisas externas, como ferramentas, armas, manuscritos, gravuras e objetos de vários tipos. São interações entre os mundos animado e inanimado, e não são explicáveis por princípios deterministas clássicos.

Este não é o lugar certo para se referir ao universo como "mágico": preferiria chamá-lo de "desconhecido", porque a magia nada mais é do que algo que decorre de fenômenos naturais que por ora não são nem demonstráveis dentro do paradigma científico dominante, nem reproduzíveis, nem estatisticamente significativos, mas que existem. Quando encontramos realidades inexplicáveis, não podemos ignorá-las ou descartá-las como magia. O que significa *magia?* Significa que ainda não podemos explicar um fenômeno que deveria ser estudado.

Há algo que reúne continuamente os eventos extraordinários que envolvem organismos e coisas em geral. Mesmo a Terra, como diz Lovelock, tem suas formas de expressão. Assim como as partículas atômicas, as moléculas de medicamentos, as células e todas as formas de vida. É sempre o campo que age tanto em pequena quanto em grande escala, mas até que ponto? Onde termina o efeito de uma estrela? Onde termina o paradoxo das partículas?

Uma explicação está na "não localização quântica". Se a comunicação celular de curto alcance (biofótons, radiação ultravioleta, ondas mitogenéticas e muito mais) é um fenômeno eletromagnético, interações de longo alcance (entre células e organismos, plantas e animais, plantas e humanos, animais e animais, animais e humanos, humanos e humanos, e entre seres vivos e coisas) podem ser explicadas por meio da hipótese de um tipo diferente de força que Sheldrake denominou *ressonância mórfica.* O termo vem de *morphé,* "forma" em grego, porque o campo mórfico — assim como o campo informado — controla a forma. Já vimos que, mesmo com a remoção de parte de uma folha, quando

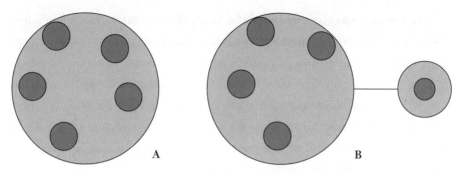

Figura 12.1. Esquema de um campo mórfico de um grupo de seres (A) que permanecem conectados mesmo se um deles (B) se afasta.

essa é fotografada com o método Kirlian, o halo luminoso se manifesta ao redor do contorno da folha inteira, confirmando que o campo consiste de informação morfogenética e estrutural. Havendo ou não matéria combinada, as coisas existem em virtude dos códigos básicos.

Para Sheldrake, os campos mórficos coordenam e confinam as várias partes de um sistema no tempo e no espaço, preservando a memória de eventos passados. A ressonância é a forma pela qual as memórias são transferidas no tempo e no espaço. O campo mórfico tem características elásticas: ele tende a não se romper mesmo quando o indivíduo está longe dos locais ou dos seres com que tem ressonância emocional ou afinidade genética (fig. 12.1). Dessa forma, uma conexão é mantida, um contato inconsciente entre o indivíduo e tudo dentro de seu campo. Esse é o único modo de explicar as trocas de emoções e de informação, e também poderia explicar os fenômenos paranormais.

Sheldrake observa que, se um animal pertencente a um grupo encontra alimento espalhado, a percepção de sua localização chega a todos os exemplares do grupo viajando pelo campo mórfico. Assim como as partículas de Alain Aspect. Isso também vale para reações de medo: se um membro de um grupo animal é ameaçado por algum perigo, mesmo a distância, de imediato todos os demais manifestarão apreensão. Os indivíduos estão conectados por seus campos a seus lugares, suas coisas, seus entes amados. Mesmo quando afastados, seus campos mantêm a conexão emocional; por meio deles, podem *sentir* algo que acontece naqueles lugares ou com aquelas pessoas.

Com respeito às comunicações não locais, além da elasticidade do código básico defendida por Sheldrake (que ainda tem um componente espacial), podemos pensar no *continuum* de matéria pura como privado das características de localidade; ao contrário, ele é "tudo, em todo lugar, ao mesmo tempo". É uma rede ideal para comunicação instantânea em qualquer parte do universo material: basta entrar no circuito, e a vibração ressoa com outras. Não há distância no grande mar de matéria pura: os campos não têm fronteiras no *continuum* de matéria pura, o manto negro da Deusa.

Os campos podem, portanto, ressonar com intenções, gravar e memorizar eventos, permitir comunicações a longa distância com características de não localidade e permanecer ativos no estado de vigília ou de sono. O grau de ressonância é proporcional à intensidade da relação. Pense em como os gêmeos conseguem sentir um ao outro a distância, ou mãe e filho, ou duas pessoas apaixonadas. As ressonâncias também podem acontecer de modo súbito e inesperado, com combinações incomuns, resultando em precognições aparentemente aleatórias. Incontáveis correspondências, ritmos e impulsos naturais dirigem o curso dos acontecimentos: eles são apenas a ponta do *iceberg*.

O que percebemos é apenas o não ser. O ser está fechado a nossos sentidos, e assim temos que nos virar com sombras. Talvez alguns sons rítmicos, como os advindos da percussão e outros, sejam capazes de fazer a conexão com os ritmos dos campos. Em rituais mágicos, encontramos dança, música, canto, rimas, repetições e outras expressões rítmicas. Até mesmo Ighina afirmou que a vida é pulsação e ritmos, e que usando certos ritmos podemos transmutar a matéria: a música pode ter um efeito devastador ou reparador como sequências numéricas.

Experimentos com aves migratórias e com borboletas-monarca sugerem que a memória mantida nos campos continua a ressonar com ancestrais da geração anterior. Porém novos padrões também podem ser formados. Você se lembra do exemplo do desvio forçado na trajetória das aves migratórias, no qual a geração seguinte seguiu a nova rota, tendo desenvolvido uma nova memória que substituiu a anterior? De modo similar, no mundo das pílulas e dos metais, uma nova mensagem pode cancelar a memória gravada pela TFF. Se as aves podem estabelecer um novo ciclo migratório numa única geração, isso não implica mutação genética, mas, sim, o funcionamento da memória do campo. Pense na assim chamada memória coletiva de nossos ancestrais: grupos inteiros — famílias ou tribos — herdavam inconscientemente um conhecimento que não parecia se extinguir nem com o tempo nem no espaço, e que vinha sendo transmitido a gerações sucessivas de indivíduos. Esse tipo de memória permite à pessoa acessar a riqueza de memórias de uma espécie e, por sua vez, contribuir com ela. Muitos ritos, antigos ou em uso, poderiam ser rastreados até esse fenômeno. Mencionarei apenas a teoria de Jung do inconsciente coletivo, abstendo-me de explorar os escritos de Frazer sobre os ritos tribais dos ancestrais.

Ressonâncias naturais

Se o código básico, por meio do campo, determina a forma, combina a matéria e organiza o sistema, e se ele realmente preserva a identidade e o equilíbrio, e permite que todas as partes se comuniquem com tudo e qualquer coisa no ambiente e também em situações não locais, então é razoável pensar que a massa é apenas o último evento no processo pelo qual um código surge na dimensão espaçotemporal.

A não localidade se torna plausível pelos conceitos da mecânica quântica: duas partes de um sistema, separadas no espaço, permanecem unidas por um campo quântico do qual não podemos calcular a exata extensão espacial. Isso explicaria o fenômeno de campos examinados até aqui e mesmo ciências muito antigas como radiestesia e radiônica, que se baseiam no princípio da ressonância.

A radiestesia deve seu nome ao latim *radius* (raio) e ao grego *aesthesis* (sensibilidade). Ela nos ensina como perceber, por meio da ressonância natural, a radiação emitida pelos corpos. A radiestesia permite, por exemplo, a descoberta de veios de água ou outras substâncias no solo (minerais, petróleo, e assim por diante) com o uso de um "bastão". O homem que, equipado com uma forquilha de madeira, percorre a área rural em busca de água subterrânea — uma cena que se repete há milhares de anos — não é louco nem está iludido: ele está aplicando a física dos campos ressonantes.

Mesmo a radiônica — que permite diagnóstico e cura a distância — se baseia nos mesmos princípios físicos. O equipamento usado funciona sem eletricidade, empregando um assim chamado testemunho (como uma fotografia, amostra de cabelo, sangue ou algo semelhante). A radiônica tem uma história antiga, mas só nos últimos dois séculos é que pesquisadores como Abrams, Reich, Lakhovsky, Delawarr e outros repropuseram seu estudo.

Nos primeiros anos do século XX, o pesquisador francês Georges Lakhovsky retornou à teoria do Prêmio Nobel Albert Szent-Gyorgyi sobre a natureza bioeletrônica do organismo, que considera as células como circuitos oscilantes capazes de ressonar com ondas eletromagnéticas. Circuitos oscilantes são os que permitem que um rádio ou uma televisão funcione. Dado seu tamanho diminuto, uma célula é capaz de emitir e absorver radiação numa frequência muito alta, portanto (segundo Lakhovsky), todos os organismos trocam radiação com o ambiente por essa via. O fenômeno elétrico de oscilação é mais uma vez explicado pelas leis de ressonância. Os circuitos oscilantes de Lakhovsky são espirais circulares de fios elétricos e condensadores que, vibrando numa certa frequência, produzem um campo eletromagnético que pode ressonar com células doentes, reordenando as oscilações. Alguns dos aparelhos de Lakhovsky podem acelerar a divisão celular nas plantas e reabsorver crescimento excessivo consequente de parasitas, enquanto outros retardam a germinação e reduzem o ritmo de desenvolvimento dos brotos.

Na visão de Lakhovsky, o câncer poderia ser causado por oscilações desequilibradas da célula. Algumas plantas, que ficaram infectadas com câncer depois de inoculadas com *B. tumefasciens*, foram depois submetidas por Lakhovsky à ação de circuitos de oscilação: como resultado, seus tumores foram ficando mais e mais necrosados e secos.[10] Ele documentou casos de tumores que regrediram quando circuitos oscilatórios especiais foram conectados ao corpo de pessoas doentes.[11]

Georges Lakhovsky considera o átomo um "vórtex de energia" (um pouco como bolhas em água gasosa) e a matéria como um conjunto de radiações eletromagnéticas de diferentes frequências num "vasto teclado".[12] Ele escreve sobre uma substância primordial (que chama de *Universion*) penetrando entre as moléculas e as partículas dos corpos, forçando-os a permanecer a certa distância uns dos outros e a girar a velocidades predefinidas.[13] Segundo ele, essa substância primordial é idêntica em todos os lugares (e portanto homogênea e contínua, assim como a matéria pura de Severi e Pannaria) e pode operar como um campo organizador para a própria matéria. Até para Lakhovsky, o mundo não existe no vazio, mas como um *continuum* dos espaços interplanetários para os intermoleculares, preenchido com energia.[14] Assim como a água é feita de partes mais densas e partes mais líquidas, a matéria combinada é uma alternância entre sólidos e vazios, massas e campos.

Para Lakhovsky, o átomo é um "circuito oscilante", e é a energia no vazio circundante (o campo, diríamos) que o faz oscilar. Esse reservatório de todas as energias também gera e energiza partículas o tempo todo. Wilhelm Reich também estava convencido de que há "energias sutis" por toda parte, permeando tanto os corpos quanto o vazio. Ele afirmou que tudo está vivo, incluindo ímãs, cristais, luz e calor. Junto a Reichenbach, ele acreditava que essas energias sutis espalham-se do campo como energia radiante.

Dezenas de livros seriam insuficientes para conter as experiências de anos de pesquisa sobre a radiônica no mundo todo. Existem ainda muitos estudiosos dessa ciência, de acadêmicos a principiantes, sempre cuidadosos para não serem encontrados, porque a caça às bruxas continua. Um dos princípios da radiônica é que a parte vibra com o todo ou com outras partes, a despeito da distância. Há toda uma interessante literatura sobre as experiências de gente que ouve ou vê coisas, pessoas ou eventos a milhares de quilômetros de distância, e às vezes até mesmo interage com eles.

Já abordamos os fenômenos da comunicação extrassensorial — como o esperma que reage ao sofrimento de seu doador distante — que ilustra o princípio da "parte" que vibra com seu "todo". O contrário também é válido: o sofrimento de uma parte se estende ao todo. Refiro-me ao tratamento (bom ou mau) a distância por meio do contato com até mesmo uma parte ínfima do corpo (unhas, cabelo, sangue ou outra parte). Pelo contato com o testemunho de uma pessoa (uma fotografia, uma parte do corpo, ou roupa ou algo que pertencia à pessoa) é possível, em certas circunstâncias, investigar sua saúde física e emocional, mesmo a grande distância. O testemunho é necessário para estabelecer contato com a pessoa investigada e para *ler* seu campo. Pêndulos, circuitos e todo tipo de forma são instrumentos para melhor identificar a ressonância entre o campo do pesquisador e o sujeito.

Vestígios do campo de uma pessoa também têm sido encontrados em coisas que pertenceram a ela ou que entraram em contato com ela, como se fossem impressões digitais. Muitas pessoas sabem o que significa sentir as emissões de um objeto que esteve em contato com um paciente em agonia até o momento da morte: ondas de sofrimento são "registradas" até esse misterioso evento final.

Tudo deixa traços de si nos objetos, no campo, nas pessoas e em lugares. Nessa impressão está o código. Na prática, é possível conhecer o código básico de uma coisa mesmo em sua ausência, assim como podemos enviar o código básico de um medicamento para uma pessoa mesmo sem o medicamento. Se excluirmos charlatães e vigaristas (como em tudo), isso não será mágica, mas a física em sua infância: a gravação do campo de uma pessoa nos objetos, nas roupas e em tudo mais com que ela tenha tido contato tem lugar de acordo com o modelo de interação entre campos informados.

Acima de tudo, as frequências de um sujeito ficam gravadas nas fotografias, e por meio delas um especialista em radiônica é capaz de entrar no código básico da pessoa representada. A informação gravada na imagem não está limitada ao momento da fotografia, mas inclui também a informação de eventos passados e mesmo futuros. Nos testes com leituras radiônicas, informações sobre eventos que ainda não aconteceram foram obtidas a partir de fotos tiradas anos antes. Isso indica que o testemunho só é necessário para estabelecer uma conexão com a outra pessoa.

A informação também pode viajar no sentido oposto, em que o testemunho é usado como um transmissor para pensamentos, mensagens, frequências terapêuticas, medicamentos, e assim por diante, para qualquer parte do mundo, mesmo sem que o sujeito tenha conhecimento. Como acontece com tudo, o outro lado da moeda é a possibilidade de enviar frequências prejudiciais e causar dor. É por isso que algumas pessoas enterram unhas cortadas ou cabelos caídos, para que ninguém possa usá-los em rituais mágicos contra elas. As operações mágicas — como dizia Giordano Bruno — devem ser realizadas em espaços vazios, onde os campos vibram. Sabendo como operá-las, podemos criar cientificamente "filtros do amor" ou induzir terapias a distância ou, ao contrário, causar sofrimento, doença ou ambos. A magia negra nada mais é do que o outro lado da magia boa, enquanto a magia em geral é o outro lado da física, a física descrita com o encantamento de uma criança ou de um poeta.

A radiônica pode transmitir informação porque na realidade não existem distâncias. De fato, o que está acontecendo não é sequer uma transmissão. Se a distância depende do espaço e do tempo, e essas dimensões são relativas e ilusórias, então o movimento por intermédio dela também é uma ilusão. É um não ser, enquanto a realidade é encontrada no ser, aquele famoso *continuum*, que carece de espaço e tempo. Mesmo se distâncias, movimentos e transmissões são apenas convenções, continuaremos falando sobre o não ser como se fosse real, porque não há outro modo de expressarmos que vivemos nesse não ser. Não devíamos mais nos espantar quanto a fenômenos de não localidade e não temporalidade; em vez disso, deveríamos estudá-los.

Também deveríamos reconsiderar o significado de símbolos e arquétipos. De acordo com Wolfgang Pauli, físico quântico e ganhador do Prêmio Nobel:

> As descobertas da física moderna levaram, assim, a uma mudança fundamental na atitude do homem moderno quanto às ideias arquetípicas que estão na base da matéria e da energia. Desde tempos imemoriais, a ideia da matéria esteve estreitamente ligada com o arquétipo da Mãe. Na alquimia, houve uma elevação no *status* dessa ideia, no sentido de que à *prima materia* era atribuída a propriedade do Increatum, que o cristianismo ortodoxo atribuía exclusivamente a Deus, como o princípio espiritual masculino. Quando a nova física [...] demonstrou que o que antes era conhecido como "substância material" era, na verdade, efêmera, o materialismo foi privado de suas fundações. Essa "substância" foi substituída pela lei da conservação da energia, no sentido de que massa e energia são reconhecidas como sendo proporcionais e, portanto, equivalentes (inércia de energia). [...] Nesse sentido, parece significante que, de acordo com a física quântica, a indestrutibilidade da energia por um lado — que expressa sua existência atemporal — e o aparecimento de energia no espaço e no tempo, por outro, correspondem a dois aspectos da realidade contraditórios e complementares.[15]

Estamos uma vez mais no palco e nos bastidores do mundo de Pannaria.

Um símbolo evoca uma ideia diferente de uma coisa imediata, perceptível: ele tem uma função representativa. Kant o entendeu como uma "representação intuitiva e analógica"; para Goethe, ele é uma imagem na qual o universal é apreendido no individual, que o incorpora de modo inseparável em um jogo de referências mútuas; para Jung, a psique expressa os conteúdos mais profundos do inconsciente (nós chamaríamos de campo) numa forma simbólica. Com certeza, as imagens arquetípicas e os símbolos produzem no campo da alma os mesmos efeitos que a *coisa* que eles representam: eles são mensageiros da informação.

Um símbolo vibra na mesma frequência daquilo que ele representa, de modo que (seja ele um número, sinal ou outra forma) fala diretamente ao inconsciente: ele aparece, ressoa, é entendido e recebe uma resposta. O inconsciente (ou campo) responde ao símbolo alterando sua própria vibração, de modo detectável de diferentes maneiras, como movimentos involuntários do braço (se o sujeito segura em uma das mãos um amplificador, como, por exemplo, um pêndulo, uma variação na oscilação vai sinalizar a ressonância obtida). A alteração pode ser detectada por técnicas cinesiológicas, medicina auricular, eletroacupuntura. Em todos os casos, a mesma ressonância que tem lugar com objetos físicos ocorre com símbolos escritos, desenhados ou apenas pensados. O pensamento é um símbolo que ressoa com o campo, assim como a escrita: pensar ou escrever desperta o poder arquétipo de agir a distância (que não existe de fato). O campo aceita os símbolos e pode, assim, olhar para além da matéria e do espaço.

Importando os efeitos, não as coisas

De acordo com a radiônica, cada entidade emite ondas, chamadas *ondas de forma*, com frequências, intensidades e formas próprias. Essas perturbações muito fracas do campo são geradas pela forma da coisa, especialmente aquelas que estão orientadas ao longo do eixo geomagnético. Assim, os objetos, as formas geométricas, os desenhos e as construções (das pirâmides egípcias às catedrais góticas) podem induzir efeitos biológicos negativos ou positivos. Cristais vibram e emitem fônons (*quanta* de sons) que não ouvimos. O DNA e as moléculas em geral emitem sons que não percebemos. A Terra e as estrelas pulsam na "música das esferas", que também escapa aos ouvidos humanos. Toda a matéria é feita de ondas vibratórias muito rápidas que escapam aos sentidos. A matéria é "a crista de uma onda, crispando-se como o mar".

A mais antiga tradição alquímica e filosófica afirma que os corpos estão imersos em um fluido chamado *éter*, um imenso tecido conectivo semelhante a uma rede de computadores por meio da qual todas as coisas estão interconectadas. Todo corpo está imerso no éter, no qual cria um *minus* de igual formato e dimensão, como um molde, assim como ocorre quando um corpo é imerso na água. E, assim como na água, as ondas propagam-se no éter. Repletas de informação, elas se espalham pela rede, e dessa forma tudo se mantém informado sobre tudo, e tudo se comunica com tudo. Simplesmente por estar ali, cada corpo é uma fonte de interferências, as quais são transmitidas por meio do tecido conectivo do universo e podem ser "sentidas" a grandes distâncias por outros corpos.

O físico italiano Luigi Borello propôs, como mecanismo de transmissão através do éter, uma deformação progressiva de pacotes de neutrinos que constituem o éter.[16] Este é um pensamento que foi derivado da teoria do neutrino, de Cesare Colangeli (1950); de acordo com ele, o campo, as ondas eletromagnéticas e a matéria são apenas polarizações das partículas elementares: móveis (como em uma sequência, uma após a outra) no caso das ondas eletromagnéticas, formando módulos estáticos no caso da matéria. Borello observa que "não pode haver vácuo", uma vez que o espaço "vazio" em um estado imóvel, eletricamente neutro, consistindo de duas cargas elétricas opostas (que, portanto, não têm ação), formaria um neutrino.[17] O neutrino é uma partícula sem massa que consiste em duas cargas opostas. Assim como a matéria pura de Severi e Pannaria, o éter seria um *continuum* de neutrinos no qual as transmissões não acontecem por movimento, mas sim por polarizações progressivas que perturbam o *continuum*.

Imaginemos esse fluido elástico e deformável no qual um corpo desloca uma massa de fluido equivalente ao seu volume e à sua forma. O fluido circundante curva-se em um efeito centrífugo, empurrando neutrinos que por sua vez empurram os neutrinos próximos a eles, como peças de dominó, em todas as direções. Uma forma sempre reproduz sua própria forma no universo, especialmente quando está em movimento. Essa propagação em onda não é um movimento; é como a "ola" que parece ser uma onda móvel embora seus elementos não estejam se movendo.*

---

* A "ola" é um exemplo de um ritmo metacronal obtido em um estádio lotado, com sucessivos grupos de espectadores levantando-se brevemente e erguendo os braços. Cada especta-

De acordo com Borello, Colangeli realizou o sonho de Einstein de encontrar uma fórmula para definir matéria e campo juntos. Einstein conjecturou sobre os critérios físicos que distinguem a matéria do campo e chegou à conclusão de que uma distinção qualitativa entre eles era impossível. Eis o que ele escreveu:

> Não faz sentido atribuir diferentes características à matéria e ao campo. Não podemos imaginar uma superfície que separe claramente campo e matéria. [...] Em nossa nova física não haveria mais espaço para o par de campo e matéria; haveria uma única realidade: o campo. Essa nova visão é sugerida pelas grandes conquistas no campo da física, bem como pelos sucessos registrados na formulação das leis da eletricidade, magnetismo e gravitação, na forma de leis estruturais e com o reconhecimento da equivalência entre massa e energia.[18]

Desenhos, fotos e palavras emitem ondas semelhantes às produzidas pelas coisas que designam. Os símbolos exemplificam como um sinal pode evocar funções arquetípicas universais. Runas celtas, hexagramas chineses, letras e números hebraicos, mandalas tibetanas, arcanos do tarô, símbolos alquímicos — são todos signos que emitem poderosas ondas de formas e podem substituir o arquétipo que representam. O físico italiano Pierfrancesco Maria Rovere escreveu: "Capturar essas ondas de formas nos permite ir além dos corpos dos quais elas emanam".[19] Ele diz que o que é importante é a onda de forma (nós chamaríamos de campo) emitida por um corpo, não o corpo em si ("Não é a quantidade de coisas que é importante, mas os efeitos que elas produzem", os velhos sábios costumavam dizer). Não importa quem possui o objeto; se possuímos a onda de forma, então temos a presença do objeto real. Assim como ocorre com a TFF.

Resumindo, corpos físicos comunicam seus próprios códigos básicos com a ajuda de três fatores primários: sua natureza (que transmite qualidade,

---

dor deve erguer-se ao mesmo tempo que aqueles diretamente atrás e na frente dele, e logo após a pessoa imediatamente a sua direita (para uma onda em sentido horário) ou a sua esquerda (para uma onda em sentido anti-horário). Imediatamente após ter se erguido à sua altura total, o espectador volta à posição sentada normal. O resultado é uma "onda" de espectadores de pé que viaja por entre a multidão, ainda que os espectadores individuais nunca deixem seus lugares. [N. A.]

como na TFF), seu volume (a quantidade de espaço que eles curvam) e a forma (o modo preciso como o curvam). Em outras palavras, uma massa cria uma onda através do universo graças à sua própria substância, ao seu volume e à sua forma. Esses são os três aspectos da massa que devemos ter em mente, e todos são determinados pelo código básico.

Um quarto elemento é o próprio código. É o outro lado das coisas e pode, por sua vez, operar diretamente por meio de representações de si mesmo: símbolos, imagens, visualizações e muito mais. Considere, por exemplo, o som do mar: por ser uma onda mecânica, ele pode gravar seu ritmo em nosso campo (assim como a música de concerto), o que altera a fisiologia de nossas emoções. Ele pode, por exemplo, relaxar-nos. Se for apenas um murmúrio distante, suas ondas acústicas não terão nenhum efeito, mas é possível ouvi-lo e sentir-se relaxado: estimulados pelo ruído distante, reproduzimos em nós a frequência do mar e recebemos o mesmo benefício.

Mesmo em circunstâncias diferentes, é possível transformar um ruído de fundo não marinho numa imagem mental do "som do mar" e obter igual resultado. É o que ocorre quando recriamos imagens mentais com técnicas de relaxamento e visualização: as frequências que as imagens geram modificam as do campo, gerando os mesmos efeitos que a coisa imaginada teria causado se fosse real. É exatamente como a TFF produzindo resultados farmacológicos na ausência do medicamento. Por fim, podemos não precisar mais das coisas se conseguimos recriar as frequências. Como? Reproduzindo-as artificialmente (TFF, cheiros, imagens virtuais ou sons) ou imaginando-as de formas apropriadas. Diferentes caminhos levam aos mesmos resultados. O que importa é o efeito. A natureza responde aos estímulos, não tanto às coisas em si.

Isso nos ajuda a compreender de que modo certas frequências emitidas com visualização conseguem romper as leis da fisiologia, quando podem gerar frequências de alimentos, de medicamentos ou da radiação que pode matar células de câncer. Podemos nos utilizar de muitas aplicações possíveis das frequências virtuais se vencermos o medo de penetrar em áreas que acreditamos não conseguir controlar. Preferimos a fome, a doença e a morte à possibilidade de derrotá-las por meios que não recebem confirmação dos atuais interesses econômicos, e que iriam, em última análise, revelar que vivemos em um mundo virtual e falso.

Um universo na internet

Vimos que no *continuum*, a rede de matéria informada que permeia o universo — estando simultaneamente em todos os lugares —, nada se move, mas se manifesta. O *continuum* comporta-se como uma rede universal de computadores em que a comunicação acontece não por movimento, mas por fenômenos de não localização. De acordo com nossa teoria, os corpos têm uma natureza dual e são compostos de matéria combinada (a massa) e matéria informada (o campo). O campo permite ao corpo permanecer conectado ao *continuum*, como se fosse por "cordões umbilicais" invisíveis.

Eis um exemplo: um homem que vive na Austrália sofre um sério acidente de carro; ele não se fere, mas fica muito assustado e teme por sua vida. Abalado pelo choque, pelo medo, pela onda emocional intensa, seu campo começa a vibrar em uma determinada frequência que, passando através do *continuum*, difunde-se na grande rede universal. Isso acontece, como se diz, "em tempo real". É mais ou menos como colocar informação na internet: está virtualmente em todos os lugares, e quem quer que tenha conexão pode acessar essa informação. Em nosso caso, a conexão é a ressonância: a vibração causada pelo acidente pode ressonar instantaneamente com o campo do irmão do homem, que está, por exemplo, na Europa. Ele, de imediato, sente que do outro lado do mundo algo aconteceu.

Uma comunicação sem ondas que se movem. Nosso entendimento usual pode tornar difícil aceitar essa tese porque é influenciado pelo pensamento mecanicista, o qual postula que se algo está em A, e eu o encontro novamente em B, é óbvio que ele foi de A para B. Vamos refletir sobre isso: nenhuma onda pode ser transmitida em velocidade instantânea de um lado para o outro da Terra, a menos que esteja incluída em uma comunicação contínua, como uma rede de computadores. No *continuum* universal, a informação não necessita percorrer o caminho "A até B" porque ela está *em* A assim como *em* B. Esse é o significado de *continuum*. A comunicação acontece não por movimento, mas por fenômenos de não localização. O que está em A não se moveu, mas *manifestou-se* em B; não houve um movimento, mas uma aparição.

Para nossa mente espaço-tempo, é preciso haver um esforço a fim de acessar os meios necessários para explorar novos mundos. Mesmo as primeiras abordagens da tecnologia da informação eletrônica não foram fáceis. Nos anos 1960, fantasiávamos quanto ao que então definíamos como "calculadoras eletrônicas"! Diante da novidade e da mudança, escondemo-nos atrás da descrença e do medo, criando fantasias sobre o desconhecido, mas, por ironia, assim que o desconhecido se torna conhecido e as apreensões se aplacam, acostumamo-nos com o novo como se ele sempre tivesse sido óbvio. Chegamos a nos admirar com aqueles que ainda suspeitam e relutam em acostumar-se.

Voltemos a nosso homem australiano. Além de se espalhar na rede e transmitir-se a quem tem ressonância, a emoção do acidente grava-se no campo como um ferimento cuja cicatriz pode influenciar determinados comportamentos futuros. Ela também pode emergir um dia no inconsciente como um sonho simbólico, ou no decorrer de fisioterapia ou de hipnose regressiva. A onda emocional pode também afetar outras coisas nos arredores: árvores, riachos, pedras e animais. Cada um registra à sua maneira os eventos no campo. Se estivessem conectadas a um galvanômetro na hora do acidente, as folhas das árvores em volta sinalizariam alarme. Os animais de uma fazenda próxima manifestariam inquietação. Algum tempo depois, uma pessoa sensitiva iria sentir-se desconfortável ao percorrer a estrada, por meio do contato com as pedras próximas ao acidente, que emitem tristeza e uma sensação de medo. Por fim, a senhora da fazenda vizinha pode despertar subitamente de um pesadelo. Esses são apenas alguns modos pelos quais um evento dramático poderia ser registrado. Quantas vezes encontramos essas ressonâncias no decorrer do dia sem sequer percebermos! Ou, se percebemos, apenas culpamos o destino ou as coincidências.

Cada ação, gesto, palavra e pensamento percorre o *continuum* de matéria pura. Toda essa informação pode potencialmente ser detectada por outros seres, mas apenas uma fração alcança o limiar da consciência. Deus nos livre de ser de outro modo! O fato de não percebermos todos os eventos que acontecem a nossa volta — mesmo que nosso campo perceba — permite-nos viver uma existência mais serena; de outra forma, ela seria atormentada por sensações emocionais exageradas. A natureza nos protege do excesso de informação. Pessoas com baixos níveis de limiar sabem disso muito bem; elas são atormentadas por sensações e muitas vezes parecem neuróticas.

O campo emocional pode gerar comunicações extraordinárias, mas apenas em certas condições. Há pessoas ou objetos com maior probabilidade de perceber os eventos emocionais que os afetam; outros são capazes de captar eventos que envolvem a humanidade, como a previsão de terremotos e catástrofes; outros, ainda, têm um limiar muito mais alto de sensitividade e não percebem nada. As percepções de algumas pessoas são bloqueadas por uma vida agitada ou porque prestam atenção apenas ao racional e à informação fornecida por seus sentidos.

Na rede homogênea e sempre presente, os eventos do mundo são armazenados no mais completo banco de dados. *Registro akáshico* é o nome que as tradições antigas orientais deram a esse repositório de tudo que foi dito, feito e pensado. Nada escapa à vasta rede da memória. Qualquer um que fez ou disse algo não muito correto no passado, convencido de que "ninguém pode ver ou ouvir, assim ninguém nunca vai saber", está equivocado: tudo está registrado, pela eternidade. Isso inclui nossos pensamentos. Nenhum de nós está livre de "pecados".

Na rede contínua, o tempo é uno. "É sábio dizer que todas as coisas são uma", escreve Heráclito, e prossegue: "As mesmas coisas são: o vivo e o morto, o alerta e o sonolento, o jovem e o velho, o anterior se transforma no seguinte e o seguinte no anterior. De todas as coisas ao Um, do Um para todas as coisas". Nossa mente não consegue apreender o conceito da unicidade do tempo porque o espaço-tempo faz parte da mente que vive em um tempo fragmentário em que nenhuma categoria cronológica consegue escapar do "antes" e "depois".

O *continuum*, a tessitura invisível do universo, é o manto de obscuridade de Ísis, o véu de Maya, de Deméter e de todas as Grandes Mães. Negro é a cor da Mãe e de seu manto, negro porque ele é invisível e porque é a cor da geração. O sol negro que muita gente tem venerado é o sol feminino do qual o mundo se origina. A morte é negra; a fase de regeneração da alquimia é a do *nigredo*, ou "negrume"; o negro atua no palco da ópera negra. O manto negro de Ísis é a rede de matéria pura que se estende por todas as partes, a forja obscura que gera as coisas. Pois isso, é o *splendescens atro nitore*, o paradoxo empregado por Apuleio para caracterizar uma existência fora das restrições do espaço-tempo. É o fio condutor, a origem de tudo; a memória de tudo é a

Matrix, que sustenta a *Nutrix* com poderes mágicos, com sua não localidade e seus milagres. *Virgo* é indiferenciada, em cuja pureza tudo é possível e nada atua, paz, a imaculada concepção. Erguer o véu não é permitido aos mortais. Apenas alguns iniciados, quando prontos, podem se aproximar.

Sob o véu de Ísis

Erguer o véu significa ter acesso à matéria escura. Seria então possível tirar proveito daquelas terríveis propriedades do manto obscuro: a não localidade, por exemplo, e a não temporalidade, com a qual é possível "viajar" no tempo. Alguns videntes podem recuperar antigas memórias a partir de ressonâncias nos locais apropriados da rede e são capazes até mesmo de relatar discussões e imagens, com frequência verificáveis. Quando Carl Gustav Jung concebeu a ideia do inconsciente universal, ele pensou em um campo contínuo e único que preenche o universo, como nas tradições alquímica e oriental; ainda que, com a influência da psicanálise, o tenha chamado de "inconsciente", ele com certeza o imaginou muito mais vasto e mais complexo do que a versão de Freud.

Como médico, testemunhei muitos fenômenos de mediunidade. Por exemplo, durante sua primeira viagem ao Egito, uma paciente minha defrontou-se com estranhas visões referentes à oitava dinastia egípcia. Ela teve visões súbitas que se sobrepunham às imagens reais, a ponto de, nesses momentos, perder o elo com a realidade. Seus companheiros de viagem viam-na fazendo gestos estranhos no ar e abrindo a boca como se quisesse falar. Ela parecia estar em transe. Quando as visões terminavam, ela ficava desorientada e cansada. Esses estados alterados de consciência eram percebidos como uma realidade virtual que envolvia todos os seus sentidos, tão exata que ela era capaz de descrever em detalhes os arredores para os quais havia sido "transportada". O marido, um arqueólogo e egiptólogo, foi capaz de verificar a exatidão das imagens dela, pois conduziu escavações em lugares indicados pela esposa, e suas visões foram confirmadas.

Poderia ter sido histeria, pensei inicialmente, mas reuni evidências em contrário. E, mesmo se ela fosse histérica, isso não explicaria a natureza das visões. Os psicoterapeutas talvez devessem considerar certas neuroses histéricas como manifestações de sensitividade, às vezes apenas temporárias, e deveriam ter em mente que algumas histerias podem até mesmo facilitar contatos reais com a rede.

Entre os mais famosos videntes do mundo, e as pessoas capazes de "viajar" na dimensão do passado, havia um médico de Turim, Gustavo Adolfo Rol. Ele podia reviver qualquer momento na história (com precisão de dia, mês e ano) em qualquer local (coordenadas geográficas) e recriar a realidade virtual do evento para si e para outros. Uma pessoa que trabalhasse com ele poderia se ver como um espectador indefeso da Batalha de Marengo, com as tropas de Napoleão a plena carga. Muitas vezes, Rol fez relatos de itens encontrados durante a viagem que depois se mostravam autênticos (como moedas da época, ou acessórios dos uniformes, ou armas no campo de batalha). As viagens a que Rol submetia suas plateias iam até mesmo em direção oposta, rumo ao futuro. Conheci um homem que, na década de 1980, em Turim, foi transportado por Rol para 2010. Viagens para o futuro, mesmo que historicamente não verificáveis, são pistas sobre o *continuum* cronológico da rede.

Permita-me um breve parêntese sobre essa questão: estão os eventos pré--arranjados? Seria destino, sim ou não? O confronto entre os apoiadores do destino e os do livre-arbítrio talvez não faça nenhum sentido, pois ambos os conceitos podem coexistir. Se a vida já está escrita, é também verdade que ela pode ser interpretada de modos diferentes como o roteiro modificado pelo livre-arbítrio, como, por exemplo, declamar de forma cômica algo considerado uma tragédia, e vice-versa. O destino pode ser com a *commedia dell'arte*, uma mera "tela" em que está escrito onde devemos estar em um dado momento e aonde deveremos ir a seguir. Mesmo que o destino estabeleça os pontos básicos da existência, nós escolhemos o caminho e temos infinitas possibilidades disponíveis. O destino seleciona a lista de eventos prováveis e escolhas; o resto é nossa vontade.

Habilidades como as de Rol são excepcionais no vasto panorama da "normalidade" humana, mas o que é normalidade? Apenas um caso é suficiente para destruir os limites do que acreditamos possível. Um só caso não "cria uma estatística", mas oferece uma *possibilidade*. É possível violar certas leis do espaço-tempo. É possível que exista algo além dos sentidos. Existem anomalias porque existe o outro lado das coisas. Pessoas peculiares à parte (pessoas que deveriam ser estudadas, como Rol, que encorajava os médicos a realizar experimentos científicos com ele), não é raro que alguma informação da rede "quebre" as barreiras do espaço-tempo e se manifeste em nossa consciência. Isso pode resultar em fenômenos telepáticos, precognições ou evocações de eventos passados.

Um caso de replicação de um evento aconteceu na França, na década de 1950, afetando duas turistas inglesas que foram despertadas por um tiroteio prolongado. Uma investigação confirmou que elas tinham ouvido o rugir de um massacre que havia acontecido durante a guerra exatamente naquele lugar: fora uma incursão anglo-americana de forças aliadas contra os alemães, nove anos antes.[20] Parece possível acessar eventos passados de uma forma voluntária, bem como por ressonâncias espontâneas: a rede é uma biblioteca de tudo que já foi. Talvez um dia sejamos capazes de manipular a realidade de nossos sentidos a ponto de consultar imagens passadas com a mesma facilidade com que consultamos imagens de nosso computador.

Como vimos, afinidade genética e emocional — como a que existe entre um cão e seu dono, ou uma planta e a pessoa que a ama — facilita a comunicação. Entre os parentes consanguíneos, os gêmeos idênticos são os melhores comunicadores porque têm maior afinidade; eles compartilharam um ovo. Uma mãe pode *sentir* a distância o momento exato em que seu filho tem a intenção de voltar para casa porque — por meio da rede — o campo emocional do filho ressoa de imediato com o da mãe. Existe o relato do caso de um marinheiro inglês que, servindo durante a Segunda Guerra, não podia mandar cartas para casa.[21] Ele estivera longe por mais de dois anos, mas numa manhã sua mãe foi fazer a cama dele e disse que o filho estaria de volta naquela noite. A família, que lhe perguntou como ela tinha tanta certeza, riu a mulher. "Eu sei e ponto final", ela respondeu quando foi preparar o quarto do rapaz. De fato, ele voltou naquela mesma noite. Somente uma intuição verdadeira, e não um simples pensamento, consegue ressonar como uma mensagem através do campo, do filho para a mãe.

Tudo é "gravado em vídeo" na rede, mas nosso campo individual seleciona só algumas mensagens com significado e ressonância em particular. Os campos emocionais das pessoas com relacionamento próximo estão sempre em comunicação, mas apenas as emoções que ultrapassam certo limiar podem ser reveladas à consciência. Os campos são refinados pela vida conjunta, pela partilha, pelo amor, de modo que, após anos de casamento, alguns casais terminam se parecendo, e as pessoas comentarão: "Eles ficam tão bem juntos. São tão parecidos. Foram feitos um para o outro". É como o que aconteceu às duas folhas examinadas por meio da fotografia Kirlian cujos campos se fundiram em um. A ressonância de campo é o que faz duas pessoas se atraírem à primeira vista. Essa mágica inexplicável é traduzida de formas diferentes: "É questão de química", "Aquela mulher me enfeitiçou", "Ele não é bonito, mas tem algo que é atraente", e assim por diante. É normal entre duas pessoas apaixonadas, a ponto de parecer que se fundiram (dizemos, "dois corpos e uma alma"), pensar as mesmas coisas, *sentir uma a outra* quando distantes e prever o pensamento da outra. São todos fenômenos do campo.

Nossa existência é repleta de momentos de realidade virtual, experiências não relatadas que demonstram que eventos virtuais são possíveis. Por que nunca pensamos, então, que toda a nossa existência, que todo o universo é só uma realidade virtual? Que o que percebemos são apenas sombras e que talvez seja hora de sair da caverna?

Colhemos muito mais informação da rede do que percebemos, porque o limiar natural de defesa impede que ela atinja nossa consciência. Pessoas sensitivas têm limiares de defesa mais baixos, o que permite uma maior transferência de percepções à consciência. Elas podem pressentir terremotos, acidentes ou catástrofes, ou então dores psicossomáticas ou sintomas físicos; podem prognosticar que "algo está para acontecer".

Precognição é o fato de saber previamente que um evento vai acontecer. Esse é outro fenômeno que pode ser explicado pela teoria dos campos. Alguém tem premonições porque está ciente da informação transferida para seu campo (direto da rede ou por outra pessoa que registrou as notícias, sem ser capaz de *lê-las*). Anos atrás, quando eu conversava com uma vidente, de repente a vi empalidecer. Seu rosto se entristeceu, e ela disse que percebia, aqui e ali, que algo terrível ia acontecer dali a alguns dias, e isso iria me causar muita dor. Dois dias depois, um avião com passageiros italianos bateu em uma montanha da ilha de Santa Maria, nos Açores, sem sobreviventes. Entre as vítimas estava minha amiga Tatiana, aeromoça daquele voo. Com o que ressoou o campo daquela vidente? Com a rede universal ou com meu próprio campo emocional que, sem que eu soubesse, já havia captado a informação da tragédia? Permanece aí o mistério de algo percebido antes de ocorrer. Mas temos certeza de que foi *antes?*

Entre o contínuo e o fragmentado (Platão diria entre o mundo da verdade e as sombras) existe uma lacuna temporal que nos confunde, e assim pode parecer que estamos prevendo um evento futuro, quando de fato estamos percebendo-o no exato momento em que está ocorrendo. Os dias que separam aquele instante do momento em que ele aparece em nossa dimensão são um deslocamento de tempo. É como a explosão de uma estrela a cem anos-luz de distância; quando vemos a luz da explosão, sabemos que ela aconteceu cem anos antes. Mas se um século atrás algum físico tivesse percebido a informação da explosão no momento em que ela estava ocorrendo, teria parecido uma premonição. Quando os sentidos percebem algo, não temos tanta certeza de que esteja acontecendo naquele lugar e naquele momento.

13
O mundo dos diretores de palco

Durante nossa viagem, nos deparamos com campos organizadores em manifestações distintas: campos morfogenéticos para plantas e "campos vitais" (como Harold Saxton Burr os chama) para animais. No mundo inorgânico, Marcel Vogel propôs campos organizadores para cristais líquidos e objetos em geral, e a TFF reforça a hipótese de campos de informação em todas as coisas. Então, analisamos como os campos controlam as relações entre indivíduos (de animais a partículas elementares) com características de não localidade. E, por fim, existem os campos que dirigem grupos de indivíduos: as células de um órgão, um bando de aves, um cardume de peixes, e assim por diante. A natureza está organizada em hierarquias piramidais de campos informados por seus próprios códigos que são a alma das coisas. Até nosso planeta tem seu campo informado. *Cosmos* significa "beleza", mas também "ordem", e o universo é um conjunto complexo e equilibrado, por obra de algum sistema intrínseco. Para negar que é esse o caso, você teria de provar — com evidências tangíveis — como um universo equilibrado pode existir na ausência de sistemas de controle. Até que isso ocorra, as teorias apresentadas neste livro devem ao menos ser reconhecidas como plausíveis.

Como mencionado antes, no mundo celular (o reino dos organismos), os códigos básicos — e, portanto, seus campos — atuam como sistemas de regulação intrínseca (SRI) que dirigem a fisiologia dos seres celulares; eles podem até mesmo predispor o ser a patologias. Se alguma coisa transforma o "programa da vida" em um "programa de câncer", a psico-oncologia sugere que conflitos interiores profundos e prolongados influenciaram o campo da pessoa e, dessa forma, modificaram o programa. Fatores externos podem perturbar a fisiologia, mas dificilmente são responsáveis pela morte, desde que o programa esteja orientado para a vida.

Como os SRI, o código básico está sempre alerta para manter a homeostase energética e informacional do organismo. Ele repara, corrige, modifica e escolhe. Seleciona a partir das frequências medicinais enviadas ao corpo com a TFF, escolhendo as úteis e descartando as outras; é por isso que os efeitos colaterais estão quase sempre ausentes. A importância informacional dos códigos básicos excede a dos ácidos nucleicos: o código é a essência tanto de organismos quanto de objetos. Como núcleo informacional do organismo, nunca é cancelado, nem mesmo depois da morte celular. É possível que esse núcleo exista antes mesmo de o corpo ser criado e que a matéria se combine em sua própria supervisão atenta. Se for esse o caso, os campos geram corpos, organizam-nos e colocam-nos em comunicação uns com os outros. É essa a nossa hipótese.

Computadores biológicos

Os corpos são regulados por centros de controle que são feitos de matéria informada, e o código básico atua como supervisor. Um exemplo é a adrenalina que flui no sangue após um choque. Há necessidade de tempo para a sequência completa de reações bioquímicas: ativação, liberação e transporte de adrenalina que, sujeita à velocidade do sangue, não pode viajar tão rápido como a luz. De que forma, então, podemos explicar o fato de que a resposta adrenal a um estímulo é imediata, instantânea? Haverá outros transmissores além dos moleculares?

Posto que o corpo precisa comunicar-se com todas as suas partes o tempo todo (e por sua vez necessita ser informado sobre tudo), por que não pensamos em sinais, em vez de moléculas, como veículos de informação? Cada ser estaria imerso em um campo que, como um computador, controla todo o organismo. No século XVI, Paracelso supôs que o corpo humano era mantido vivo e regulado por uma substância sutil que ele chamou de *iliaster*, capaz de comportar-se ora como matéria, ora como energia. Talvez essas não fossem fantasias renascentistas. Se essa estrutura de controle fosse molecular, haveria a necessidade de outra para regulá-la, e ainda teríamos de avançar por etapas sucessivas até a ideia de uma regulação não molecular. Se tijolos (moléculas e células para um organismo) são os blocos de construção, o *design* deve ser de uma natureza distinta: uma ideia impressa em papel.

O código básico está por toda parte no corpo e trabalha com ajustes rápidos, independentemente de moléculas e transmissões eletromagnéticas; também está ligado a regulações moleculares mais lentas que seguem leis fisiológicas e bioquímicas. Corpos são formados por coesão molecular e celular, mas não sabemos por meio de qual princípio as moléculas "decidem" formar-se de um modo, e não de outro. Dizer que a forma ocorre porque as forças polares reúnem as moléculas não explica o fenômeno; apenas o descreve. A verdade é que ainda não conhecemos o *design* que faz com que as moléculas reunidas adquiram determinada forma. Elas se mantêm juntas graças às forças de coesão, mas quem diz a elas para se unirem daquela forma? Os corpos não são reproduzidos ao acaso a partir de agregados fortuitos de moléculas. Eles são organizados porque algo orquestra essa organização.

O Projeto Genoma Humano argumenta que os genes controlam absolutamente todos os processos de hereditariedade e vida. Como podem, se os genes humanos totalizam apenas 30 mil, quase o mesmo que os de uma planta de mostarda e apenas o dobro dos que uma mosca ou um verme apresentam? Se considerarmos a vida apenas pelo ponto de vista genético, um humano seria facilmente confundido com um camundongo, pois ambos têm 99% de genes semelhantes.[1] Então, precisaríamos aceitar a teoria do *splicing alternativo*, a qual afirma que um único gene pode codificar milhares de proteínas diferentes,[2] contradizendo assim a teoria de Francis Crick, codescobridor do DNA. Não é crível, porém, que o efeito de um gene possa ser predito apenas com base em sua sequência molecular. Em anos recentes, o papel do DNA tem sido redimensionado junto à dominância do gene. Toda a biologia molecular está cambaleando. A descoberta de que o genoma humano não é assim tão diferente do genoma de um verme levou Eric Lander, um dos líderes do Projeto Genoma Humano, a declarar que a humanidade terá de aprender uma lição de humildade.[3] De acordo com Barry Commoner, diretor do Projeto de "Critical Genetics" do Queens College de Nova York, não é só a molécula de DNA que se duplica, mas a célula viva inteira, em toda a sua complexidade. Assim, uma vez mais, eis algo — o próprio sistema como um todo — que pode dirigir as operações.

Epigenética

Quando Charles Darwin formulou a teoria da evolução, não estava claro como as novas características das espécies podiam emergir ou como as características típicas eram mantidas através de cada geração. A solução veio de Gregor Mendel, que postulou as "unidades responsáveis pela hereditariedade" (mais tarde chamadas de *genes*), que não se misturam umas com as outras, mas são transmitidas intactas de uma geração à seguinte. Desde que James Watson e Francis Crick descobriram a estrutura do DNA, a estabilidade genética tem sido atribuída à hélice dupla, que se autorreplica, e as mutações são consideradas como erros ao acaso. Em outras palavras, os genes têm sido considerados como as unidades estáveis da transmissão das características hereditárias. Atualmente, porém, algumas pessoas pensam que eles não são os únicos responsáveis pela vida. Surgem dificuldades quando perguntamos *como* a estabilidade é mantida; então, encaramos um "problema muito mais complexo do que já se imaginou".[4]

Vamos imaginar os cromossomos em duplicação, nos quais as cadeias de DNA dividem-se em uma miríade de bases de purinas e pirimidinas (as constituintes das cadeias de DNA que conectam as duas cadeias, como os degraus de uma escada) que devem permanecer absolutamente intactas. Vamos imaginar essas moléculas como filamentos retorcidos, tantos que parecem infinitos, mais finos que um cabelo, frágeis como vidro, contorcendo-se de um lado para o outro como uma dançarina do ventre enquanto desenrolam-se e se libertam do abraço helicoidal que os mantinha estáveis. Elas estão tentando não se romper e salvar todos os seus nucleotídeos para que não fiquem presos à cadeia do outro lado. A perda de um único fragmento poderia provocar um erro genético.

Depois que as cadeias são separadas, cada uma serve como modelo para a construção de seu complemento, e isso é feito com fidelidade absoluta: erros de transcrição ou mutações nunca excedem o limite de um em dez bilhões.

Essa precisão não depende apenas da estrutura física do DNA, o qual por si só não seria capaz de replicar-se, pois precisa da ajuda de enzimas para fazê-lo.[5] As enzimas ajudam a evitar torções, auxiliam na seleção de bases adequadas, controlam a inserção e reparam erros. Mas quem regula as enzimas? Quem dirige o que acontece no DNA? Não é o DNA. É como uma multidão de damas de companhia vestindo uma rainha com um traje complicado: a rainha não pode coordenar a complexidade de movimentos a seu redor; ela não pode exercer seu papel porque sequer está vestida. A nudez da rainha é a mesma da metade da molécula de DNA, que está incompleta e inoperante. Quem está no controle de monitorar a operação, testar e reparar?

A estabilidade genética não é intrínseca ao DNA; ela é uma propriedade emergente da dinâmica complexa de toda a rede celular,[6] o resultado de um processo bem orquestrado.[7] "Na visão neodarwinista convencional, o DNA é visto como uma molécula de estabilidade inerente [...] e a evolução, correspondentemente, como sendo dirigida pelo mero acaso", escreveu Fritjof Capra, quando deveríamos, ao contrário, "adotar a visão radicalmente diferente de que as mutações são ativamente geradas e reguladas pela rede epigenética da célula, e que a evolução é parte integral da auto-organização dos organismos vivos".[8] O biólogo molecular James Shapiro sugere pensarmos sobre a reestruturação rápida do genoma guiada por redes biológicas de retroalimentação.[9]

No que diz respeito à função dos genes, Francis Crick determinou que eles codificam as enzimas que catalisam todos os processos celulares: o DNA faz o RNA, que por sua vez faz proteínas, e as proteínas nos fazem. Este foi chamado de o dogma central da biologia molecular: genes determinam traços biológicos e comportamento, por meio de um fluxo unidirecional de informação dos genes para as proteínas, sem um retorno no sentido oposto. Para os seguidores do determinismo genético, os genes determinam o comportamento, e não o oposto. Porém os dogmas sempre terminam em algum tipo de fanatismo (eu rejeito dogmas e não tolero fanatismos, especialmente os científicos), e mais cedo ou mais tarde terminam colapsando. Como observou Mae-wan Ho, a atenção exclusiva dada aos genes obscureceu nossa visão do organismo como um todo, que é considerado simplesmente como uma coleção de genes sujeita a mutações ao acaso e forças seletivas no ambiente sobre as quais ele não tem controle.[10]

O ocaso do determinismo

Sem dúvida, é o DNA que determina que meus olhos devam ser claros e meu cabelo escuro (agora grisalhos); as dúvidas surgem quando proponho questões acerca de forma, estrutura e funções do corpo. Quem decide o que pode crescer e em que ponto parar? Quem estabelece os limites das estruturas do corpo, como órgãos e membros, e a relação entre eles? O DNA é apenas uma molécula, não tem a *inteligência* para decidir; ele codifica proteínas, mas não ensina a elas aonde ir, o que fazer e quando. Algo está faltando. O DNA é o executor do *design*, não o diretor. Quem regula o DNA? A inteligência da tomada de decisões pertence ao sistema como um todo, o qual se expressa no código básico e no campo que ele informa. "O sinal (ou os sinais) que determina(m) o padrão específico no qual a transcrição final deve ser formada [...] [provém da] complexa dinâmica regulatória da célula como um todo. [...] Desvendar a estrutura de tais vias de sinalização tornou-se um dos focos principais da biologia molecular contemporânea",[11] diz Ellen Fox Keller.

Recentemente, foi descoberto que a dinâmica da rede celular na qual o genoma está incrustado determina qual proteína será produzida, bem como sua função.[12] A célula é capaz de modificar a estrutura de uma proteína, alterando a função. Assim, é a dinâmica celular que garante que proteínas diferentes apareçam de um único gene e que uma única proteína desenvolva funções múltiplas. Contradizendo o dogma central, começamos a aceitar que o todo pode influenciar os genes.

O que é a dinâmica celular? Comecemos por dizer que a genética determinista tem muitos problemas: as células de um organismo, embora tenham os mesmos genes, são diferentes umas das outras. Em outras palavras, o genoma é o mesmo, mas os esquemas seguidos são diferentes, de modo que uma célula de músculo é diferente de uma célula nervosa, e assim por diante. A questão é: o que é aquele *algo* que governa as diferenças na expressão dos genes? Os genes não podem atuar sozinhos; devem ser ativados e desativados por certos *sinais*.

Para resolver o problema da expressão gênica, nos anos 1960, François Jacob e Jacques Monod fizeram a distinção entre genes reguladores e genes estruturais. De acordo com os dois ganhadores do Prêmio Nobel, os mecanismos reguladores são genéticos. Assim, permanecendo dentro dos limites do paradigma do determinismo genético, eles descreveram o desenvolvimento biológico usando a metáfora de um "programa genético". A proposta deles, aparecendo justamente quando a ciência da computação estava se estabelecendo, foi muito bem recebida. Posteriormente, no entanto, as pesquisas mostraram que a ativação dos genes depende não do genoma, mas da rede epigenética da célula, que inclui um grande número de estruturas celulares, em particular a cromatina. O DNA tem de ser considerado apenas parte da rede celular, que é altamente não linear, contendo múltiplas malhas de retroalimentação, de modo que os padrões de atividade genética mudam continuamente em resposta às alterações das circunstâncias.[13]

Fritjof Capra é partidário da nova disciplina da epigenética, em que as formas e funções biológicas são as propriedades emergentes de toda a rede, um entendimento que se insere na teoria da complexidade, muito mais ampla.[14] Quase um século atrás, o embriologista Hans Driesch demonstrou, por meio de experimentos com ovos de ouriço-do-mar, que um ouriço-do-mar ainda conseguia atingir a maturidade plena mesmo depois de o pesquisador destruir várias células nos estágios iniciais do desenvolvimento do embrião.[15] Recentes experimentos genéticos demonstraram que a perda de um gene tem muito pouco efeito no funcionamento do organismo. Essas informações são incompatíveis com o determinismo genético, mas não com a hipótese dos códigos e campos informados.[16]

Na teoria da complexidade, o desenvolvimento biológico é visto como um desdobrar contínuo de sistemas não lineares à medida que o embrião se forma. Em termos matemáticos, é como se o crescimento seguisse uma trilha dentro de uma "bacia de atração".[17] É aceito por muitos que a expressão de um gene depende do contexto celular e pode mudar quando este muda. Como o biologista molecular Richard Strohman afirma, sabemos que genes que são associados a determinadas doenças em ratos não têm tais associações nos humanos. Além disso, parece que as mutações, mesmo em genes-chave, podem ter efeito ou não, dependendo do contexto genético no qual são encontradas.[18]

As propriedades emergentes comportam-se como um SRI superior ao próprio DNA. *Epigenética* significa "acima da genética", porque a natureza desses sistemas não é genética nem molecular. É a matéria informada operando como código básico dentro do campo de um corpo. Precisamos ousar ir além da fronteira familiar das moléculas, como os argonautas que sabiam como navegar em mares perigosos e impossíveis.

Seguindo o caminho dos argonautas

Talvez meu colega Richard Gerber não saiba, mas é um argonauta. Ele escreve:

> O DNA contém toda a informação necessária para instruir cada célula sobre como efetuar seu trabalho específico, como manufaturar suas proteínas etc. O que o DNA não explica, porém, é como essas células recém-diferenciadas viajam até as posições espaciais apropriadas no corpo em desenvolvimento do bebê. [...] É altamente provável que a organização espacial das células seja ordenada por um mapa tridimensional complexo que descreve como deve ser a aparência do corpo acabado. Esse mapa ou molde é a função desempenhada pelo campo bioenergético que acompanha o corpo físico. *Este campo, ou corpo etérico, é um molde holográfico de energia que carrega informações codificadas para a organização espacial do feto, bem como um mapa para reparos celulares em caso de dano ao organismo que se desenvolve.* [...] Porém o DNA é apenas um manual de informações com instruções que ainda devem sofrer a intervenção de algum ator intermediário no esquema celular das coisas. Esses atores no cenário celular são as enzimas, operários proteicos que desempenham as muitas tarefas bioquímicas cotidianas. As enzimas catalisam reações específicas de compostos químicos, seja para criar estrutura por meio de linhas de montagem moleculares, seja para fornecer o fogo eletroquímico que faz funcionar os motores celulares e, em última análise, manter todo o sistema funcionando com eficiência.[19]

A Matriz (a Grande Mãe) é a matéria pura da qual os códigos básicos emergem, mapas de como será o ser acabado, os campos morfogenéticos que orientam gemas e embriões para se tornarem formas maduras. Os códigos contêm os *designs* para toda a evolução temporal de um ser, seu programa de vida. O código básico contém todas as imagens do corpo, presentes e futuras, do embrião ao ser completo. Já vimos que muitos geneticistas concordam que o "segredo da vida" não reside na sequência gênica, e é hora de levar em consideração esses sistemas de regulação intrínseca que controlam o organismo. Acima da democracia dos genes, o poder está nas mãos de ditadores invisíveis capazes de manipular tudo, diretores de fisiologia e patologia. A suscetibilidade à doença (mas não a doença) vem do sistema; os patógenos são o último elo na corrente que se inicia no corpo. O SRI controla tudo, começando com o DNA, decidindo toda vez quando e como duplicar, o que deve ou não ser traduzido, se suprimir ou ativar. Apenas aquilo que possui uma visão geral e o controle de todo o conjunto pode guiar as proteínas recém-criadas para seus locais de trabalho, como em uma rede de circuitos integrados. Estamos ainda surpresos, depois de testemunhar, durante anos, a mesma complexidade aplicada aos computadores? Células e organismos comportam-se como aparelhos eletrônicos.

É o SRI que envia miríades de sinais ao corpo para dirigir operações, para decidir, por exemplo, quais sinais externos devem ser aceitos ou não a fim de manter a homeostase. Talvez a comunidade científica mantenha-se afastada da ideia de um campo organizador porque a matéria informada da natureza não pode ser vista ou medida. A TFF começou sugerindo a ideia dos códigos básicos e revelando as ações dos campos; agora, existem confirmações instrumentais, teorias e hipóteses que sugerem novos paradigmas. Tem havido mudanças no pensamento científico nos últimos anos, como as mudanças importantes em nossa compreensão de dois grandes centros de controle do organismo — o DNA e o sistema nervoso. Com relação ao sistema nervoso, estamos nos movendo em direção à ideia de um centro de controle não localizado com características menos definidas do que qualquer outra estrutura anatômica. Vejamos o que é isso.

Marcadores somáticos

O médico português António Rosa Damásio, professor de neurologia e chefe do Departamento de Neurologia da Escola de Medicina na University of Iowa e professor chefe no Salk Institute for Biological Studies, em La Jolla,

Califórnia, formulou a hipótese do "marcador somático", algo não molecular que marca uma imagem e pode produzir efeitos viscerais e não viscerais.

[Um marcador somático] força a atenção para o resultado negativo para o qual uma dada ação pode conduzir e funciona como um sinal de alarme automático que diz: cuidado com o perigo à frente se você escolher a opção que leva a esse resultado. O sinal pode levar você a rejeitar, *de imediato*, o curso de ação negativo e assim fazer com que você escolha alguma alternativa; o sinal automático protege você contra perdas futuras, sem mais demora, e então permite que você *escolha entre um número menor de opções. [...] [Os] marcadores somáticos são uma instância especial de sensações geradas por emoções secundárias.* Essas emoções e sensações *foram conectadas, por aprendizagem, a resultados futuros previstos para determinados cenários.* Quando um marcador somático negativo é justaposto a um resultado futuro em particular, a combinação funciona como um sinal de alarme. Por outro lado, quando é um marcador positivo que se justapõe, ele se torna uma fonte de incentivo. [...] Eles não tomam decisões por nós. Eles ajudam na decisão ao destacarem algumas opções (ou perigosas ou favoráveis) e eliminando-as rapidamente de considerações subsequentes. [...] Você pode pensar neles como aparelhos que emitem um "sinal".[20]

Assim, *sinais* de uma natureza *não molecular* orientam-nos em decisões e na escolha de comportamentos; para isso, ajudam no processo de escolha. Eles resultam em uma associação entre processos cognitivos e emocionais. Seu propósito seria garantir a sobrevivência, para isso reduzindo o máximo possível os estados físicos insatisfatórios e permitindo os estados físicos que são homeostáticos, funcionalmente equilibrados. Onde são gerados esses sinais? Damásio supõe que sejam encontrados não somente no cérebro, mas também no corpo inteiro. Eles também podem agir como um mecanismo oculto que inibe ou estimula a tendência a agir, que "seria a fonte do que chamamos de intuição, o misterioso processo pelo qual chegamos à solução de um problema *sem* ter de raciocinar".[21] Este é outro passo rumo à noção de algo não molecular puxando as cordinhas de tudo.

"Suspeito que, anteriormente, e abaixo do palpite consciente, existe um processo não consciente formulando gradualmente uma previsão do resultado de cada movimento", escreveu Damásio. Algo que opera por meio de sinais, o efeito de um mecanismo de regulação do sistema nervoso que é superior ao consciente: "A ideia de que seja todo o organismo, não somente o corpo ou o cérebro, que interage com o ambiente com frequência é descartada, se é que chega a ser considerada. Não obstante, quando vemos, ou ouvimos, ou tocamos, ou sentimos o gosto ou o cheiro, corpo *e* cérebro participam da interação com o ambiente. [...] Perceber o ambiente não é então apenas uma questão de que o cérebro receba sinais diretos de um dado estímulo; o cérebro recebe imagens menos diretas. [...] O organismo modifica-se ativamente para que o contato de interface possa ocorrer do melhor modo possível. O próprio corpo em si não é passivo".[22]

O desenvolvimento de interações com o ambiente — os sentidos — ocorre *em algum lugar* do corpo. Esse lugar é o corpo inteiro. Em neurociência, isso poderia ser o equivalente do DNA, uma estrutura em larga escala de circuitos e sistemas, incluindo descrições nos níveis micro e macroestrutural.

Damásio argumenta que o DNA, que é governado por regulação e ordem, não é suficiente para explicar a vida, e acrescenta que "só uma parte dos circuitos do cérebro são especificados pelos genes".[23] O SRI não pode ser localizado no genoma ou nas estruturas neurais. Algumas espécies de animais com memória, raciocínio e criatividade limitados manifestam exemplos complexos de cooperação social que sugerem, de acordo com Damásio, uma "estrutura ética". O comportamento de muitas espécies animais se aproveita da transmissão cultural não genética.[24] Essa informação não está no DNA, ela existe "desde antes". O campo informado pode ser modificado por estímulos ambientais, como no exemplo das aves migratórias, sem nenhuma mutação genética. Como uma fita magnética, o campo armazena incontáveis quantidades de informação, desde que ela seja coerente, ressoante e relevante para o sistema.

14
Um mundo virtual

Matriz

Nossa viagem ao outro lado das coisas está quase terminando: é hora de reunir nossas ideias. A matéria pura é contínua, e a matéria combinada é descontínua, se fundindo para formar a massa. O código e o campo são matéria informada, jazendo entre a matéria pura e a combinada, num vazio aparente no qual as trocas têm lugar. As partículas elementares existem porque trocam quanta por matéria pura, que por sua vez as produz e alimenta. É impossível conceber matéria sem a noção de espaço, ou energia sem tempo, pois — como diz Leonardo da Vinci — a vida está em movimento. Os bastidores, o antimundo de nosso mundo, são o vasto oceano de matéria pura, o tecido no qual o universo está bordado. A matéria combinada é gerada constantemente a partir desse oceano para renovar tudo que morre: é assim que o universo respira.

A física do terceiro milênio deve reconsiderar os princípios da matéria pura, em que todos os efeitos temporais desaparecem. A matéria pura é perfeitamente imóvel. Tudo que entra em movimento perde a pureza, combina-se e torna-se *algo* na dimensão do espaço-tempo. Por estar oculta pelo manto da matéria escura, ninguém jamais viu ou verá sua face. A Bíblia fala disso por meio do disfarce da Sabedoria no livro dos Provérbios. É uma vez mais a Grande Mãe, o que é confirmado na leitura do Missal Romano associado à solenidade da Imaculada Conceição (a pureza da Matriz), celebrada em 8 de dezembro. Vamos reler esta página de beleza emocional, refletindo sobre a matéria pura.

> O Senhor me criou no começo de suas obras, antes de seus feitos mais antigos. Eu existia desde a eternidade, desde o princípio, antes que a Terra fosse criada. Fui gerada quando o abismo ainda não existia, e antes que existissem as fontes de água. Antes que as montanhas tivessem sido estabelecidas, antes das colinas fui produzida. Ele ainda não havia feito a terra nem os campos, ou o primeiro elemento de poeira no mundo. Quando Ele preparou os céus, eu estava lá, quando traçou o horizonte na superfície do abismo, quando condensou as nuvens no alto, quando abasteceu as fontes do oceano, quando impôs regras ao mar e estabeleceu que suas águas não ultrapassassem seus limites, quando assentou as fundações da Terra, eu estava com Ele, formando todas as coisas, e todos os dias eu era Seu deleite, brincando sempre em Sua presença, brincando em Seu mundo terrestre, deliciando-me com os filhos dos homens. (Provérbios 8: 22-31)

Em contraste com a matéria pura, existe a matéria combinada, que é como a "prostituta, que se entrega a todo mundo e [...] faz com que você perca sua vida" (Provérbios 7). O intercâmbio entre o mundo e o antimundo acontece no reino intermediário, o "terceiro tipo" de Platão, o "espaço que provê um lugar para as coisas que são geradas", o limiar do palco do mundo. Ao passarem pelo meio, as frequências dos bastidores são traduzidas em imagens que aparecem como coisas sólidas e reais aos sentidos. A chave para a realidade virtual é encontrada no terceiro reino.

Aos olhos humanos, o real (os bastidores) parece virtual, e o virtual parece real. Se pudéssemos nos libertar dos sentidos, descobriríamos que as coisas são, na realidade, hologramas sólidos produzidos pelo jogo no palco do mundo virtual. Elas existem em outras formas. A mente, que por sua vez pertence à realidade virtual, não pode imaginar formas que sejam diferentes daquelas apreendidas pelos sentidos. Essas formas são os campos, a essência e a verdadeira realidade das coisas. Este é o segredo de todos os segredos, o segredo que os humanos vêm perseguindo há milênios. Esse segredo já havia sido descoberto e transmitido pelos maiores místicos, artistas, filósofos e mestres como Platão, Jesus, Buda, Leonardo da Vinci, Giordano Bruno, Newton e outros. O mundo é um jogo virtual no qual concordamos em representar a nós mesmos. Continuamos a construí-lo enquanto interagimos nele. O mundo é alquimia. O que está acima é igual ao que está abaixo, porque tudo é virtual.

Dante Alighieri, que tinha conhecimentos de alquimia, representou o palco do mundo como Inferno, o reino intermediário como Purgatório e os bastidores como Paraíso, indo do negro no primeiro, ao branco no segundo e ao vermelho no terceiro. O reino intermediário, a montanha do Purgatório, complementa e espelha o poço infernal exatamente do mesmo modo como os campos que pertencem a este mundo são cópias virtuais dos objetos cênicos. Na *Vita Nova*, Dante descreve uma Beatriz irreal, um símbolo da matéria pura (Beatriz = Matriz), "a gloriosa mulher da mente", *Virgem* pura e não contaminada. A virgindade é uma qualidade mental; é Sabedoria, como nos Provérbios, ou a virgem (*parthenos*) Atena-Minerva, que nasceu da cabeça de Zeus-Júpiter. Beatriz veste-se de vermelho, como a Grande Mãe da mitologia (os povos pré-colombianos também representavam a *Pacha Mama* vestida de vermelho). Vermelha é a terra; vermelhas são as rosas (sagradas para Ísis assim como para a Virgem Maria, rosas são o que o asno masca para transformar-se de novo em Lúcio, no livro de Apuleio); vermelho é o mês Mariano de Maio (sagrado para a Deusa Mãe celta, a quem era dedicado o festival de Beltane). Quando o Poeta conhece Beatriz, ela tem 8 anos e 4 meses de idade. Esses números não são aleatórios. Quatro é a matéria, seu múltiplo é a matéria pura: 8 de dezembro é consagrado à Imaculada Conceição, enquanto 8 de setembro é a data de nascimento da Virgem Maria, sob o signo de Virgem. Todo o trabalho de Dante pode ser lido dessa maneira.

Quando a matéria pura ondula e começa a pulsar, ela já está combinada. Se os ritmos da matéria combinam com o nosso, podemos percebê-la. Não percebemos aquilo que está imóvel, que assim permanece, para nós, como matéria obscura e invisível. Ainda assim, ela existe.

Imenso mundo submarino

Comparamos muitas vezes a matéria pura a um mar imenso (Maria é *stella maris*), não diferenciado, imutável, imóvel. Os corpos formam-se quando certos pontos do mar ondulam e assumem características de descontinuidade.

Essas formas já têm as características primevas do corpo: são os códigos básicos. Como uma rocha submersa no mar, uma parte da qual aparece acima da água, as entidades são muito mais extensas do que a parte que os sentidos conseguem perceber. Cada entidade pulsa no ritmo ditado por seu código básico. Nem todas as rochas erguem-se até o nível da percepção sensorial, e assim podemos pensar em um mundo submarino repleto com arquitetura e formas de todos os tipos, invisível para os sentidos (fig. 14.1).

Nós já ressaltamos que o mundo do invisível é mais extenso que o visível, porque o limiar da percepção é limitado. É possível, por exemplo, que os sentidos capturem não toda a crista da onda, ou toda uma pedra submersa, mas somente partes delas, como um objeto no escuro que é iluminado por raios de luz de direções diferentes. O cérebro usa os poucos fragmentos iluminados para reconstruir a forma do objeto, que não é de fato o objeto, mas sua forma "distorcida" por nosso cérebro (fig. 14.2).

Esse efeito é igual ao que é criado pela Momix, famosa companhia de bailarinos ilusionistas fundada pelo coreógrafo Moses Pendleton, que usa jogos de sombra e luz para criar mundos de imagens surreais com corpos que voam e nadam, são desmontados e reconstituídos em subversões e seduções visuais.

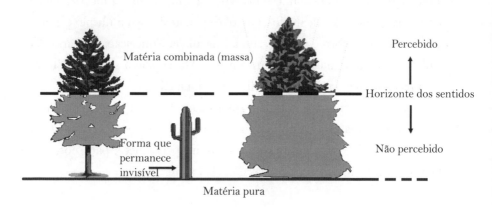

Figura 14.1. Representação esquemática monodimensional de como os corpos físicos poderiam ser. Do fundo marinho plano e imóvel de matéria pura, ondas de matéria informada formam-se, invisíveis para os sentidos. Partes delas, que cruzam o limiar da percepção, tornam-se massa (ou matéria combinada). Tudo que está abaixo do limiar é o outro lado das coisas: campos, a maior parte da massa e formas que estão invisíveis e inaudíveis para nós (formas puras).

Assim como rochas ancoradas no fundo do mar, os corpos físicos estão conectados entre si pelo *continuum* e pela extensa rede de comunicação. O corpo físico que aparece aos sentidos é uma interpretação de um código básico pulsante. Na holografia, a realidade de um objeto é seu padrão de interferência, que o raio *laser* então traduz em uma imagem tridimensional. Do mesmo modo, a verdadeira natureza das coisas reside nos ritmos do código básico traduzidos pelos sentidos como imagens tridimensionais. Todas as coisas são essencialmente a mesma coisa. O que muda é o ritmo. Se o ritmo do ferro mudasse para o da madeira, nós o perceberíamos como madeira, e não mais como ferro.

A pulsação rítmica dos códigos básicos perturba aquela parte do espaço que chamamos de campo, e no campo podemos detectar a frequência específica do corpo. Esta é a base dos fenômenos de interação e ressonância encontrados em nossa viagem, incluindo a TFF. Graças à rede, cada variação de ritmo pode ser transmitida por meio do palco do mundo, com características de não localidade.

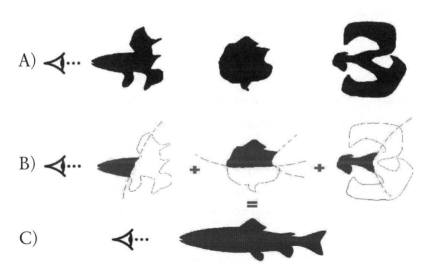

Figura 14.2. Anatomia do invisível: qual das três imagens no alto é um peixe? Onde está o peixe? As formas são criadas a partir de outras maiores, feitas de matéria informada, da qual percebemos apenas uma pequena parte que, para nós, é matéria combinada. De acordo com os fragmentos selecionados por nossos sentidos, a mente humana reconstrói uma forma que, na realidade, não existe fora de nosso equipamento sensorial.

Repensando 1687

Quando Newton observou as estrelas e imaginou os planetas orbitando ao redor do Sol — a Terra, por exemplo —, estava convencido de que o Sol mantinha nosso planeta e todos os demais em suas órbitas por uma "coleira" gravitacional capaz de atingir grandes distâncias e retê-los.[1] Einstein virou de cabeça para baixo o pensamento de Newton ao introduzir a ideia de que a gravidade é a curvatura do espaço. Vejamos como.

Para entender esse princípio básico da relatividade geral, deixemos o tempo de lado por um instante e imaginemos um espaço plano com apenas duas dimensões em vez de três, como uma folha de papel. Isso é — do ponto de vista gráfico e mental — mais fácil de representar. Tracemos uma grade no papel, de modo que fique parecendo papel quadriculado. Na ausência de matéria e energia, o espaço permanece plano. Se inserirmos um corpo nesse espaço, por exemplo, uma esfera (pode ser uma molécula ou uma estrela), a estrutura do espaço circundante será deformada (fig. 14.3). É como colocar uma bola de boliche em uma membrana de borracha: ela produz uma deformação tão grande quanto a bola.

Agora, pegando uma esfera bem pequena, vamos jogá-la com grande velocidade perto da maior: a bolinha vai cair no buraco e continuar rodando ao redor da curva fechada da depressão que a bola maior fez no espaço. Ela entrou em órbita. É isso o que os planetas fazem ao redor de seu próprio sol: seguem trajetórias de energia mínima na região de distorção produzida pela estrela.

Por que começamos a partir daqui? Porque, com a ideia do espaço curvo, Einstein argumentou que o vazio (onde nossa viagem começou) não é um cenário passivo, ele é éter, um meio que muda de acordo com os objetos que aparecem em cena. O vazio interage com o sólido; ambos estão conectados. O espaço não é só a matriz dos corpos, mas é continuamente moldado por eles. Pelo simples fato de existir, cada corpo interfere no espaço até uma distância proporcional a sua massa. O agente da gravidade é, de acordo com Einstein, o padrão do corpo em si. O espaço circundante que é perturbado constitui o que chamamos de campo. O campo tem componentes diversos: gravitacional

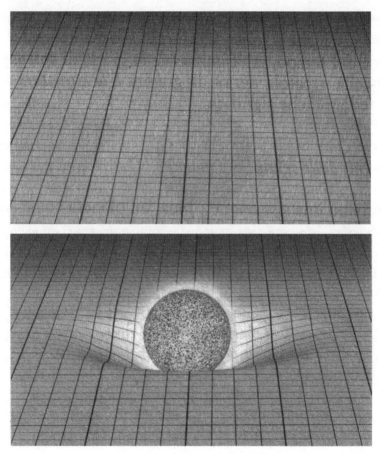

Figura 14.3. Curvatura do espaço: na primeira imagem, representação esquemática do espaço plano; na segunda, vê-se como um corpo (molécula ou planeta) curva a textura do espaço, como uma esfera pesada numa superfície de borracha.

(curvado por massa), eletromagnético (por causa das cargas) e informacional (devido ao movimento molecular).

Assim como ocorre quando um corpo é imerso em água, cada objeto no espaço move uma quantidade de éter equivalente a seu volume e a sua forma. O espaço circundante fica marcado com a forma daquele corpo. Ao curvar o espaço, o objeto faz vibrar os filamentos da rede universal; como resultado, sua presença é detectável, mesmo a distância, graças à ressonância entre campos (isto é, sem o uso dos sentidos). É como uma mosca que fica presa em uma teia de aranha: os filamentos transmitem cada deformação à própria rede. Esse é o mecanismo subjacente às ondas de forma em radiônica; entidades, mesmo que estáticas, transmitem frequências a cada ponto de um universo conectado. "Se você toca uma flor, as estrelas vibram", disse alguém. Na base está sempre a ideia de uma rede universal. Laszlo escreveu: "Há um campo fundamental que se expande e sutilmente informa nosso próprio universo e todos os outros".[2] Isso é de novo a matriz, matéria pura, o *continuum* que conecta e informa o universo inteiro.

O espaço está sempre sendo perturbado por tudo, de átomos a planetas. É uma questão de dimensão e intensidade. É evidente que a desorientação provocada por uma molécula é infinitesimal para nossos sentidos, mas ela existe e modifica o espaço circundante. Você se lembra das "vibrações *fingerprint*"? Elas são específicas para cada molécula e contêm informações que o movimento perturbador imprime ao campo, tornando-o também "informado". A intensidade da emanação é influenciada pela velocidade inerente à matéria. Na TFF, estimulamos o medicamento que desejamos transferir, de forma a configurar uma interação predominante para amplificar a transmissão. Se eu colocar uma essência perfumada em minha mão, ela vai se expandir na área ao meu redor, mas se eu sacudir a mão com força, a fragrância será percebida com maior intensidade e a uma distância maior.

Não pense que a perturbação molecular do campo é insignificante só porque é microscópica. É plausível que o que parece matéria aos nossos sentidos não seja nada mais do que o efeito das danças rodopiantes de partículas. Vejamos alguns exemplos. Consideremos um cilindro que pode girar sobre seu eixo longitudinal, e que o lado voltado para mim é sólido, enquanto o lado que não vejo é vazio. Quando o cilindro começar a girar, verei uma alternância de sólido e vazio, mas se a rotação for acelerada até uma velocidade inconcebivelmente alta, o cilindro vai parecer todo sólido de novo. Terei a "sensação" de solidez, mesmo que ele seja meio vazio. Do mesmo modo, temos a sensação de que uma massa é contínua e compacta, o que de fato é apenas uma ilusão de nosso sistema sensorial produzida por altas velocidades.

Vamos imaginar a dança das moléculas que constituem uma coisa, por exemplo, uma bola de tênis. Mesmo que a perturbação do campo seja invisível, podemos imaginá-la como ondas que se propagam de modo centrífugo. Se o ar perturbado tivesse uma densidade muito alta (e talvez fosse opaco e tivesse cor) e o examinássemos por meio de um ultramicroscópio, a forma pulsante do corpo finalmente apareceria para nós! É como encher um balão: quando está cheio, a massa do balão parece sólida, esférica e lisa aos olhos e ao tato; é assim que os sentidos decodificam as perturbações produzidas por determinada vibração.

A vibração que mantém a frequência rítmica que dá aos sentidos a impressão de massa talvez se origine da música das cordas que vibram. A frequência rítmica de que estamos falando é o código básico, a soma das informações emitidas por cordas, partículas, átomos, moléculas, e assim por diante, que é traduzida na mente, a partir dessa complexa sinfonia vibrante, em imagens, e na sensação de corpos e massas. A matéria é ritmo, uma eterna dança. Não há som, frio, calor, cor ou aroma da forma como os percebemos; eles de fato têm outra forma. O tecido do universo a que chamamos espaço é feito de ondulações e vazios. Lembre-se do texto hermético que descreve a matéria como "a crista de uma onda, crispando-se como o mar". Todos os corpos, de átomos a estrelas, perturbam o tranquilo mar da matéria pura, informando o universo sobre eles próprios.

Um campo unido conecta instantaneamente todas as partes de um organismo e faz com que este se comunique com o ambiente. O balanço orgânico necessita de uma coerência contínua e rigorosa entre as partes por meio de interações de longo alcance: "ajustes, reações, mudanças são espalhados em todas as direções ao mesmo tempo".[3] O código básico é o diretor de tudo. O genoma não contém toda a instrução necessária para construir o organismo. O físico e matemático Fred Hoyle está convencido de que a construção do DNA ao acaso é tão provável quanto a montagem de um avião por um furacão que cruza um ferro-velho.[4] Sem códigos ou diagramas, a natureza não poderia ser expressa em suas formas; tampouco ela age por tentativa e erro ou por acidente: há uma ordem em todo o complexo de mudanças.

Laszlo afirma que há uma interação contínua entre vácuo quântico e gravidade. Matéria e vazio reagem um com o outro num mecanismo de retroalimentação, do mesmo modo que nos círculos de interação entre código e massa, entre massa e campo, e entre campo e código. O autor húngaro sustenta que a radiação básica registrada no universo inteiro representa os sinais preexistentes no nascimento do universo: eles já estavam lá, em seu pré-espaço.[5] O código de todo o universo, poderíamos dizer, a matriz. Como Böhm enfatizou na teoria das "variáveis ocultas", o universo existe apenas porque existem sempre processos físicos ocultos que direcionam o comportamento das partículas.

Voltemos às perturbações de campo. Dissemos que a taxa de movimento molecular desempenha um papel importante na determinação do ritmo no campo. Essa é a razão pela qual, na transferência de um medicamento, é melhor estimular a substância, permitindo-lhe, assim, expressar seus ritmos com maior intensidade. Mas perguntemo-nos quão depressa as perturbações de campo podem se espalhar. Einstein responderia: "À exata velocidade da luz", de modo que a influência da gravidade (agora estamos falando de planetas) avançaria junto com os fótons, sem ultrapassá-los.[6]

Sabemos que no mundo microscópico as coisas podem ser diferentes das no mundo macro. Daí a hipótese de uma rede de conexões que permite às perturbações espalharem-se por todas as partes em tempo real. Como já dissemos, seria como uma internet natural. Falamos sobre conexões remotas e instâncias de não localidade. Já em 1935, Erwin Schrödinger argumentava que as partículas não ocupam lugares individuais, mas existem em estados coletivos nos quais estão intrinsecamente envolvidas umas com as outras. Assim, as partículas deveriam ser consideradas não como indivíduos, mas como *entidades sociáveis* que reagem umas com as outras instantaneamente, sem respeitar tempo ou espaço. Perto ou longe, separadas por segundos ou séculos — essa sociabilidade pode ser consequência de um campo universal que as conecta. Foi demonstrado pelo experimento de Alain Aspect que essa conexão é intrínseca. De fato, a separação espacial não as divide. Isso é válido não apenas para aquelas que têm uma origem comum (comunicações não locais são facilitadas por ligações genéticas e emocionais), mas também para as que se originaram em diferentes pontos do espaço e do tempo. É suficiente que estejam unidas entre si no mesmo sistema de coordenadas.

Conexões não locais são, como vimos, a base da teoria de campos mórficos de Sheldrake, da comunicação não sensorial com plantas, animais e seres humanos, e do fenômeno telepático. Estamos em contato com outros mesmo quando eles estão além do alcance dos sentidos: é suficiente lembrar do experimento descrito pelo médico norte-americano Marlo Morgan (em *Mutant Message Down Under*).[7] A rede permite a não localidade e pode explicar fenômenos parapsicológicos e operações de cura a distância, de terapias radiônicas a rituais de vodu, preces e ainda missas de cura e missas negras, pois a missa é um ritual mágico, como ensinado por Jung. A distância em si pouco importa.

Sobre a verdadeira natureza dos corpos

Einstein declarou: "O ser humano é parte de um todo, por nós chamado de 'Universo', uma parte limitada no tempo e no espaço. Ele experimenta a si mesmo, seus pensamentos e suas sensações como algo separado do resto — um tipo de ilusão de óptica de sua consciência. A ilusão é uma espécie de prisão para nós, limitando-nos a nossos desejos pessoais e ao afeto por algumas poucas pessoas mais próximas a nós".

Então vieram o *quantum* e Böhm para corroborar a existência de um campo que conecta as coisas e os eventos de um modo holográfico. Severi chamou o vácuo quântico não perturbado de matéria pura. Agora, muitos físicos estão começando a pensar que a matéria perturba o vácuo quântico, que a excitação e a perturbação por fim criam ondas reais no mar de energia do vácuo. Assim, a matéria pura se torna matéria combinada. Essas ondas, interagindo com outras, formam padrões de interferência, hologramas naturais que nos parecem reais. De acordo com Laszlo:

> Os cientistas sabem que todos os objetos emitem ondas em frequências específicas que se irradiam para fora. Quando o campo de onda que emana de um objeto encontra outro objeto, uma parte dele é refletida por esse objeto, e outra parte é absorvida. O objeto fica energizado e cria outro campo de onda que se move de volta para o objeto que emitiu o campo de onda inicial. A interferência do campo de onda inicial com o que respondeu cria um padrão geral, o qual carrega informações sobre os objetos que criaram os campos. O padrão de interferência é efetivamente um holograma. As informações carregadas por ele estão disponíveis em todos os pontos em que os campos de força constitutivos penetram. Elas podem ser transferidas de holograma para holograma se eles ressonarem em frequências iguais ou compatíveis.

As coisas no espaço e no tempo estão incrustadas no campo eletromagnético; as ondas que elas emitem são ondas EM. No entanto as coisas no espaço e no tempo também estão incrustadas no *plenum* cósmico, e naquela dimensão mais profunda criam ondas de um tipo diferente: mais provavelmente ondas escalares (essas são ondas não vetoriais de magnitude pura; carregam informação, mas não energia). Os padrões de interferência dessas ondas formam hologramas que perduram indefinidamente no *plenum*. A informação que carregam permanece disponível para troca com hologramas que ressoam em frequências compatíveis.[8]

É como o mar, em que tudo está conectado com todo o resto por meio das ondas que se misturam umas às outras, criando padrões de interferência que carregam informação referente às coisas que produziram as ondas.[9] A diferença é que os fenômenos de interferência no vácuo não são cancelados pela gravidade ou por obstáculos. Laszlo diz que as ondas escalares (descobertas por Nikolas Tesla) "propagam-se e interferem entre si no vácuo, e a informação que transportam causa um efeito sobre as partículas e os objetos que estimula o estado inicial do vácuo: elas leem e transferem informação dos hologramas para o vácuo".[10] Ele conclui dizendo: "Cada partícula, cada forma e cada objeto produzem perturbações que afetam todas as outras coisas, e assim tudo é informado de tudo, e as coisas são diretamente informadas por aquelas mais próximas a elas. As partículas sempre deixam sua marca holográfica no campo do vácuo".[11]

Durante nossa viagem ao outro lado das coisas, vimos que "cada átomo canta sua canção continuamente, e essa canção cria formas a cada instante",[12] que "formas são o resultado de ritmos e intermitências",[13] e que vivemos na dependência dos sentidos, e a matéria é uma ilusão criada pela mente. Sendo assim, do que os corpos são feitos de fato? Posso responder que a verdadeira natureza de qualquer coisa que pareça ser um corpo é um padrão holográfico de interferência produzido por ondas semelhantes às ondas de som.

Lembre-se de que, quando construímos um holograma artificial, o código básico de um objeto está contido em seu padrão de interferência sobre uma placa fotográfica; quando o *laser* ilumina o padrão, reconstrói uma forma tridimensional que parece real. Agora, imagine um processo similar na natureza, mas ao contrário, no sentido de que os códigos básicos são como padrões de interferência, que produzem objetos virtuais como no holograma. Esses objetos são os corpos que aparecem aos nossos sentidos. Nossos sentidos os percebem como sólidos só porque é assim que estão programados, já que pertencem a um sistema vivo que percebe a si mesmo como sólido. É a referência a nós mesmos que nos faz olhar para hologramas naturais como sólidos e hologramas artificiais como vazios. Tudo isso reforça a ideia de que estamos imersos em uma realidade virtual holográfica.

O que é realidade?

Percebemos as sensações que temos no interior como se estivessem no exterior. Quando vemos, na verdade estamos olhando para dentro de nosso cérebro; quando ouvimos, escutamos um processo levado a cabo por nosso córtex; quando tocamos, recebemos estímulos gerados por nossos neurônios. Como em um jogo virtual, tudo parece externo, mas na realidade está dentro de nós. Se confiarmos nos sentidos, veremos tudo dessa realidade virtual como sendo verdadeiro. A alternativa é sair da caverna e descobrir o engodo, perceber que existe um mundo que nossas sensações não nos permitem ver. Como podemos demonstrar que coisas e pessoas existem exatamente naquelas formas?

Ao abraçar uma criança que chora, eu a vejo em meu córtex; imagens visuais são adicionadas às sensações acústicas e táteis, e é difícil duvidar da realidade à minha frente. O que percebo, porém, não está *à minha frente*, mas *em meu sistema nervoso*. Eu acredito que ela está à minha frente por causa de três estímulos simultâneos diferentes, mas na verdade estou apenas experimentando mais sensações. Talvez a criança realmente esteja ali, mas não como a percebo. Na verdade, o que acho que percebo não é sequer uma realidade objetiva. Então, o que é?

Um estudo sobre conexões neurais conduzido por E. G. Jones e T. P. S. Powell mostrou que as várias portas cerebrais para as sensações não podem comunicar-se diretamente entre si ou mesmo com as áreas motoras. As estruturas cerebrais entre as áreas de entrada e saída são muitas, e o esquema de conexões é complexo.[14] Parece que no cérebro humano não há uma única região responsável por produzir as imagens que vêm simultaneamente de sentidos múltiplos. Em vez disso, as imagens referentes a cada modalidade sensorial são construídas em separado.[15] Por que tanta complexidade? Para Damásio, a complexidade serviria para construir, a qualquer momento, imagens mentais que organizam informações e respaldam estratégias para o raciocínio e a tomada de decisões.

O cérebro nos ilude, fazendo-nos crer que processos internos estão localizados fora do corpo. No final dos anos 1960, o fisiologista Georg von Bekesy, ganhador do Prêmio Nobel, descobriu que, colocando vibradores nos joelhos de pessoas vendadas, podia induzir sensações de vibração também no espaço *entre* os joelhos, onde não havia nem vibrações nem fontes de vibração. Não havia nada ali, mas de qualquer modo o cérebro percebia *algo*, demonstrando que temos a aparente habilidade de experimentar sensações em posições espaciais em que não temos receptores sensoriais.[16]

Outro exemplo é o fenômeno do membro fantasma, o sentido da presença de um membro amputado que pode produzir dor, coceira e câimbras. Para a ciência da medicina, a ilusão do membro fantasma decorre de terminações nervosas no coto do membro amputado ou de novas conexões nervosas que se formam no cérebro para redesenhar as áreas que antes recebiam impulsos vindos do membro amputado. Esta também é uma consequência de vivermos apenas por meio das sensações: o membro não está ali, mas ainda assim o *sentimos*. A realidade externa não é importante; vivemos em um mundo interno. Sheldrake sugere que um campo mórfico sobrevive à amputação e permanece intacto, reiterando a forma do membro. A observação de animais parece confirmar isso, como um cão recusando-se a deitar no espaço vazio deixado pela perna amputada do dono.[17] O código básico não desapareceu e permanece como guardião da forma.

O campo estende-se além do corpo físico e pode continuar intacto mesmo depois da remoção de uma parte. É isso que indica que nossa identidade é o código básico, não o corpo. Quando pensamos sobre nós mesmos e dizemos "eu" em nossa mente, imaginamos o corpo, quando, em vez disso, deveríamos começar a nos identificar com o campo, nossa "parte" invisível e sutil que é o verdadeiro "eu". Um corpo é apenas uma das manifestações possíveis do código básico: a realidade é bem mais complexa.

Uma ordem implícita

Enquanto David Böhm, importante físico quântico e aluno de Einstein e Oppenheimer, realizava uma pesquisa em Berkeley, observou que no plasma (um gás que contém alta densidade de elétrons e íons positivos) os elétrons não agem como indivíduos, mas como parte de um coletivo. Embora seus movimentos individuais pareçam aleatórios, vastos números de elétrons produziam efeitos que eram bem organizados, como se o mar de elétrons estivesse vivo, capaz de isolar todas as impurezas em uma parede do mesmo modo que um organismo biológico pode encerrá-las em um cisto.[18]

Uma vez mais vemos que um grupo se comporta como uma única estrutura autônoma, como cardumes de peixes e bandos de aves, ou limalha de ferro alinhando-se ao longo de linhas de um campo de força magnético. O que é válido para organismos é também válido para coisas, e esta parece ser uma lei universal: quando pertencem a um grupo, os indivíduos não reagem mais como tais; eles se fundem ao todo. No *continuum* de um bando ou de um cardume e assim por diante, efeitos quânticos desencadeiam a super-radiância, na qual o campo dirige cada parte que, por sua vez, contribui para manter o campo.

Böhm terminou por considerar que o universo inteiro seria regulado por um campo complexo que operaria em um nível subquântico (de potencial quântico). Quando publicou sua teoria em 1952, já havia formulado a ideia de não localidade: cada partícula está conectada não localmente com as outras, enquanto o potencial quântico permeia todo o espaço. Na física dos campos, "onde" não existe mais; cada ponto do espaço é idêntico a todos os demais. À medida que o campo se expande, seus efeitos não são reduzidos com a distância. Isso soa como as palavras de Pannaria. Estamos de volta ao *continuum* da matéria pura, o éter, os incontáveis filamentos invisíveis que conectam tudo entre si.

Vamos apanhar um frasco e colocar em seu interior um cilindro giratório, e então vamos preencher com glicerina o espaço entre o frasco e o cilindro. Uma gota de tinta colocada na glicerina flutuará imóvel, mas, se o cilindro for girado, a tinta parecerá ter desaparecido. Se, porém, o cilindro for girado na direção oposta, a tinta reaparecerá em sua forma de gota. Observando esse fenômeno simples, Böhm concluiu que a gota voltou à sua forma original porque sempre preservou uma "ordem", que não é tão óbvia e que lhe permitiu recompor-se como uma gota. No estado aparente de "desordem" da gota dispersa na glicerina, há uma ordem oculta ou não manifesta (ou *implícita*), forte o suficiente para recriar a ordem *explicada*, a gota em si. Este é o mesmo fenômeno visto em uma placa holográfica que parece uma configuração desordenada sem forma ou significado, mas que contém uma ordem oculta que é expressa no holograma tridimensional. Böhm concluiu (e se expressou mais inteiramente em seu livro de 1980 intitulado *Wholeness and the Implicate Order*) que essa ordem está oculta em todas as coisas e que "o universo era, ele próprio, uma espécie de holograma gigante e fluido".[19] Essa ordem é o código básico.

15
Conclusão, ou talvez o começo...

Universo holográfico

Em 1970, Karl Pribram, neurocientista da Stanford University, descobriu que os neurônios do córtex só respondem a certas bandas de frequência. Isso reforça a ideia de que o cérebro se comporta como um sistema holográfico e que a imagem visual que se forma no córtex não é o objeto para o qual olhamos, mas um holograma tridimensional, um artefato. Se isso é verdade, qual é o original do holograma que percebemos? O que são os corpos físicos na realidade? Se os objetos que vemos, ouvimos e tocamos se tornam hologramas dentro de nós, as coisas fora de nós poderiam ser os padrões de interferência que estamos projetando como imagens tridimensionais. Será que a realidade do objeto que chamamos de *maçã* é sua aparência de maçã ou é sua configuração de interferência? Será que a realidade subjetiva das formas é como elas são interpretadas por nossos sentidos ou ela é uma configuração de interferência de formas incompreensíveis?

As configurações de interferência holográfica são similares aos campos informados porque contêm toda a informação, o código básico. O corpo físico está para o campo informado assim como o holograma está para a configuração de interferência. O universo poderia ser uma forma complexa de ondas que os sentidos transformam em ilusões tridimensionais: corpos. Se assim for, Platão estava certo acerca da realidade, isto é, que apenas vemos a sua sombra. As imagens do que parece real — sol, estrelas, flores, seres vivos e inclusive nós mesmos ao espelho — não são mais do que deformações holográficas de entidades cuja aparência é diferente e desconhecida. Nossos sentidos não conhecem a verdadeira face da realidade.

"Por um lado, a face da natureza é tão assustadora que não poderíamos suportá-la e seríamos destruídos. Por outro, ela é tão bela e radiante que, como o sol, podemos vê-la apenas se estiver oculta por um véu branco, ou como um reflexo tremeluzente em um espelho."[1] É isso que diz Ísis, a Grande Mãe, a Matriz: "Sou tudo o que foi, o que é e o que será, e mortal algum jamais ergueu meu véu."

Não podemos erguer o véu e conhecer a verdadeira face da natureza; tudo que podemos fazer é confiar em nossos sentidos e acreditar que uma maçã é como é porque tem forma e características. Ela continuaria sendo uma maçã também em seu padrão de interferência, como uma gota de tinta existe mesmo se estiver dispersa em glicerina. O aspecto corpóreo pode desaparecer de forma temporária, mas o código básico pode recriá-lo a qualquer momento. A entidade que chamamos de "maçã" é apenas uma das possibilidades. A forma é apenas a imagem; sua essência é uma reunião mais ampla de informações. Os sentidos ocultam um mundo desprovido de formas materiais, habitado por códigos básicos e padrões organizacionais: as essências.

Tente pensar em um domínio de frequências organizadas. Não importa como você pense nele; você está imaginando um objeto como olhos *não humanos* poderiam *vê-lo*, seu código básico. Próximo ao domínio de frequência que se parece a uma maçã — peço desculpas às maçãs por fazer delas protagonistas, mas elas são muito usadas como exemplo em holografia, além de serem o símbolo do conhecimento — há outro domínio com outro tipo de estrutura, que os olhos veem na forma de uma árvore. E assim por diante.

A ordem implícita (que se parece com desordem) não se manifesta, enquanto a explícita (que parece ordenada) tem uma forma que podemos experimentar e entender. Como consequência, a primeira parece uma ilusão, e a segunda parece realidade. No entanto é exatamente o oposto. As sensações são imagens mentais que parecerão reais enquanto estivermos dentro do jogo dos sentidos, mas do lado de fora — se escapamos da caverna — as formas parecem o que são: ilusões. Cada uma expressa um todo que está oculto. Os instrumentos de laboratório registram um elétron porque, como ocorre com a gota de tinta, o todo se torna um elétron naquela circunstância, em concordância com Heisenberg. Até mesmo o movimento seria uma ilusão do eterno esconder e revelar. A natureza segue ocultando-se. David Böhm acreditava que o universo é a *representação espectral de outra dimensão paralela, não espacial e atemporal*, um imenso holograma como o que seria produzido por um raio *laser* de intensidade inconcebível; em resumo, uma realidade virtual.

A ideia de um universo que combina duas ordens fundamentais, implícita e explícita, é antiga e está presente em muitas tradições. O budismo tibetano fala do "vazio" e do "não vazio". O *vazio* tibetano corresponde à ordem implícita de Böhm: a fonte de todas as coisas que dela surgem como um fluxo sem fim. É o "vazio" de Lucrécio, o "ser" de Parmênides. O *não vazio* tibetano é o mundo objetivo das formas, o "não ser" de Parmênides e o "doxa" de Platão. O vazio é real, o não vazio é ilusório. Há um antigo mantra no budismo japonês: *Shikì sokù ze-kù, ku sokù ze-shikì* ("A matéria por si só é vazia; vazia é a matéria por si só").

Influenciados pela percepção, somos incapazes de compreender o vazio. No hinduísmo, a ordem implícita é Brahman, que é desprovido de forma, mas é a fonte criativa de todas as formas visíveis, a origem de onde emanam e a partir da qual evoluem. Böhm afirma que a ordem implícita poderia ser chamada de espírito. O hinduísmo a chamaria de consciência. Uma vez mais fica evidente que a matéria surge a partir da consciência. Platão também afirma isso no mito da caverna. Empédocles compara o universo a um círculo cujo centro está por toda parte e a circunferência não está em lugar nenhum, enquanto Leibniz vê a organização não local do mundo (parecendo estar ciente do conhecimento budista) e considera que o universo consiste de entidades fundamentais — as mônadas —, cada uma delas contendo o reflexo do universo inteiro (conceito holográfico). Foi Leibniz quem forneceu a chave para o cálculo integral que anos mais tarde permitiria a Gabor inventar o holograma. Tudo retorna.

Tudo é um

Heráclito disse: "É sábio concordar que tudo é um". Sem formas estáveis, as partículas elementares são aspectos transitórios de uma ordem oculta, cuja complexidade nos escapa. Uma vez exaurido seu ciclo, elas não são destruídas; retornam à ordem implícita da qual vieram. Podemos citar Aristóteles dizendo que elas voltam a ser partículas com potencial. Pannaria diria que, do palco do mundo, elas retornam aos bastidores da matéria pura; para Böhm, iriam da ordem explícita à ordem implícita.

Como vê, na ordem implícita de um *quantum* estão todos os aspectos — onda ou partícula — que podem se manifestar, dependendo da interação com o observador. É absurdo considerar que o universo está dividido em partes, quando elas são apenas aspectos transitórios e ilusórios de uma realidade única. As partículas são imagens fantásticas de um movimento holográfico ininterrupto.

Diferentes pontos de vista produzem diferentes representações. Vista de cima, esta página é uma folha retangular de papel ocupando uma área ampla no espaço, mas se a examinarmos a um ângulo de 90° e focarmos os olhos na borda da folha, a página desaparecerá, e veremos uma linha fina, como uma lâmina evanescente. No mundo ilusório, vivemos ao sabor dos pontos de vista, nenhum dos quais pode descrever os corpos em sua inteireza, apenas partes deles. A verdade não pode ser dividida, dissecada ou categorizada porque carece de formas materiais; podemos apenas classificar ilusões, e a ciência está limitada a descrever padrões de ficções. Um átomo é um aspecto probabilístico do vasto oceano que continuamente intercambia átomos entre palco e bastidores, removendo-os e repondo-os com tanta velocidade que não conseguimos perceber. O universo é um tecido único, cujas partes são somente aparência. Uma partícula "é" apenas quando a observamos e a traduzimos em uma imagem: esta é a "maldição" pela qual os sentidos nos apresentam uma realidade distorcida, mas infelizmente é esse o programa. A verdade que está além dos sentidos não pode ser conhecida. *Deus absconditus*, "o Deus escondido" (como disse Tomás de Aquino), está por trás de todas as formas, oculto pelas ilusões de Maya.

O mundo é, portanto, um construto de nosso cérebro; uma interpretação de frequências vindas de outras dimensões; é virtual. Ele parece ser feito de átomos, mas está reduzido a áreas flutuantes e fugidias de probabilidades. O físico Nick Herbert definiu-o como "uma sopa quântica radicalmente ambígua e em fluxo incessante". Sempre que tentamos observá-lo, o fenômeno quântico parece cessar e transformar-se de volta em uma realidade comum.[2] É impossível conhecer o real em sua forma verdadeira, porque podemos recebê-lo e processá-lo apenas da forma como nossas habilidades o permitem. Herbert argumenta que "qualquer coisa que toquemos se transforma em matéria", uma vez que este é o único meio pelo qual nossos sentidos podem traduzir o significado da realidade. Por meio dos sentidos, nunca podemos conhecer a realidade que está sempre oculta. "A natureza ama esconder-se", escreveu Heráclito.

Niels Bohr assinalou que, se as partículas subatômicas existem apenas na presença do observador, não faz sentido falar de suas propriedades antes que elas sejam observadas. Uma das pessoas que discordou foi Einstein. Ele não conseguia aceitar que as partículas pudessem se comunicar de modo instantâneo; para ele, nada poderia viajar a uma velocidade maior que a luz, pois de outra forma a barreira do tempo seria quebrada, e tudo se perderia em paradoxos impraticáveis.

Se as partículas não são tijolinhos, mas ondas, o universo é uma tessitura de frequências, e o que parece ser matéria é uma rede de interferências. Para nós, a maçã real é aquela que amadurece na árvore, e a *falsa* é o holograma, mas apenas porque ela parece vazia ao toque, e nossos parâmetros são calibrados pela solidez. De outro modo, o mundo se revelaria de uma maneira que nunca vimos antes. Matéria, seres vivos e coisas são diferentes de como os percebemos, mas a natureza nos forneceu maneiras de traduzir a realidade por meio dos sentidos como imagens de maçãs, pessoas, oceanos, montanhas, pores do sol, e assim por diante, mais agradáveis do que padrões holográficos incompreensíveis.

O mundo como uma realidade virtual

Concluindo, o mundo não é o que parece ser, ainda que esta seja a única forma de compreendê-lo: nós o *vemos* como seres humanos. A realidade está adaptada ao sistema sensorial de nossa espécie, que constrói sua própria imagem de mundo. Ela nunca será a verdade. A física italiana Giuliana Conforto escreveu: "uma imagem é a interface entre forma e informação. [...] O campo é uma onipresença perpétua: é a causa, interna e externa, de cada corpo físico".[3]

As sensações capturam apenas partes da realidade e distorcem-nas para adaptá-las aos receptores sensoriais; assim, os sentidos são enganosos e diferentes dependendo da espécie e do indivíduo. Ninguém percebe a realidade dos outros, pois ela é transformada para "adequar-se aos sentidos", para tornar-se *nossa realidade*. Por exemplo, no programa que nos foi dado ao nascer está dito que o contato com a água dá "sensação de molhado", a proximidade do fogo produz "sensação de calor", e uma parede de tijolos é impenetrável. Tudo isso parece absoluto, mas então encontramos alguém que pode atravessar paredes, caminhar sobre o fogo ou ferir a si mesmo sem sangrar ou sentir dor, e então nosso sistema codificado entra em crise.

Com os sentidos, estamos acostumados a fazer o que queremos: cancelamos, inventamos, deformamos. Como podemos confiar em qualquer coisa? Como pode a pesquisa ser objetiva quando está baseada em sentidos que são tão limitados e subjetivos? A realidade é um complexo sistema de frequências que as redes neurais traduzem para sensações e imagens internas. Ela é subjetiva e virtual. Hermes Trismegisto escreveu: "O universo não é senão uma criação mental de tudo, porque na realidade tudo é mente". E Berkeley: "A matéria não existe, ela é apenas uma ideia".

Os teóricos das supercordas entendem o universo como uma grande sinfonia na qual cada elemento vibra e toca. Podemos acrescentar, em completa concordância com a química clássica, que cada partícula de matéria tem sua própria forma de vibração, que deixa sua "impressão digital" no universo. A descoberta da TFF nos conduz a explorar um mundo paralelo, do qual o mundo dos sentidos é apenas um espelho e uma projeção com tempo e espaço diferentes.

Alguém disse isso com palavras simples, não como físico, mas como feiticeiro. Don Juan explica a Carlos Castaneda que a realidade tem uma ordem explícita, ilusória, e uma implícita, real e muito poderosa. Ele chama a primeira de *tonal* e a segunda, oculta, de *nagual*. As visões de mundo de um feiticeiro Yaqui e de um físico quântico como Böhm são muito semelhantes. "Não somos seres sólidos. Somos ilimitados", ensina Don Juan, como se falasse sobre um holograma. O tonal é o organizador do mundo, a "descrição que aprendemos a visualizar e ter como certa",[4] compõe as leis pelas quais percebemos o mundo e é "tudo aquilo de que achamos que o mundo é feito".

Castaneda está falando sobre a realidade virtual quando faz Don Juan dizer que "O *tonal* de seu tempo requer que você sustente que tudo que diz respeito a suas sensações e a seus pensamentos tem lugar dentro de você mesmo. O *tonal* dos feiticeiros diz o oposto, que tudo está do lado de fora".[5]

Enquanto o *tonal* começa no nascimento e termina com a morte, o *nagual* nunca termina. São tempos diferentes, mundos autônomos. Com a orientação dos feiticeiros, Castaneda alcança a percepção e finalmente encontra o real por trás do virtual:

> Foi um momento crucial, quando me vi nem em um lugar nem em outro, mas em ambos, como um observador que tem acesso a duas cenas ao mesmo tempo. Tive a sensação incrível de, naquele momento, ser capaz de seguir ambos os caminhos. Era suficiente, para mim, percebê-los pelo ponto de vista do objeto.[6]

A lição de Don Juan é que o mundo que pensamos ver é apenas uma *descrição* do mundo. Quando nos convensemos de que estamos tomando decisões, nossa decisão já foi tomada pelo nagual. Decidir não é senão submissão.

Don Juan e Don Genaro ensinaram ao autor que para cada um de nós existe um duplo, que mencionamos várias vezes durante nossa viagem, e que Castaneda encontra. Eis o diálogo entre o autor e os dois feiticeiros:

— O outro é como o *eu*?

— O outro é o *eu* — respondeu Don Juan.

— Do que é feito o outro? — perguntei a Don Juan, depois de minutos de indecisão.

— Não há modo de saber — ele disse.

— Ele é real ou só uma ilusão?

— É real, claro.

— Seria possível então dizer que é feito de carne e sangue? — perguntei.

— Não. Não seria possível — respondeu Don Genaro.

— Mas se ele é tão real quanto eu...

— Tão real quanto você? — interromperam Don Juan e Don Genaro em uníssono...

— É evidente que o duplo pode executar ações — disse eu.

— É claro! — ele respondeu.

— Mas o duplo pode agir como se fosse o *eu*?

— Ele é o *eu*, maldição![7]

O que parece ser nosso duplo, o código básico, é nossa verdadeira identidade. O mundo é virtual; ele existe, mas não desta forma. Os feiticeiros ensinam que cada sensação é ilusória, e que estamos dentro de uma bolha desde o momento do nascimento. Estaria na bolha o segredo da realidade virtual? "No início, a bolha está aberta, mas então começa a se fechar até que ficamos selados dentro dela. Essa bolha é nossa percepção. Vivemos dentro dessa bolha durante toda nossa vida. E tudo que testemunhamos em suas paredes esféricas é nosso próprio reflexo."[8]

Poderíamos abrir outro capítulo sobre a física dos mundos virtuais, mas o tempo e o espaço estão contra nós, ao menos por ora. Uma pausa se faz necessária. A viagem não terminou. Ela apenas começou; apenas pusemos os pés no outro lado das coisas, e já podemos ver mundos e dimensões a serem explorados. No entanto esse será o assunto de uma nova viagem.

Epílogo

Chen Ning Yang, ganhador do Prêmio Nobel de física, disse que o próton e o nêutron são fontes do campo nuclear e que o elétron é uma fonte do campo eletromagnético. Para nós, o oposto também é válido: o campo é a fonte das partículas. Estamos nos referindo àquele campo informado pelo código básico que governa estrutura e forma de corpos físicos. Nos organismos, é o sistema que regula a fisiologia. Ele resulta na troca de informações que permite que tudo se comunique com tudo.

O código básico é matéria informada, muito próxima da matéria pura, pertence a uma dimensão diferente daquela da matéria combinada que aparece a nossos sentidos. Sua dimensão é o teatro invisível das transformações em que tudo é representado antes de manifestar-se no palco do mundo. Mesmo nosso tempo pode ser apenas o resultado de outro tempo.

O mundo dos sentidos é a realidade virtual dentro da qual a ciência tem questionado a si própria a partir de muitos ângulos. De acordo com a teoria de Glashow-Salam-Weinberg, toda a matéria existe em pares: o elétron e seu neutrino, quarks e aqueles que se pareiam com eles, e assim por diante. A dualidade domina o palco do mundo e é determinada de acordo com o princípio da exclusão: dos dois opostos, num dado tempo, um é selecionado e o outro é excluído. É assim que funciona o palco do mundo, como o filósofo Anaximandro de Mileto já havia imaginado 27 séculos atrás.

Tudo é ilusão de palco. Na realidade, nada está determinado e, como no paradoxo do gato de Schrödinger, a realidade — a verdadeira realidade —

está na indeterminação, na coexistência dos opostos, na união do dual (*Ex duo unus*). A realidade virtual é determinada; a realidade verdadeira, porém, manifesta-se como é. No outro lado das coisas.

Agradecimentos

Em primeiro lugar, obrigado a Fausto Lanfranco, que supervisionou meu trabalho: este livro seria impossível sem ele.

Obrigado à seguinte equipe do Instituto de Pesquisas Alberto Sorti: Adele Molitierno, Agnese Cremaschi, Gino Rosso, Silvia Alasia, Luisa Bellando, Roberto Luttino, Alberto Celotto, Roberto Sacchi, Franco Paccagnella, Nirmala Lall, Alessandro Natella, Federico La Rocca, Emilio Citro, Francesco Aramu, Chiara Zerbinati Citro e Daniela Mazzillo.

Obrigado a minha família: meus pais, minha esposa Lea Glarey e minhas lindas filhas Chiara e Gemma.

Meus agradecimentos aos seguintes parceiros e amigos de longa data: Ervin Laszlo; Fritz Albert Popp; Giuliano Preparata; Emilio Del Giudice; Claudio Cardella; Vittorio Elia; Stefania Vescia; Filippo Conti; Erich Rasche; Hans Christian Seemann; Pepe Alborghetti; Franz Morell; Pierluigi Ighina; Francesco Vignoli; Sergio Osatti; Masaru Emoto; Yasuyuki Nemoto; Santi Tofani; Christian Endler; Madeline Bastide; Roger Santini; Patrizia e Umberto Banderali; Gilles Picard; Cloe Taddei Ferretti; Gabriele Mandel; Guido Ceronetti; Franco Battiato; Marco Columbro; Niccolò Bongiorno; Giuditta Dembech; Marco Carena; Ernesto Olivero; Gabriela e Licio Gelli; Pierre Codoni; Amanda Castello; Maurizio Ghidini; Giulio Brignani; Pierluigi Bar; Claudio Gatti; Tiziana e Claudio Biglia; Roberto Romiti; Ida Domini; Alessandro Usseglio Viretta; Davide Casalini; Giorgio Papetti; Davide Boino; Riccardo Conrotto; Anna Gonella; Marina Riefolo; Eugenio Dall'armi; Chiara Petrini; Silvia e Sebastiano Pappalardo; Giovanna De Liso; Riccardo Moffa;

Franco Fusari; Alessandra Zerbinati; Valter Carasso; Giancarlo e Maia Fiorucci; Carla Perotti; Giuditta Miscioscia; Mariano Turigliatto; Rossana Becarelli; Giuseppe Lonero; Fabio De Nardis; Elio Veltri; Paolo Levi; Maria Clelia Zanini; Chiara e Lidia Ariengena; Francesca Della Valle e Gianmaria Albani; Gabriele Mieli; Ornella Gaido; Giulia Ambrosio; Mina e Bruno Zese; Laura e Zereo Chigini; Ludovica Vanni; Berenice D'Este; Francesca Tonelli; Biancarosa Romano; Katia Tonello; Rudy Lallo; Marina Lallo; Luisa Corossi Aramu; Mitsuharu Nishi; Ivan Padly; Josè Pesci-Mouttet; Léonard André; Paolo Bellavite; Margherita Nervo e Franco Boniforti; Ines Pecharroman; Paola e Pietro Bellesia; Emma Whithing e Luca Bellesia; Renzo Alberganti; Grazia e Tarcisio Zerbinati; Mariangela De Piano; Nuccia, Nando e Valeria Fantino; Margherita Montera; Adele e Michele Rosso; Marisa e Sandro Goretti; Rita e Pino Zuanazzi; Linda, Fabiola, Davide e Pietro Lapenna; Marina e Mauro Russo; Luisa Casa; Germana Frizone; Laura, Nicoletta e Maria Grazia Roncarolo; Giusi Zitoli; Gianita Bucchieri; Monica Traversa; Antonina Scolaro; Silvia Scalari e Franco Uglio; Laura Giusti; Enzo Leone; Giusi e Rosi Petraroli; Rita Volpiano; Claudia e Dario Lucchetta; Angelo e Piero Littera; Giovanna e Francesco Corso; Irma Dusio; Tiziana e Tom Bosco; Andrea Rampado; Daniela e Pier Luciano Aldrovandi; Rosy e Titti Amedeo; Manuela Pompas; Rossella De Focatis; Marco Accossato; Luca Arturi; Beppe Rosso; Valter Malosti; Carlo Bagliani; Roberto Casarin; Michele Bonetti; Enza Longo; Gino Carnazza; Patrizia Cavani; Franco Cirone; Grazia Cherchi; Clarissa Balatzeskul; Giuliana Corda; Patrizia Biancucci; Daniela e Enrico Bausano; Giorgio Ponte; Magda Cresto; Oriana e Giulio Schiavio; Silvia, Andrea e Corrado Ferroglio; Olga, Caterina e Gino Bertone; Angela, Sergio e Valter Palazzo; Gianna Chiumello; Carla, Paolo e Guido Berardo; Renato Baldassi; Adriana e Claudio Chionetti; Maria e Enzo Nuovo; Roberto Neirotti; Flavia e Antonio Toscano; Giuseppe Bormida; Peter Voss; Luisella D'Alessandro; Elisa e Daniel Keller; Claudio Villa; Gianni Firera; Laura e Mario Gozzelino; Giacomo Passera; Simonetta, Ellison e Giovanni Carnicelli; Elena Perosino e Roberto Rorato; Anita Fico; Paola Lagorio; Ansis Abragams; Anna Benso; Raffaella Deorsola; Domenico Devoti; Fabrizio Mancin; Monica Bregola; Andrea e Regina Ospici; Alida Mazzaro; Claudia Fernandez; Sonia Rossi; Giorgio Rosso; Enzo e Giuseppe Nasillo; Tiziana Aymar; Silvia,

Leo e Jacopo Giugni; Roberto Rosenthal; Mario Giacone; Mario Giaretto; Ludovica Bonanome; Giovanna Mangano; Packi Valente; Paola Ciccarelli; Paola Riva; Patrizia Brancati; Ivano Giacomelli; Pino Pelloni; Alberto Spelda; Adriana e Pietro Guglierminotti; Lucia e Mario Farina; Maria Rosa Rubatto; Amanda Castello e Paulo Parra; Raffaella Portolese; Taziana Formica; Franco Ribero; Antonello e Sergio Gentilini; Graziella Sola; Valerio Marino; Teresa Catalano; Caterina Peluso; Luisa Castellani e Paolo Masera; Maresa Rallo; Enrico Chiappini; Celeste e Domenico Molè; Fabrizio Ferragina; Antonella Eskenazi; Guido Riva; Luca Pivano; Grazia e Mario Tosi; Silvia Ferrero; Fiorella Francone; Pier Mario Biava; Alessandro Bertirotti; Teresa Totino; Grazia Monaco; Zaira Caserta; Elena Rama; Elena Ambrosin; Maria Elena Martini; Anna Zamagna; Paola Palesa; Cristina Musso; Antonello Musso; Marcello Nobili; Paolo Sacchi; Angelo, Enza, Santi, Valeria e Antonio Carlino; Gerarda, Mario, Tiziana, Paolo e Nicola Calabrese; Elisabetta Imarisio; Sabina Onomoni; Rosa Maria Sicora; Simona e Piero Grosso; Sergia e Rodolfo Luini; Narcisa Corsi; Franco Riva; Mario D'Ambrosio; Enzo Cerofolini; Patrizia Cerofolini; Gian Paolo Bucarelli; Gianluigi Mugnai; Valter Lentini, Bruna, Aldo e Paolo Paolini; Floriana Bruschi; Giotto Calbi; Alessio Basagni; Geppi e Cino Aramu; Adriana Crosetto; Adriana Terzolo; Ginevra Gheller e todos os incentivadores e pacientes cujos nomes estão em meu coração e que vêm ajudando e acreditando em nossa pesquisa.

Obrigado a todos que, no decorrer dos anos, compartilharam os experimentos comigo; os pesquisadores e os institutos de pesquisa que permitiram a execução dos experimentos e os apoiaram.

Sou grato, pela tradução para o inglês, a Gyorgyi e Peter Byworth.

Notas

Prefácio

1. Laszlo, *Science and the Akashic Field.* [*A Ciência e o Campo Akáshico*, publicado pela Editora Cultrix, São Paulo, 2008.]
2. Laszlo, *Quantum Shift in the Global Brain: How the New Scientific Reality Can Change Us and Our World.* [*Um Salto Quântico no Cérebro Global*, publicado pela Editora Cultrix, São Paulo, 2012.]

Capítulo 1. Prelúdio à matéria

1. Conforto, *Il gioco cosmico dell'Uomo.*
2. Newton, *Philosophiae naturalis principia mathematica.*
3. Severi, "Fisica subnucleare-dalla materia pura alle particelle del principio di scambio nel cronotopo".
4. Pannaria, *Scena e retroscena*; Pannaria, "Ritorno ad Empedocle"; Pannaria, "Giano e la fisica".
5. Platão, *The Republic* [*A República*].
6. Corbucci, *Alla scoperta della particella di Dio.*
7. Gerber, *Vibrational Medicine.* [*Medicina Vibracional*, publicado pela Editora Cultrix, São Paulo, 1992.]
8. Ibid.
9. Burr, *Blueprint for Immortality.*
10. Ibid.
11. Ibid.

Capítulo 2. O vácuo vivo

1. Talbot, *The Holographic Universe.*
2. Capra, *The Web of Life.* [*A Teia da Vida*, publicado pela Editora Cultrix, São Paulo, 1997.]
3. Laszlo, *Holos: The New World of Science.*
4. Lucrezio, *De rerum natura.*
5. Campanella, *De sensu rerum.*
6. Bruno, *De rerum principiis et elementis et causis.*
7. Da Vinci, *Codice Arundel.*
8. Bruno, *De rerum principiis et elementis et causis.*
9. Newton, *Philosophiae naturalis principia mathematica.*
10. Campanella, *De sensu rerum.*
11. Parmênides, *Fragment n. 12 Diehl.*
12. Muller, *Sacred Books of the East*, veja "Prajñā-pāramitā-hṛdaya Sūtra".
13. Capra, *The Tao of Physics.* [*O Tao da Física*, publicado pela Editora Cultrix, São Paulo, 1985.]
14. Capek, *The Philosophical Impact of Contemporary Physics*, citando Albert Einstein, 31.
15. Preparata, *Dai quark ai cristalli.*
16. Ibid.

Capítulo 3. Interlúdio aquático

1. Benveniste, *Ma Vérité sur la Mémoire de l'eau*, veja o prefácio de Brian Josephson.
2. Stillinger e Weber, "Hidden Structure in Liquids".
3. Hahnemann, *Organon dell'arte del guarire.*
4. Anagnostatos, "On the Structure of High Dilutions According to the Clatrate Model".
5. Arad, "Structure-Function Properties of Water Clusters in Proteins".
6. Lo, Lo, Chong *et al.*, "Anomalous States of Ice".
7. Ibid.
8. Ibid.
9. Del Giudice e Preparata, "Water as a Free Electric Dipole Laser".
10. Preparata, *Quantum Electrodynamics Coherence in Matter.*
11. Ibid.

12. Demangeat, Demangeat, Gries, Poitevin e Costantinesco, "Modifications des temps de relaxation RNM à MHz des protons du solvant dans les très hautes dilutions salines des silice/lactose".

13. Ambrosini, "Indagine su differenze fisiche tra diversi campioni di H_2O con soluti ad alta diluizione"; Balzi, "Basi per un protocollo relativo allo studio sperimentale del rilassamento spin-spin dei nuclei idrogeno in soluzioni acquose altamente diluite". Tese. 1996—1997, Universidade de Bolonha.

14. Elia e Niccoli, "Thermodynamics of Extremely Diluted Aqueous Solutions".

15. Ibid.; Elia e Niccoli, "New Physico-chemical Properties of Water Induced by Mechanical Treatments. A Calorimetric Study at 25 °C"; Niccoli, "Proprietà termodinamiche di soluzioni ad alta diluizione".

16. Montagnier, Aissa, Ferris *et al.* "Electromagnetic Signals Are Produced by Aqueous Nanostructures Derived from Bacterial DNA Sequences".

17. Ibid.

18. Ibid.

19. Ibid.

20. A delegação do IDRAS incluiu o doutor Citro, o doutor Glarey e a senhorita Molitierno. [N.A.]

Capítulo 4. Nas redes da natureza

1. Capra, *The Web of Life.*

2. Ibid.

3. Ibid.

4. Ibid.

5. Maturana e Varela, *L'albero della conoscenza.*

6. Peitigen e Richter, *The Beauty of Fractal Images of Complex Dynamical Systems.*

7. Capra, *The Web of Life.*

8. Greene, *The Elegant Universe: Superstrings, Hidden Dimensions, and the Quest for the Ultimate Theory.*

9. Ibid.

Capítulo 5. Escutando o canto das moléculas

1. Rilke, *Neue Gedichte*, 1907.

2. Tompkins e Bird, *The Secret Life of Plants*, 86.

3. Ibid., 87.

4. Ibid., 103.
5. Voll, *20 Jahre Elektroakupunktur.*
6. Walter, *Synopsis.*
7. Nogier, *L'homme dans l'oreille.*
8. A. Sorti, comunicação pessoal, 1987.
9. Kramer, *Lehrbuch der Elektroakupunktur.*
10. Morell, *Moratherapie: Patienteneigene und Farblicht Schwingungen, Konzept und Praxis.*
11. Fehrenbach, Noll, Nolte *et al., Short Manual of the Vega Test-Method.*
12. Endler, Pongratz, Van Wijk *et al.,* "Effects of Highly Diluted Succussed Thyroxin on Metamorphosis of Highland Frog".
13. Milde, "Medikamenten Informationsübertragung".
14. Citro, "Metamolecular Informed Signal Theory and TFF".
15. J. Havel, comunicação pessoal, 2004.
16. C. Smith, International Conference, "Hidden Properties of Water" (Le proprietà nascoste dell'acqua)". Departamento Policlínico, Médico e Cirúrgico, Nápoles, 1999.

Capítulo 6. O poder da TFF

1. Elia, Elia, Napoli e Niccoli, "Condumetric and Calorimetric Studies of the Serially Diluted and Agitated Solutions. On the Dependence of Intensive Parameters on Volume".
2. Popp, *Neue Horizonte der Medizin.*
3. Ibid.
4. Elia, Elia, Napoli e Niccoli, "Condumetric and Calorimetric Studies of the Serially Diluted and Agitated Solutions. On the Dependence of Intensive Parameters on Volume".
5. Ibid.
6. Citro, "TFF: un'alchimia elettronica. Basi teoriche e dati preliminari"; Citro, "TFF: dal farmaco alla frequenza".
7. Citro, "TFF: un'alchimia elettronica: Basi teoriche e dati preliminari".
8. Citro, "TFF: dal farmaco alla frequenza".
9. Ibid.
10. Citro, "Trasferimento di Farmaci in Frequenza (TFF) e sue applicazioni nelle sindromi allergiche".

11. Citro, Conrotto e Gonella, "Non Molecular Informed Signal Coming from Drugs: Possible Application in Anti-inflammatory Therapy".
12. Ibid.
13. Aissa, Litime, Attias e Benveniste, "Molecular Signalling at High Dilution or by Means of Electronic Circuitry"; J. Benveniste, J. Aissa, M. Hjeiml *et al.*, "Electromagnetic Transfer of Molecular Signals". Painel na reunião da Associação Americana para o Avanço da Ciência. Boston, 1993, 1994; Citro, Penna, Papetti e Sacchi, "L'arcano concerto che smuove una sottile energia".
14. Citro, "Pharmacological Frequency Transfer"; G. Picard, "TFF-Glyphosate on Lentils". Primeiro Workshop Internacional sobre TFF, Turim, 1996; A. Khorassani, "TFF-Glyphosate and Trifluralin on Lentils and Wheat". Primeiro Workshop Internacional sobre TFF, Turim, 1996; M. Melelli-Roia, "Germination Tests for *Triticum aestivum* with TFF". Primeiro Workshop Internacional sobre TFF, Turim, 1996; M. Citro *et al.*, "2,4-D Pharmacological Frequency Transfer (TFF) on Two Different Vegetal Models". Unconventional Medicine at the Beginning of the Third Millenium, Pavia, 1998.
15. M. Citro, W. Pongratz e P. C. Endler, "Transmission of Hormone Signal by Electronic Circuitry". Painel na reunião da Associação Americana para o Avanço da Ciência, Boston, 1993; Citro, Smith, Scott-Morley, Pongratz e Endler, "Transfer of Information from Molecules by Means of Electronic Amplification — Preliminary Results"; Citro, Endler, Pongratz *et al.*, "Hormone Effects by Electronic Transmission".
16. S. Orsatti, "The TFF in Equines". Primeiro Workshop Internacional sobre TFF, Turim, 1996.
17. F. Vignoli, "Experiences in Zooiatric Practise with TFF Method". Primeiro Workshop Internacional sobre TFF, Turim, 1996.
18. Borello, *Come le pietre raccontano.*
19. Galle, "Orientierende Untersuchung zur experimental-biologischen Überprüfung der Hypothesen zur Bioresonanz von Franz Morell".

Capítulo 7. Por uma ciência do invisível

1. Popp, *Neue Horizonte der Medizin.*
2. Gerber, *Vibrational Medicine.*
3. Ighina, *La scoperta dell'atomo magnetico*, veja www.svpvril.com/ighina/magatom. html (acesso em 8 de abril de 2011).

4. Ibid.

5. Ibid.

6. Kervran, *A la découverte des transmutations biologiques*.

7. Ighina, *La scoperta dell'atomo magnetico*, veja www.svpvril.com/ighina/magatom.html (acesso em 8 de abril de 2011).

8. De Liso, "Verifica sperimentale della formazione di immagini su teli di lino trattati con aloe e mirra in concomitanza di terremoti".

9. Forgione, *Scienza, mistica e alchimia dei cerchi nel grano*.

10. Laszlo, *Holos: The New World of Science*.

Capítulo 8. Luz e música na água

1. Mandel, *La musicoterapica dei Sufi*.

2. Forgione, *Scienza, mistica e alchimia dei cerchi nel grano*.

3. Goethe, *La teoria dei colori*.

4. Forgione, *Scienza, mistica e alchimia dei cerchi nel grano*.

5. Jenny, *Chimatica*.

6. Ibid.

7. Popp, *Neue Horizonte der Medizin*.

8. Forgione, *Scienza, mistica e alchimia dei cerchi nel grano*.

9. Ibid.

10. Ibid.

11. David-Neel, *Tibetan Journey*, 186-87.

12. Cardella, *La Lupa e i due Soli*.

13. *The Egyptian Coffin Texts*, IV, § 261.

14. Cardella, *La Lupa e i due Soli*.

15. Ibid.

16. Bruno, *Opere magiche*.

17. Emoto, *The Message from Water*.

18. Forgione, *Scienza, mistica e alchimia dei cerchi nel grano*.

19. Ibid.

20. Talbot, *The Holographic Universe*.

21. Lobyshev, Shikhlinskaya e Ryzhikov, "Experimental Evidence for Intrinsic Luminescence of Water".

22. Ibid.

23. I. Bono, "Coerenza elettrodinamica nell'acqua". Tese. Universidade de Turim, 1991-92.

24. Barber e Putterman, "Observation of Synchronous Picosecond Sonoluminescence".

25. G. Preparata, *Dai quark ai cristalli.*

26. Basilio di Cesarea, *Nove omelie sull'Esamerone.*

27. Raimundo Lúlio, *Theatrum Chemicum,* Argentorati, 1661.

Capítulo 9. Comunicação entre células

1. Gurwitsch, *Das Problem der Zellteilung; Die mitogenetische Strahlung.*

2. Reiter e Gabor, *Ultraviolette Strahlung und Zellteilung.*

3. Ibid.

4. Rajewsky, *Zehn Jahre Forschung in medizinisch-physikalischen Grenzgebiet.*

5. G. Cremonese, *Nota presentata all'Accademia pontificale delle Scienze "I nuovi Lincei",* Roma, 21 de janeiro de 1920.

6. Protti, *La luce del sangue.*

7. Ibid.

8. Ibid.

9. Protti, *L'emoinnesto intramuscolare.*

10. Protti, *La luce del sangue.*

11. Ibid.

12. Colli e Facchini, "Light Emission by Germinating Plants"; Colli, Facchini, Guidotti, Lonati, Orsenigo e Sommaria, "Further Measurements on the Bioluminescence of the Seedlings".

13. Konev, Lyskova e Nisenbaum, "Very Weak Bioluminescence of Cells in the Ultraviolet Region of the Spectrum and Its Biolgical Role"; Popov e Tarusov, "Nature of Spontaneous Luminescence of Animal Tissues"; Mamedov e Popov, "Ultraweak Luminescence of Various Organisms"; Veselovskii *et al.*, "Mechanism of Ultraweak Spontaneous Luminescence of Organisms"; Zhuravlev *et al.*, "Spontaneous Endogenous Ultraweak Luminescence of the Mitochondria of the Rat Liver in Conditions of Normal Metabolism".

14. Lawrence, "Biophysical AV data Transfer"; "Electronics and Living Plant"; "More Experiments in Electroculture".

15. W. Loos, *Naturw. Rdsch 3* (1974): 108.

16. Kaznachev, Shurin e Mikhailova, *Transactions of the Moscow Society of Naturalists*; Kaznachev e Mikhailova, *Sverkhslabyye Izlucheniya v Mezhkletochnykh Vzaimodeystviyakh.*

17. Quickenden e Tilbury, "Growth Dependent Luminescence from Cultures of Normal and Respiratory Deficient *Saccharomyces cerevisiae*".

18. Cilento, em *Chemical and Biological Generation of Excited States.*

19. H. Klima, Dissertação. Viena: Atominstitut, 1981.

20. L. N. Kobyllyansky, *Bjull. Eksp. Biol. Med.* 94, nº 11 (1982): 50.

21. Cadenas e Sies, "Low-Level Chemiluminescence of Liver Microsomal Fractions Initiated by Tertbutyl Hydroperoxide".

22. D. Bauer, tese. Biophysik Ulm, 1983; Günther, "Zellstrahlungsforschung: neue Aspekte".

23. Stempell, *Die unsichtbare Strahlung der Lebewesen.*

24. Galateri, *Parapsicologia ed effetto kirlian.*

25. Mandel, *Energetische Terminalpunkt-Diagnose.*

26. Presman, *Electromagnetic Fields and Life.*

27. Ostrander e Schroeder, *Scoperte psichiche dietro la cortina di ferro.*

28. Krippner e Rubin, *Galassie di vita.*

29. Galateri, *Parapsicologia ed effetto kirlian.*

30. Mandel, *Energetische Terminalpunkt-Diagnose.*

31. Zamperini, *Energie sottili.*

32. Galateri, *Parapsicologia ed effetto kirlian.*

33. Popp, *Biologie des Lichts.*

34. Popp, *New Horizons of Medicine (The Theory of Bio Photons).*

35. Rattemeyer, Popp e Nagl, "Evidence of Photon Emission from DNA in Living Systems".

36. Popp, *New Horizons of Medicine (The Theory of Bio Photons).*

37. Ibid.

38. Popp, Warnke, Konig e Peschka, *Electromagnetic Bio-Information.*

39. Popp, *New Horizons of Medicine (The Theory of Bio Photons).*

40. Ibid.

41. I. Bono, *Coerenza elettrodinamica nell'acqua.* Tese de Laurea A.A. 1991-1992, Università degli Studi di Torino.

42. H. Frölich, *Advances in Electronics and Electron Physics* 5 (1980): 85.

Capítulo 10. Comunicação vegetal e animal

1. Carlson, *The Frontiers of Science and Medicine.*
2. Tompkins e Bird, *The Secret Life of Plants.*
3. Ibid.
4. Backster, "Evidence of a Primary Perception at Cellular Level in Plant and Animal Life".
5. Tompkins e Bird, *The Secret Life of Plants.*
6. Ibid.
7. Ibid.
8. Ibid.
9. Ibid.
10. Ibid.
11. Ibid.
12. Ibid.
13. Ibid.
14. Sheldrake, *Dogs That Know When Their Owners Are Coming Home.*
15. Ibid.
16. Ibid.
17. Perdeck, "Two Types of Orientation in Migrating Starlings and Chaffinches as Revealed by Displacement Experiments".
18. Wilson, *The Social Insects.*
19. Becker, "Communication between Termites by Bio Fields".
20. Marais, *The Soul of the White Ant.*
21. Sheldrake, *Seven Experiments That Could Change The World.*
22. Hellinger, *Anerkennen, was ist Gespräche über Verstrickung und Lösung.*
23. Sheldrake, *Dogs That Know When Their Owners Are Coming Home.*
24. Ibid.
25. Ibid.
26. Castaneda, *The Teachings of Don Juan.*
27. Rosmini, *Psicologia.*
28. Rosmini, *Teosofia*, vol. VI e VII.

Capítulo 11. Campos emocionais

1. Burr, *Blueprint for Immortality.*
2. Bruno, *De rerum principiis et elementis et causis.*

3. Peoc'h, "Action psychocinétique des poussins sur un générateur aléatoire".

4. Simonton, Matthews-Simonton e Creighton. *Getting Well Again;* Mambretti e Séraphin, *La medicina sottosopra. E se Hamer avesse ragione?*

5. Hasted, Böhm *et al.* "Scientists Confronting the Paranormal".

6. Locke e Colligan, *The Healer Within,* 227.

7. Yogananda, *Autobiografia di uno Yogi.*

8. Rudreshananda, *Microvita: Cosmic Seeds of Life.*

9. O' Regan, "Special Report", em *Tutto è uno,* ed. M. Talbot, 4 (Milão: Urra, 1997).

10. Edmunds, *Hypnotism and the Supernormal.*

11. Ibid.

12. Vasiliev, *Experiments in Distant Influence.*

13. Dethlefsen, *Krankheit als Weg.*

14. Ibid.

15. Talbot, *The Holographic Universe.*

16. Ibid.

17. Ibid.

18. A. Sorti, comunicação pessoal, 1987.

19. M. Citro, "Possibile ruolo dell'immaginazione nella terapia dei tumori", Tese de Especialização em Psicoterapia, Università degli Studi di Torino, A.A. 2002-2003.

20. Tofani, "Increased Mouse Survival, Tumour Growth Inhibition and Decreased Immunoreactive p53 after Exposure to Magnetic Fields".

Capítulo 12. O manto de obscuridade da Grande Mãe

1. Apuleio, *L'asino d'oro.*

2. Conforto, *Il gioco cosmico dell'Uomo.*

3. Bruno, *De rerum principiis et elementis et causis.*

4. Pannaria, "Giano e la fisica".

5. Platão, *Timeo.*

6. Ibid.

7. Burr, *Blueprint for Immortality.*

8. Sheldrake, *Dogs That Know When Their Owners Are Coming Home.*

9. Frazer, *The Golden Bough. A Study in Magic and Religion.*

10. Lakhovsky, *L'oscillazione cellulare.*

11. Ibid.

12. G. Lakhovsky, *La materia* (Rimini: Centro di Ricerca Georges Lakhovsky, n.d.).

13. Ibid.

14. Ibid.

15. Pauli, "Moderne Beispiele zur Hintergrundsphysik".

16. Borello, *Come le pietre raccontano.*

17. Ibid.

18. Einstein e Infeld, *L'evoluzione della Fisica.*

19. Rovere, *Chinesiologia e Naturologia*, 47.

20. Sheldrake, *Dogs That Know When Their Owners Are Coming Home.*

21. Ibid.

Capítulo 13. O mundo dos diretores de palco

1. Capra, *The Hidden Connections: Integrating the Biological, Cognitive, and Social Dimensions of Life into a Science of Sustainability.* [*As Conexões Ocultas,* publicado pela Editora Cultrix, São Paulo, 2002.]

2. *Science,* fevereiro de 2002.

3. Ibid.

4. Keller, *The Century of the Gene.*

5. Ibid.

6. Capra, *The Hidden Connections: Integrating the Biological, Cognitive, and Social Dimensions of Life into a Science of Sustainability;* Strohman, "The Coming Kuhnian Revolution in Biology".

7. Keller, *The Century of the Gene.*

8. Capra, *The Hidden Connections: Integrating the Biological, Cognitive, and Social Dimensions of Life into a Science of Sustainability.*

9. Shapiro, "Genome System Architecture and Natural Genetic Engineering in Evolution".

10. Ho, *Genetic Engineering—Dream or Nightmare?*

11. Keller, *The Century of the Gene.*

12. Ibid.

13. Capra, *The Hidden Connections: Integrating the Biological, Cognitive, and Social Dimensions of Life into a Science of Sustainability.*

14. Ibid.

15. Capra, *The Web of Life.*

16. Keller, *The Century of the Gene.*

17. Capra, *The Hidden Connections: Integrating the Biological, Cognitive, and Social Dimensions of Life into a Science of Sustainability.*

18. Strohman, "The Coming Kuhnian Revolution in Biology".

19. Gerber, *Vibrational Medicine.*

20. Damásio, *Descartes' Error: Motion, Reason, and the Human Brain.*

21. Ibid.

22. Ibid.

23. Ibid.

24. Ibid.

Capítulo 14. Um mundo virtual

1. Greene, *The Elegant Universe.*

2. Laszlo, *Holos: The New World of Science.*

3. Ibid.

4. Ibid.

5. Ibid.

6. Greene, *The Elegant Universe.*

7. Morgan, *Mutant Message Down Under.*

8. Laszlo, *Quantum Shift in the Global Brain.*

9. Laszlo, *Holos: the New World of Science.*

10. Ibid.

11. Ibid.

12. David-Neel, *Tibetan Journey*, 186-87.

13. Jenny, *Chimatica.*

14. Talbot, *The Holographic Universe.*

15. Damásio, *Descartes' Error: Motion, Reason, and the Human Brain.*

16. Pribram, *Languages of the Brain: Experimental Paradoxes and Principles in Neuropsychology*, 169.

17. Sheldrake, *Dogs That Know When Their Owners Are Coming Home.*

18. Talbot, *The Holographic Universe.*

19. Ibid.

Capítulo 15. Conclusão, ou talvez o começo...

1. P. Citati, em *Repubblica*, 9 de fevereiro, 2006.

2. Herbert, "How Large is Starlight? A Brief Look at Quantum Reality".

3. Conforto, *Il gioco cosmico dell'Uomo*.
4. Castaneda, *Tales of Power*.
5. Ibid.
6. Ibid.
7. Ibid.
8. Ibid.

Bibliografia

Aissa, J., M. H. Litime, M. Attias e J. Benveniste. "Molecular Signalling at High Dilution or by Means of Electronic Circuitry". *J. Immunology* 150 (1993): 146A.

Ambrosini, F. "Indagine su differenze fisiche tra diversi campioni di H_2O con soluti ad alta diluizione". Tese. 1994-1995, Universidade de Bolonha.

Anagnostatos, G. S. "On the Structure of High Dilutions According to the Clatrate Model". Em *High Dilution Effects on Cells and Integrated Systems*. Taddei-Ferretti, C. e P. Marotta, orgs. Londres: World Scientific, 1998.

Apuleio, L. *L'asino d'oro*. Novara: Ist. Geogr. De Agostini, 1964.

Arad, D. *et al*. "Structure-Function Properties of Water Clusters in Proteins". Em *High Dilution Effects on Cells and Integrated Systems*. Taddei-Ferretti, C. e P. Marotta, orgs. Londres: World Scientific, 1998.

Backster, Cleve. "Evidence of a Primary Perception at Cellular Level in Plant and Animal Life". *Internat. J. of Parapsychology* 10, nº 4 (1968): 329-48.

Balzi, B. "Basi per un protocollo relativo allo studio sperimentale del rilassamento spin-spin dei nuclei idrogeno in soluzioni acquose altamente diluite". Tese. 1996-1997, Universidade de Bolonha.

Barber, B. P. e S. J. Putterman. "Observation of Synchronous Picosecond Sono-luminescence". *Nature* 352 (1991): 318-20.

Basilio di Cesarea. *Nove omelie sull'Esamerone*. Milão: Lorenzo Valla, 1990.

Becker, G. "Communication between Termites by Bio Fields". *Biological Cybernetics* 26 (1977): 41-51.

Benveniste, J. *Ma Vérité sur la Mémoire de l'eau*. Paris: Albin Michel, 2005.

Borello, L. *Come le pietre raccontano*. Cavallermaggiore: Gribaudo, 1989.

Bruno, Giordano. *De rerum principiis et elementis et causis*. Napoli: Procaccino, 1995.

———. *Opere magiche*. Milão: Adelphi, 2000.

Burr, Harold Saxton. *Blueprint for Immortality: The Electric Patterns of Life.* Londres: Neville Spearman, 1972.

Cadenas, E. e H. Sies. "Low-Level Chemiluminescence of Liver Microsomal Fractions Initiated by Tertbutyl Hydroperoxide". *Eur. J. Biochem.* 124 (1982): 349.

Campanella, Tommaso. *De sensu rerum.* Gênova: F.lli Melita, 1987.

Capek, M. *The Philosophical Impact of Contemporary Physics.* Princeton, N.J.: D. Van Nostrand, 1961.

Capra, Fritjof. *The Hidden Connections: Integrating the Biological, Cognitive, and Social Dimensions of Life into a Science of Sustainability.* Nova York: Doubleday-Anchor Books, 2002. [*As Conexões Ocultas,* publicado pela Editora Cultrix, São Paulo, 2002.]

————. *The Tao of Physics: An Exploration of the Parallels between Modern Physics and Eastern Mysticism.* Berkeley, Califórnia: Shambhala Publications, 1975. [*O Tao da Física,* publicado pela Editora Cultrix, São Paulo, 1985.]

————. *The Web of Life: A New Scientific Understanding of Living Systems.* Nova York: Doubleday-Anchor Books, 1996. [*A Teia da Vida,* publicado pela Editora Cultrix, São Paulo, 1997.]

Cardella, C. *La Lupa e i due Soli.* Palermo: Nuova IPSA, 1995.

Carlson, R. J. *The Frontiers of Science and Medicine.* Londres: Wildwood House, 1975.

Castaneda, C. *Tales of Power.* Nova York: Simon and Schuster, 1974.

————. *The Teachings of Don Juan.* Berkeley: University of California Press, 1968.

Cilento, G. Em *Chemical and Biological Generation of Excited States.* Adam, W. e G. Cilento, orgs. Nova York: Academic Press, 1982.

Citro, Massimo. "Metamolecular Informed Signal Theory and TFF". Em *Struktur und Funktion des Wassers im Organismus.* Bergsman, O., org., 72-77. Viena, Áustria: Facultas Universitätsverlag, 1994.

Citro, M. "Pharmacological Frequency Transfer". Em *High Dilution Effects on Cells and Integrated Systems.* Taddei-Ferretti, C. e P. Marotta, orgs., 346-59. Londres: World Scientific, 1997.

————. "TFF: dal farmaco alla frequenza". *Vivibios* 2, nº 3 (1992): 66-72.

————. "TFF: un'alchimia elettronica: Basi teoriche e dati preliminari". *IPSA* 10, nº 2/3 (1992): 9-44.

————. "Trasferimento di Farmaci in Frequenza (TFF) e sue applicazioni nelle sindromi allergiche". *Medicina Biologica* (1995): 45-48.

Citro, Massimo, R. Conrotto e A. Gonella. "Non Molecular Informed Signal Coming from Drugs: Possible Application in Anti-inflammatory Therapy". VI Interscience World Conference on Inflammation, Genebra, 1995.

Citro, M., P. C. Endler, W. Pongratz *et al.* "Hormone Effects by Electronic Transmission". *FASEB J.* 9 (1995): A392.

Citro, M., A. Penna, G. Papetti e R. Sacchi. "L'arcano concerto che smuove una sottile energia". *Medicina Naturale* 4, nº 4 (1994): 18-23.

Citro, M., C. W. Smith, A. Scott-Morley, W. Pongratz e P. C. Endler. "Transfer of Information from Molecules by Means of Electronic Amplification — Preliminary Results". Em *Ultra-High Dilution. Physiology and Physics.* Endler, P. C. & J. Schulte, orgs., 209-24. Dordrecht: Kluwer, 1994.

Colli, L. e U. Facchini. "Light Emission by Germinating Plants". *Nuovo Cimento* 12 (1954): 150.

Colli, L., U. Facchini, G. Guidotti, R. Dugnani Lonati, M. Orsenigo e O. Sommaria. "Further Measurements on the Bioluminescence of the Seedlings". *Experientia* 11 (1955): 479-81.

Conforto, G. *Il gioco cosmico dell'Uomo.* Diegaro di Cesena: Macro, 2001.

Corbucci, Massimo. *Alla scoperta della particella di Dio.* Diegaro of Cesena: Macro, 2006.

Damasio, A. *Descartes' Error: Motion, Reason, and the Human Brain.* Nova York: Avon, 1994.

David-Neel, Alexandra. *Tibetan Journey.* Londres: J. Lane, 1936.

Del Giudice, E. e G. Preparata. "Water as a Free Electric Dipole Laser". *Phys. Rev. Lett.* 61 (1988): 1085-88.

De Liso, G. "Verifica sperimentale della formazione di immagini su teli di lino trattati con aloe e mirra in concomitanza di terremoti". *Sindon N.S. Quad* 14 (2000): 125-30.

Demangeat, J. L., C. Demangeat, P. Gries, B. Poitevin e N. Costantinesco. "Modifications des temps de relaxation RNM à MHz des protons du solvant dans les très hautes dilutions salines des silice/lactose". *J. Med. Nucl. Biophy.* 16, nº 2 (1992): 135-42.

Dethlefsen, T. *Krankheit als Weg.* Munique: Bertelsmann Verlag, 1984.

Di Cesarea, Basilio. *Nove omelie sull'Esamerone.* Segrate, Itália: Mondadori, 1990.

Edmunds, S. *Hypnotism and the Supernormal.* Londres: Aquarian Press, 1967.

Einstein, A. e L. Infeld. *L'evoluzione della Fisica.* Turim: Boringhieri, 1965.

Elia, V., L. Elia, E. Napoli e M. Niccoli. "Condumetric and Calorimetric Studies of the Serially Diluted and Agitated Solutions. On the Dependence of Intensive Parameters on Volume". *International Journal of Ecodynamics* 1, nº 4 (2006).

Elia, V. e M. Niccoli. "New Physico-chemical Properties of Water Induced by Mechanical Treatments. A Calorimetric Study at 25 °C". *J. Therm. Analysis and Calorimeter* 61 (2000): 527-37.

————. "Thermodynamics of Extremely Diluted Aqueous Solutions". *Annals of Academy of Science of New York* 879 (1999): 241-48.

Emoto, Masaru. *The Message from Water*. Tóquio: HADO Kyoikusha, 2000.

Endler, P. C., W. Pongratz, R. Van Wijk *et al.* "Effects of Highly Diluted Succussed Thyroxin on Metamorphosis of Highland Frogs". Berlim, *J. Res. Hom.* 1 (1991): 151-60.

Fehrenbach J., H. Noll, H. G. Nolte *et al. Short Manual of the Vega Test-Method*. Schiltach: BER, 1986.

Forgione, A. *Scienza, mistica e alchimia dei cerchi nel grano*. Roma: Hera, 2003.

Frazer, J. G. *The Golden Bough. A Study in Magic and Religion*. Nova York: Oxford University Press USA, 1998.

Galateri, L. *Parapsicologia ed effetto kirlian*. Milão: Sugar, 1978.

Galle, M. "Orientierende Untersuchung zur experimental-biologischen Überprüfung der Hypothesen zur Bioresonanz von Franz Morell". *Erfahrungsheilkunde* 46, nº 12 (1997): 840-47.

Gerber, R. *Vibrational Medicine*. Santa Fe, N. M.: Bear & Co., 1988.

Goethe, J. W. *La teoria dei colori*. Milão: Il saggiatore, 1993.

Greene, B., *The Elegant Universe: Superstrings, Hidden Dimensions and the Quest for the Ultimate Theory*. Nova York: W. W. Norton & Company, 1999.

Günther, K. "Zellstrahlungsforschung: neue Aspekte". *Naturwissenschaftliche Rundschau* 36, nº 10 (1983): 442.

Gurwitsch, Alexander. *Das Problem der Zellteilung*. Berlim: J. Springer, 1926.

————. *Die mitogenetische strahlung*. Berlim: J. Springer, 1932.

Hahnemann, C. F. S. *Organon dell'arte del guarire*. 6ª ed. (1842). Como: Red/Studio Redazionale, 1985.

Hasted, J. B., D. J. Böhm *et al.* "Scientists Confronting the Paranormal". *Nature* 254 (1975): 470-72.

Hellinger, B. *Anerkennen, was ist Gesprache über Verstrickung und Losung*. Munique: Kösel, 1996.

Herbert, N. "How Large is Starlight? A Brief Look at Quantum Reality". *Revision* 10, nº 1 (1987): 31-35.

Ho, M-W. *Genetic Engineering — Dream or Nightmare?* Bath, Reino Unido.: Gateway Books, 1998.

Ighina, Pier Luigi. *La scoperta dell'atomo magnetico.* Atlantide, 1999.

Jenny, H. *Chimatica.* Basileia: Basilius Presse, 1974.

Kaznachev, V. P. e L. P. Mikhailova. *Sverkhslabyye Izlucheniya v Mezhkletochnykh Vzaimodeystviyakh.* Novosibirsk: Nauka, 1981.

Kaznachev, V. P., S. P. Shurin e L. P. Mikhailova. *Transactions of the Moscow Society of Naturalists* 31 (1972): 224.

Keller, E. F. *The Century of the Gene.* Cambridge, Mass.: Harvard University Press, 2000.

Kervran, C. L. *A la découverte des transmutations biologiques.* Paris: Le courrier du livre, 1966.

Konev, S. V., T. I. Lyskova e G. D. Nisenbaum. "Very Weak Bioluminescence of Cells in the Ultraviolet Region of the Spectrum and Its Biological Role". *Biophysics* 11 (1966): 410.

Kramer, F. *Lehrbuch der Elektroakupunktur.* Heidelberg: Haug Verlag, 1990.

Krippner, S. e D. Rubin. *Galassie di vita.* Turim: MEB, 1977.

Lakhovsky, G. *L'oscillazione cellulare.* Aquarius Giannone, 2010.

Laszlo, Ervin. *Holos: The New World of Science.* Milão: Riza, 2002.

―――. *Quantum Shift in the Global Brain: How the New Scientific Reality Can Change Us and Our World.* Rochester, Vt.: Inner Traditions, 2008; edição italiana Gênova: Franco Angeli, 2008. [*Um Salto Quântico no Cérebro Global,* publicado pela Editora Cultrix, São Paulo, 2012.]

―――. *Science and the Akashic Field.* Rochester, Vt.: Inner Traditions, 2007; edição italiana Milão: Apogeo, 2007. [*A Ciência e o Campo Akáshico,* publicado pela Editora Cultrix, São Paulo, 2008.]

Lawrence, L. G. "Biophysical AV Data Transfer". *AV Communication Review* 15, nº 2 (1972): 143-52.

―――. "Electronics and the Living Plant". *Electronics World* (1970): 27-29.

―――. "More Experiments in Electroculture". *Popular Electronics* 93 (1971): 63-68.

Lo, S. Y., A. Lo, L. W. Chong *et al.* "Anomalous States of Ice". *Modern Physics Letters B* 10, nº 19 (1996): 909-19.

Lobyshev, V. I., R. E. Shikhlinskaya e B. D. Ryzhikov. "Experimental Evidence for Intrinsic Luminescence of Water". *J. Mol. Liquids* 82 (1999): 73-81.

Locke, S. e D. Colligan. *The Healer Within*. Nova York: New American Library, 1986.

Lucrécio Caro, Tito. *De rerum natura*. Florença: Sansoni, 1978.

Mambretti, G. e J. Séraphin. *La medicina sottosopra. E se Hamer avesse ragione?* Turim: Amrita, 1999.

Mamedov, T. G. e G. A. Popov. "Ultraweak Luminescence of Various Organisms". *Biophysics* 14 (1969): 1102.

Mandel, G. *La musicoterapica dei Sufi*. Milão: Arcipelago, 2005.

Mandel, P. *Energetische Terminalpunkt-Diagnose*. Essen: Synthesis Verlag, 1983.

Marais, E. *The Soul of the White Ant*. Harmondsworth: Penguin, 1973.

Maturana, H. e F. Varela. *L'albero della conoscenza* . Veneza: Marsilio, 1985.

Milde, K. "Medikamenten Informationsübertragung". Em *Wasser*, Engler, I., org., 121-23. Teningen: Sommer Verlag, 1989.

Montagnier, L., J. Aissa, S. Ferris *et al.* "Electromagnetic Signals Are Produced by Aqueous Nanostructures Derived from Bacterial DNA Sequences". *Interdiscip. Sci. Comput. Life Sci.* 1 (2009): 81-90.

Morell, F. *Moratherapie: Patienteneigene und Farblicht Schwingungen, Konzept und Praxis*. Heidelberg: Haug Verlag, 1987.

Morgan, M. *Mutant Message Down Under*. Nova York: HarperCollins, 1994.

Muller, F. M., ed. *Sacred Books of the East*. Vol. 49. Nova York: Oxford University Press, 1875.

Newton, Isaac. *Philosophiae naturalis principia mathematica*. Milão: Fabbri, 1996.

Niccoli, M. "Proprietà termodinamiche di soluzioni ad alta diluizione". Tese de Doutorado em Pesquisa da Ciência Química. 1998-2001, Universidade de Nápoles "Federico II".

Nogier, P. F. *L'homme dans l'oreille*. Montreal: Maisonneuve, 1979.

Ostrander, S. e L. Schroeder. *Scoperte psichiche dietro la cortina di ferro*. Turim: MEB, 1971.

Pannaria, Francesco. "Giano e la fisica". *Civilta delle machine* 1 (1965).

———. "Ritorno ad Empedocle". *La botte e il violino* 3 (1965).

———. *Scena e retroscena. Civilta delle machine* 5 (1954).

Parmênides. *Fragment n. 12 Diehl*. Milão: Marcos y Marcos, 1985.

Pauli, W. "Moderne Beispiele zur Hintergrundsphysik". Reimpresso em: *Wolfgang Pauli und C. G. Jung. Ein Briefwechsel*, Meier, C. A., org. Berlim: Springer, 1992.

Peitigen, H. O. e P. H. Richter. *The Beauty of Fractal Images of Complex Dynamical Systems*. Berlim-Heidelberg-Nova York: Springer Verlag, 1986.

Peoc'h, R. "Action psychocinétique des poussins sur un générateur aléatoire". *Revue Française de Psychotronique* 1 (1988): 11-24.

Perdeck, A. C. "Two Types of Orientation in Migrating Starlings and Chaffinches as Revealed by Displacement Experiments". *Ardea* 46 (1958): 1-37.

Platão. *The Republic.* Florença: Sansoni, 1974.

———. *Timeo.* Em *Tutte le opere.* Florença, Itália: Sansoni, 1989.

Popov, G. A. e B. N. Tarusov. "Nature of Spontaneous Luminescence of Animal Tissues". *Biophysics* 8 (1963): 372.

Popp, F. A. *Biologie des Lichts.* Berlim e Hamburgo: Paul Parey Verlag, 1984.

———. *Neue Horizonte der Medizin.* Heidelberg: Haug Verlag, 1983.

———. *Nuovi orizzonti della medicina (la teoria dei biofotoni).* Palermo: IPSA, 1986.

Popp, F. A., U. Warnke, H. L. Konig e W. Peschka. *Electromagnetic Bio-Information.* Munique-Viena-Baltimore: Urban and Schwarzenberg, 1989.

Preparata, Giuliano. *Dai quark ai cristalli.* Turim: Bollati Boringhieri, 2002.

Preparata, G. *Quantum Electrodynamics Coherence in Matter.* Londres: World Scientific, 1995.

Presman, A. S. *Electromagnetic Fields and Life.* Nova York: Plenum Press, 1970.

Pribram, K. *Languages of the Brain: Experimental Paradoxes and Principles in Neuro-psychology.* Nova York: Brandon House, 1971.

Protti, Giocondo. *La luce del sangue.* Milão: Bompiani, 1945.

———. *L'emoinnesto intramuscolare.* Milão: Hoepli, 1932.

Quickenden, T. I. e R. N. Tilbury. "Growth Dependent Luminescence from Cultures of Normal and Respiratory Deficient *Saccharomyces Cerevisiae*". *Photochem. Photobiol.* 37, nº 3 (1983): 337-44.

Rajewsky, B. *Zehn Jahre Forschung in medizinisch-physikalischen Grenzgebiet.* Leipzig: Hrsg. F. Dessauer, G. Thieme Verlag, 1931.

Rattemeyer, M., F. A. Popp e W. Nagl. "Evidence of Photon Emission from DNA in Living Systems". *Naturwissenschaften* 68 (1981): 572-73.

Reiter, T. e D. Gabor. *Ultraviolette Strahlung und Zellteilung.* Berlim: Wiss. Veröffentl. A. d. Siemens-Konzern, 1928.

Rilke, R. M. *Neue Gedichte: New Poems.* Manchester, Reino Unido: Carcanent Press, 1992.

Rosmini, A. *Psicologia.* Roma: Città Nuova, 1981.

———. *Teosofia, vol. VI e VII.* Roma: Città Nuova, 1981.

Rovere, P. M. *Chinesiologia e Naturologia.* Roma: Marrapese, 2003.

Rudreshananda, D. *Microvita: Cosmic Seeds of Life.* Mainz: Dharma Verlag, 1988.

Severi, Francesco. "Fisica subnucleare: dalla materia pura alle particelle del principio di scambio nel cronotopo". *Rend. Acc. Naz.* dei XL, series IV, vol. XII, 1962.

———. "Materia e causalità. Energia e indeterminazione". *Scientia* 81 (1947): 49-59.

Shapiro, J. "Genome System Architecture and Natural Genetic Engineering in Evolution". *Annals of the New York Academy of Sciences* 870 (1999): 23-35.

Sheldrake, Rupert. *Dogs That Know When Their Owners Are Coming Home.* Nova York: Three Rivers Press, 2000.

———. *Seven Experiments That Could Change The World.* Nova York: Riverhead Trade, 1995. [*Os Sete Experimentos que Podem Mudar o Mundo,* publicado pela Editora Cultrix, São Paulo, 1999.]

Simonton, C. O., S. Matthews-Simonton e J. L. Creighton. *Getting Well Again.* Nova York: Bantam, 1978.

Stempell, W. *Die unsichtbare Strahlung der Lebewesen.* Jena: Fischer, 1932.

Stillinger, F. H. e T. A. Weber, "Hidden Structure in Liquids". *Phys. Rev. A* 25 (1982): 978-89.

Strohman, R. "The Coming Kuhnian Revolution in Biology". *Nature Biotechnology* 15 (1997): 194-200.

Talbot, Michael. *The Holographic Universe.* Nova York: Harper Perennial, 1991.

———. *Tutto e uno.* Milão: URRA, 1997.

Tofani, S. *et al.* "Increased Mouse Survival, Tumour Growth Inhibition and Decreased Immunoreactive p53 after Exposure to Magnetic Fields". *Bioelectromagnetics* 23, nº 3 (2002): 230-38.

Tompkins, P. e C. Bird. *The Secret Life of Plants.* Londres: Allen Lane, 1974.

Vasiliev, L. L. *Experiments in Distant Influence.* Nova York: E. P. Dutton, 1976.

Veselovskii, V. A. *et al.* "Mechanism of Ultraweak Spontaneous Luminescence of Organisms". *Biophysics* 8 (1963): 147.

Voll, R. *20 Jahre Elektroakupunktur.* Uelzen: Med. Liter. Verlagsgesellschaft, 1976.

Wilson, E. O. *The Social Insects.* Cambridge, Mass.: Harvard University Press, 1971.

Yogananda, Paramahansa. *Autobiografia di uno Yogi.* Roma: Astrolabio, 1971.

Zamperini, R. *Energie sottili.* Diegaro di Cesena: Macro, 1998.

Zhuravlev, A. I. et al. "Spontaneous Endogenous Ultraweak Luminescence of the Mitochondria of the Rat Liver in Conditions of Normal Metabolism". *Biophysics* 18 (1973): 1101.